# 뉴질랜드, 2주일로 끝장내기

# 뉴질랜드, 2주일로 끝장내기

초판 1쇄 발행 2020년 2월 24일
초판 2쇄 발행 2024년 7월 22일

지은이 임병조·임희현

펴낸이 김선기
펴낸곳 (주)푸른길
출판등록 1996년 4월 12일 제16-1292호
주소 (08377) 서울시 구로구 디지털로 33길 48 대륭포스트타워 7차 1008호
전화 02-523-2907, 6942-9570~2
팩스 02-523-2951
이메일 purungilbook@naver.com
홈페이지 www.purungil.co.kr

ISBN 978-89-6291-865-6 03980

지리쌤과 공학도 아들이 함께한 드라이빙 여행기

# 뉴질랜드, 2주일로 끝장내기

푸른길

가고 싶은 여행지로 뉴질랜드를 손꼽지는 않았었다. 워낙 소문이 난 나라여서 오히려 매력이 적었다고 할까? 그런데 '정말' 좋았다. 소문보다 더 새로운 것들을 보고 느낄 수 있었던 멋진 여행지였다. 아름다운 풍광도 매력적이었지만 그 바탕이 되는 지리적 현상과 배경들이 내내 우리를 압도했다.

아들과 여행을 하면서 나의 눈으로만 감탄하는 것은 아닌지, 공학도 아들에게는 무의미한 장소는 아닌지 약간은 걱정이 되었다. 지리학과 관련된 현상에 '편향'되게 관심을 두는 일종의 직업병 때문이다. 하지만 다행스럽게도 아들은 나와 거의 같은 느낌을 표현해 주었다. 아들의 반응은 나의 감동이 지리학 전공자만의 것이 아니라는 자신감을 갖도록 했다. 책으로 엮어 볼 용기가 생겼다.

출판을 결정하면서 '지리학적 시각'과 '2주일', 두 가지로 방향을 잡았다. 뉴질랜드를 대표하는 특징인 빙하, 화산, 농·목업, 식생 등은 지리학적 배경을 이해하면 더 잘 볼 수 있다고 생각했다. '2주일'은 보통의 직장인들이 실행에 옮길 수 있는 최대의 시간이라고 보고 2주일 일정에 초점을 맞추어 책을 구성하면 여행자들에게 실질적인 도움이 될 수 있으리라 생각했다.

이 책은 뉴질랜드 여행자를 위한 책이지만 친절한 여행안내서는 아니다. 예약은 어떻게 하고, 밥은 어떻게 먹으며, 자동차 기름을 어떻게 넣는지 대신에 뉴질랜드 땅의 겉과 속, 역사와 전설 등 현상으로는 잘 보이지 않는 것들을 살펴보았다. 그리고 경관과 문화가 자연환경과 어떤 관련성을 가지고 만들어졌는지를 설명해 보고자 하였다. 대부분 어렵지 않은 지리학 지식이면서도 미리 알고 간다면 장소에 담겨 있는 의미를 더 잘 읽어낼 수 있는 것들이다.

'장소에 담겨 있는 의미'는 '여행에서 배우자'는 상식과 통한다. 우리나라는 전 세계 7위 여행비 지출 국가이다. 막대한 여행비 지출은 국부를 낭비하는 것이 아니라 무언가 배워옴으로써 국력을 신장시키는 데 도움이 된다고 믿는다. 여행을 우리를 바라보는 거울로 삼아 좋은 점은 배우고, 그렇지 못한 것은 타산지석으로 삼았으면 좋겠다.

많은 분들의 도움이 없었다면 책을 완성하지 못했을 것이다. 우선 함께한 아들이 고맙다. 여행 중 만난 사람들에게 덕담도 들었지만 '아버지와 아들'이라는 조합은 좋은 점이 많았다. 운전, 짐, 요리 등은 함께하여 힘을 덜 수 있었고 계획, 예약, 경비지출 등은 분담하여 부담을 줄였다. 아들과 함께여서 낯설고 외진 곳이 두렵지 않았다. 글을 쓰는 과정에서도 기억을 더듬어야 하는 부분은 아들의 젊은 두뇌가 거의 다 복원해 줬다. '현이의 Tips &'은 그 과정에서 만들어졌다.

지도와 그림 등 손볼 것이 많은 원고를 꼼꼼하게 읽고 다듬어 주신 푸른길 출판사 여러분들께 고마운 인사를 드린다. 바쁜 와중에도 이 책이 나올 수 있도록 도와주신 이선주 팀장님께 특별히 감사의 말씀을 드린다.

아내와 큰아들의 응원이 없었으면 여행도 출판도 엄두를 내지 못했을 것이다. 아내와 큰아들은 독자의 눈으로 원고를 읽고 아낌없는 비판과 조언으로 글을 다듬어주었다.

2020. 2.

임병조

## 실은 순서

뉴질랜드

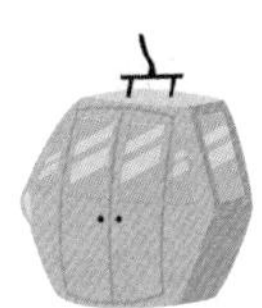

# 뉴질랜드, 2주일이 딱이다

**길을 가로막는 장벽들**

길을 나서는 것은 생각보다 쉽지 않다. 봄부터 계획했던 뉴질랜드 여행, 일 년이 얼추 다 간 11월 말에나 실행하게 되었다. 실행을 하려니 발목을 잡는 것이 한둘이 아니다. 특별히 드라마틱할 것도 없는 일상적인 삶이지만 온전하게 2, 3주를 떼어 내는 것이 생각보다 어렵다. 집안일, 이런저런 개인적인 일들 때문에 결행을 차일피일하다가 여름이 가고 겨울이 왔다.

누군가 함께 갈 사람이 있다면 비용도 절감하고 운전의 피로도 줄일 수 있어서 좋겠지만 사실상 동행을 찾기가 불가능하다. 생각이 거기에 미치니 아들이 떠오른다. 비용은 훨씬 더 들겠지만 각자 가는 것보다야 낫지 않은가. 그런데 큰아들은 내 제안을 듣자마자 단칼에 잘라 버린다. 아버지랑 가면 싸운단다.

거참… 나도 그럴 요소가 충분하다는 것은 인정하지만 그래도 지지고 볶으면서 무언가 서로 성장하는 것이 있지 않겠는가 생각했다. 함께 다니다 보면 아버지의 한계도 보게 될 테고 그러면서 부모의 울타리를 깨고 자신의 세상으로 나가는 힘을 얻을 수도 있지 않을까? 아버지와 의견 충돌이 일어나면 그것을 해결해야 할 테고, 그 과정에서 문제 해결 능력도 생기지 않을까? 하지만 아니라고 결론을 내린 다 큰 아들의 마음을 억지로 돌려세울 수는 없었다.

마침 말년 휴가를 나온 작은 아들에게 지나가는 말로 제안을 해 봤다. 전역 기념 삼아 가자고 했더니 의외로 순순히 그러자고 한다.

### 여행, 2주일이 적당하다

'해외여행'이 흔한 일이 되었지만 직장생활을 하는 보통 사람에게 해외여행은 여전히 쉬운 일이 아니다. 여행 자체를 엄두 내기도 어려운데 일정이 긴 여행은 더욱 무리가 따른다. 몇 달씩 해외여행을 하는 마니아들이 꽤 많지만 실제로 주변에서 그런 사람을 만나기는 쉽지 않은 것을 보면 일정이 긴 여행은 대부분 사람들에게 '그림의 떡' 같은 얘기일 뿐이다. 현실적인 '선택'을 할 수밖에 없다. 실현 가능한 시간 안에 서운하지 않게 여행지를 돌아볼 수 있는 선택.

보통의 직장인들에게 허락되는 가장 긴 시간은 10일 안쪽이라고 한다. 앞뒤로 주말 끼고 1주일이다. 그래서 실제로 9일짜리 여행 상품들이 많다. 하지만 자유여행을 꿈꾼다면 10일로는 서운하다. 조금 무리를 해서 2주일 정도는 어떻게 되지 않을까? 사실 우리도 20일 정도로 계획을 세웠다가 최대로 짜낼 수 있는 시간인 2주일짜리 여행으로 수정했다. 2주일, 실현 가능한 시간이면서 크게 아쉬움이 남지 않는 시간이었다. 호기심과 피로감이 적절한 균형을 이룰 수 있는 시간이라고 할까?

### 집약적인 여행지 선택

2주일의 시간을 확보했다고 해도 충분한 시간은 아니다. 10만$km^2$ 남짓한 우리나라도 여태 '전국 일주'라는 것을 못 해 본 나의 경험으로 보면 그렇다. 그러므로 2주일을 효율적으로 쓰기 위해서는 여행지를 잘 선택하는 것이 중요하다. 여행지의 선택에는 주관이 개입된다. 자신의 경험과 지식을 기반으로 가장 매력적인 여행지를 선택해야 한다. 그러기 위해서는 여행 전에 철저하게 여행지를 조사 연구해서 집약적으로 답사지를 선택해야 한다. 어떻게 선택해도 낯선 나라를 완벽하게 훑어볼 수는 없으므로 자신의 관점으로 여행지를 잘 선택하는 것이 무엇보다 중요한 선행 과제이다. 2주일에 맞춰 대표적인 여행지들을 고르는 것도 색다른 재미이다.

### 드라이빙이 답

2주일간의 여행지를 집약적이고도 의미 있게 선정했다고 해도 또 한 가지 숙제가 남는다. 교통수단이다. 대중교통을 이용하면 현지 사람들을 만나는 등 문화적 경험을 더 많이 할 수 있는 장점이 있다. 하지만 기차나 버스 등 대중교통은 기본적으로 대기 시간 때문에 이동 속도가 느릴 뿐만 아니라 각각의 여행지에 대한 접근성도 떨어진다. 또한 여행의 묘미라 할 수 있는 계획하지 않았던 여행지를 갈 수 있는 시간 운용이 거의 불가능하다.

드라이빙이 답이다. 2주일 정도 손수 운전을 하면서 여행을 하면 상당히 긴 거리를 여행할 수 있으며 대중교통에서 멀리 떨어진 지역도 어렵지 않게 갈 수 있다. 중간중간 계획에 없던 곳에 들를 수 있는 매우 매력적인 덤도 있다.

### 뉴질랜드, 2주일 드라이빙으로 완전 정복!

뉴질랜드, 면적이 270,692km$^2$로 한반도 면적보다 더 넓은 나라이다. 남한과 비교하면 얼추 세 배 가까이 되는 '큰' 나라이다. 게다가 남섬과 북섬, 두 개의 섬으로 이루어져 있기 때문에 이동 시간이 더 많이 필요하다. 이런 나라를 샅샅이 돌아보려면 사실은 몇 달로도 모자랄 것이다. 하지만 2주일로 전국을 누비는 것이 가능한 나라이기도 하다. 물론 완벽하지는 않다. 많은 지역을 과감히 포기하고 선택을 해야 하는 '아픔'이 따른다. 다행스럽게도 뉴질랜드는 인구가 약 475만 명(2018)에 불과하여 큰 도시가 많지 않다. 즉, 차를 자주 멈출 필요가 없다. 그래서 하루 동안 300여km를 이동하는 것도 가능하다. 이번 여행에서는 가장 길게는 500여km를 이동하기도 했다.

우리의 여행이 가장 좋은 여행지만으로 짜여진 것은 아니다. 선택의 순간마다 주관적인 판단이 많이 작용하였고 실제 이동할 수 있는 거리와 경로를 먼저 고려할 수밖에 없었다. 하지만 50대 후반의 지리교사인 나와 갓 군대를 제대한 20대 초반의 공학도 아들이 함께 만족했던 여행이었다. 세대와 전공을 초월했다고 할까? 보편적인 경로라고 해도 큰 무리가 없지 않을까 기대해 본다.

### 여행 경로 만들기: 더하기보다 빼기가 어려운 나라 뉴질랜드

가 본 적 없는 나라를 여행하기 위해 여행 경로를 '창조'하기란 보통 어려운 일이 아니다. 그래서 창조보다는 모방을 기초로 경로를 만든다. 보통은 여행사의 여행 상품이나 먼저 다녀온 사람에게서 정보를 얻어 코스를 만드는 것이 가장 쉬우면서도 대표적인 여행지를 빠뜨리지 않는 방법이다. 이번 뉴질랜드 여행은 가까운 후배에게 큰 도움을 받았다. 우리보다 1년 정도 앞서 뉴질랜드를 다녀온 후배의 꼼꼼한 메모와 조언이 큰 도움이 되었다.

2주일로 뉴질랜드를 일주하려면 여행지를 '추려 내는 일'이 관건이다. 의미 있는 '빼기'가 되려면 '어디에 의미를 두고 볼 것인가'를 원칙적으로 정해야 한다. 뉴질랜드는 크게 세 개의 볼거리로 나눌 수 있다. 북섬의 화산과, 남섬의 빙하. 그리고 서안해양성기후, 이 세 가지 주제를 골격으로 설정하고 이에 곁가지를 붙이는 방식으로 여행지를 선택하였다. 또한 북섬의 오클랜드와 웰링턴, 남섬의 크라이스트처치와 퀸스타운 등 큰 도시를 염두에 두고 코스를 만들었다.

| | 경로 | 숙박지 | 볼거리 | 경 비 (2인) | 특기 사항 |
|---|---|---|---|---|---|
| 가는 날 | 인천-타이베이-홍콩 | 기내 숙박 | | 1,932,000 | 항공권 (2인 왕복) |
| 1일차 | 오클랜드 공항-오클랜드 시내 | 오클랜드 | 스카이타워, 오클랜드항, 하버브리지, 빅토리아 공원 | 447,908 | 자동차 렌트 |
| 2일차 | 오클랜드-케임브리지-로토루아 | 로토루아 | 마운트이든, 아그로돔, 화카레와레와, 로토루아호, 거번먼트 가든 | 273,082 | 이동 거리 약 146km |
| 3일차 | 로토루아-오하키-와이라케이-타우포-타우마루누이-와이토모-해밀턴-오클랜드 | 오클랜드 | 레드우드, 후카폭포, 타우포호, 와이토모(반딧불동굴) | 593,563 | 이동 거리 약 520km |
| 4일차 | 오클랜드-크라이스트처치 | 크라이이스트처치 | 슈거로프산, 웨스트필드몰, 리틀턴항, 시내 전차 투어 | 1,373,858 | 국내항공권(오클랜드-크라이스트처치), 자동차 렌트 |
| 5일차 | 크라이스트처치-애쉬버튼-제랄딘-테카포-페어리 | 페어리 | 캔터베리 박물관, 캔터베리 평원, 테카포호, 선한 양치기의 교회, 바운더리 개 동상 | 183,850 | 이동 거리 약 260km |
| 6일차 | 페어리-테카포(통과)-푸카키-마운트쿡-오마라마 | 오마라마 | 푸카키호, 마운트쿡 빙하 트레킹(후커밸리트랙), 클레이클리프 | 194,046 | 이동 거리 약 290km |
| 7일차 | 오마라마-크롬웰-퀸스타운-테아나우 | 테아나우 | 린디스패스, 던스탄호, 크롬웰, 로어링매그 수력발전소, 테아나우 | 335,429 | 밀퍼드크루즈, 테아나우호크루즈 예약, 이동 거리 약 335km |
| 8일차 | 테아나우-밀퍼드사운드-테아나우 | 테아나우 | 미러레이크, 서던알프스산맥, 호머터널, 밀퍼드사운드, 캐즘, 테아나우호, 테아나우 동굴 | 458,230 | 호머터널(서던알프스산맥) 통과 이동 거리 약 315km |
| 9일차 | 테아나우-모스번-퀸스타운 | 퀸스타운 | 퀸스타운가든, 스카이라인 곤돌라, 루지, 퀸스타운 시내, 와카티푸호, 샷오버강제트보트 | 541,589 | 이동 거리 약 193km |
| 10일차 | 퀸스타운-애로우타운-와나카 | 와나카 | 애로우타운(박물관, 중국인 마을, 롱런치), 카와라우강 다리, 퍼즐링월드, 와나카호 | 409,304 | 이동 거리 약 60km |

| 11일차 | 와나카-하스트-폭스 빙하-프란츠요셉 빙하 | 프란츠요셉 | 하웨아호, 와나카호, 하스트패스, 하스트강, 브루스베이 해안, 폭스 빙하, 프란츠요셉 빙하 | 249,531 | 하스트패스(서던알프스) 통과 이동 거리 약 271km |
|---|---|---|---|---|---|
| 12일차 | 프란츠요셉-호키티카-샨티타운-(그레이마우스)-푸나카이키-그레이마우스 | 그레이마우스 | 호키티카(옥 판매장, 호키티카 해변, 키위센터), 타라마카우강, 샨티타운, 팬케이크 바위 | 263,820 | 이동 거리 약 301km |
| 13일차 | 그레이마우스-아서스패스-쿠마라정션-케이브스트림-캐슬힐-스프링필드-크라이스트처치-오클랜드 | 오클랜드 | 아서스패스, 케이브스트림, 캐슬힐, 캔터베리 평원 | 282,060 | 국내항공(크라이스트처치-오클랜드), 이동 거리(자동차) 약 253km |
| 오는날 | 오클랜드-홍콩-인천 | 기내숙박 | | 44,500 | |
| 합계 | | | | 7,582,770 | |

### 아쉬운 웰링턴과 호비튼 마을

아쉬운 '빼기'가 많이 있었지만 특히 아쉬웠던 곳은 웰링턴과 호비튼 마을이었다. 뉴질랜드의 수도인 웰링턴은 필수 코스 가운데 하나이다. 하지만 공교롭게도 이번 여행 직전에 남섬 크라이스트처치 북동부에서 강진이 발생했다. 진도 7.8의 이 엄청난 지진 때문에 카이코우라에서 크라이스트처치를 잇는 도로가 전면 폐쇄되었다. 웰링턴에서 페리를 타고 남섬으로 넘어가서 픽턴에서 크라이스트처치로 이동하는 경로가 가장 바람직한 경로인데 하필 그 길이 전면 폐쇄된 것이다. 여행 실행 전에 복구될 가능성이 없지는 않았지만 불확실한 가능성을 전제로 계획을 세우기가 어려웠다. 이 구간은 둘째 날 오클랜드로 되돌아가는 대신에 그대로 남쪽으로 내려가면 위 일정표를 크게 수정하지 않고 여행을 진행할 수 있다. 타우포호에서 와이토모 동굴을 포기하고 통가리로 국립공원을 거쳐 웰링턴으로 내려오는 경로를 권하고 싶다. 이렇게 하면 오히려 자동차를 한 번만 렌트해도 되고 비행기를 타지 않아도 되므로 시간과 비용을 절감할 수 있다.

영화 〈반지의 제왕〉 세트장으로 잘 알려진 호비튼 마을도 이번 여행에서는 가지 못했다. 이런 유형의 테마파크를 썩 좋아하지 않기도 했지만 결정적인 이유는 호비튼 마을은 무조건 가이드를 동반해야만 하는 시설이기 때문이었다. 가이드를 동반해야 한다면 아예 북섬 전체 일정을 패키지로 하면 호비튼 마을도 해결하고 시간도 절약할 수 있지 않을까 생각이 들어서 북섬 패키지를 알아봤다. 그런데 북섬 패키지가 좀 마음에 들지 않는다. 한국인 가이드 패키지는 여행지가 많아서 마음에 드는데 희망하는 사람이 우리뿐이라서 취소되었다. 외국인 가이드 패키지는 내용이 부족한 데다 비용도 비싸다. 며칠 고민 끝에 결국 북섬도 원래 계획대로 드라이빙으로 결정했고 그 과정에서 호비튼 마을은 일정에서 제외하게 되었다.

**항공권 예약: 굳이 직항 노선을 고집할 필요가 없다**

비행기표는 예약 사이트를 며칠 잠복 근무한 덕택에 947,000원짜리를 고를 수 있었다. 더 싼 60만 원대 특가 상품이 있었지만 계속 대기 순번이 떠서 며칠 기다려 보다가 예약을 더 늦출 수 없어서 포기했다. 좀 더 일찍부터 서둘렀다면 초특가도 가능할뻔했다.

비행기표가 '싸다'는 것은 '오래 걸린다'와 동의어지만 중간에 환승지에서 내려서 공항 구경하는 것도 그리 나쁘지는 않다. 이코노미석으로 장거리 여행을 하려면 중간에 쉬는 의미도 있다. 직항은 말이 통하고 빨리 간다는 점이 장점이지만 160만 원대와의 엄청난 가격 차를 감수할 만큼 우린 바쁜 사람들이 아니다.

뉴질랜드 국내선은 에어 뉴질랜드(Air New Zealand) 사이트에 들어가서 예약을 했다. 북섬(오클랜드)에서 남섬(크라이스트처치) 왕복표가 1인당 276달러(NZD), 우리 돈으로 231,426원이다. 정확한 비교는 어렵지만 우리나라에 비해 약간 비싼 느낌인데 가방 탁송료와 좌석 지정료를 각각 추가로 지불해야 하는 고약한 시스템이다. 전망이 좋은 날개 뒤쪽 창가 좌석을 골랐다. 5달러를 추가로 지불해야 했지만 그래도 북섬의 타우포에서 웰링턴 구간과 남섬의 크라이스트처치 이북 지역을 볼 수 있다는 기대를 할 수 있었다. 이 구간은 우리 여행 경로에 빠져 있기 때문이다.

**렌터카: 초특가 상품은 10년 넘은 차**

비행기를 이용해서 북섬에서 남섬으로 이동하는 일정은 차량을 두 번 렌트 해야 하는 수고가 필요했지만 시간을 절약할 수 있었다. 렌터카는 가격이 싼 소형차를 골랐다. 북섬은 마쯔다 데미오(Demio)라는 차를, 남섬은 차량 모델을 지정하지 않는 초특가(super saver) 세일 상품을 골랐다. 북섬은 하루당 44달러(NZD)이고 남섬은 28.23달러이다. 같은 회사를 선택했지만 이렇게 차이가 나는 이유는 렌트 기간이 차이가 나기 때문이기도 하지만 남섬에서는 초특가를 선택했기 때문이다. '10+years and/or 180K+KMs/Variety of older vehicles'라는 조건이 붙은 초특가 상품은 그야말로 복불복, 운이 좋으면 좋은 차를 만나는 시스템이다. 닛산의 티다(Tiida)라는 차가 배정되었는데 허우대가 멀쩡해서 좋아했지만 살펴보니 무려 21만km를 주행한 차였다. 나중에 보니 트렁크 바닥이 깨져서 나무 판자로 덮어 놓았다.

*** 국제운전면허증 발급**

국내 면허가 있다면 누구나 쉽게 국제운전면허증을 발급받을 수 있다. 면허증, 여권, 사진을 가지고 관할 경찰서 민원실에 가면 바로 오케이. 수수료는 8,500

원이다. 국제면허증은 유효 기간이 1년이다.

### 숙소 예약: 가는 날과 오는 날, 그리고 남섬으로 떠나는 날만

호텔은 뉴질랜드에 도착하는 날과 남섬으로 떠나는 날, 그리고 돌아오기 전날만 예약했다. 도착하자마자 호텔을 찾아다닐 수는 없는 일이고, 또한 남섬으로 가는 비행기가 아침 일찍이어서 반드시 공항 근처에 숙소를 정해야 했기 때문이다. 만약 웰링턴에서 페리를 타고 남섬으로 넘어간다면 이날은 호텔을 국내에서 예약할 필요가 없다. 돌아오는 날 역시 아침 일찍 수속을 해야하기 때문에 공항 근처의 같은 호텔을 골랐다. 나머지는 현지에서 전날 예약을 하기로 했다. 전체 일정을 계획하고 가기는 하지만 그래도 자유여행이라는 것이 변수가 있을 수 있다는 생각 때문이었다. 2주일간의 계획을 숙소까지 포함해서 탄탄하게 짜 놓으면 좋은 점도 있겠지만 반대로 그 계획을 실행하느라 숨이 막힐 것 같은 생각도 들었다. 호텔비는 대략 11만~12만 원 수준으로 호텔로서는 비싸지 않은 곳을 선택했지만 장기 여행자로서는 비싼 편이다.

### 운전병 운전 연습시키기

남은 것은 아들 운전 연습을 시키는 일이었다. 아들은 명색이 운전 특기인데도 배차 임무를 받아서 군복무 기간 동안 딱 한 번 운전을 해 본 왕초보로 전역을 했다. 10월 26일 전역한 날 이후로 틈틈이 연습을 시켰다. 뉴질랜드는 주행 방향이 반대쪽이라지만 그건 다음 문제다. 일단 운전에 익숙해지는 것이 급선무다. 11월 22일까지 한 달이 채 안 되는 기간 동안 나름 밀도 있는 연습을 시킨 결과 혼자서도 시내를 다닐 수 있는 수준은 되었다.

준비 완료! 손수 운전으로 뉴질랜드 여행, 2주일간의 환상 여행을 떠나 보자. 화산과 빙하, 그리고 서안해양성기후의 나라로!

준비물

*옷: 긴팔 3, 반팔 3, 파카 1, 얇은 점퍼 1, 속옷 5, 양말 5, 반바지 2, 긴바지 3,

*비옷, 우산, 챙이 긴 모자, 팔 토시, 샌들

*옷걸이 5, 끈(차 뒷자석에 묶어서 빨랫줄로 씀)

*세면도구: 빨래 비누, 세수 비누, 양치 세트, 물휴지, 화장지

*선크림, 로션

*카메라: 렌즈(16-35, 24-70, 70~300), ND필터, 충전기 2, 리더기, 추가 배터리 3

*전자기기: 노트북(케이블, 마우스), 블루투스 키보드, AAA배터리, 핸드폰 충전기, 공 핸드폰(메모용), 갤노트&충전기, 보조배터리, 차량용 잭, 콘센트 어댑터(돼지코), 멀티탭, GPS시계, 폰 거치대, GPS 기계

*펜, 메모장, 선글라스, 안경, 안경집

*음식: 컵라면 1박스, 누룽지, 팩소주, 참치캔, 햇반 1박스

*한방 소화제, 정장제(정로환), 응급 수지침구(사혈침, 침, 압봉), 기타 건강 유지용품

*목베개(배낭에 넣기), 손수건, 목 토시

*환전, 여권, 여권 사본(사진), 국제운전면허증, 바우처(항공 2, 호텔 3, 렌터카 2)

*기타: 비닐봉투(음식물용), 맥가이버칼(캐리어에 넣기), 내비게이션 앱, GPS 앱

NEW ZEALAND

첫째 날

# 선진국형 도시가 된 식민지 교두보, 오클랜드

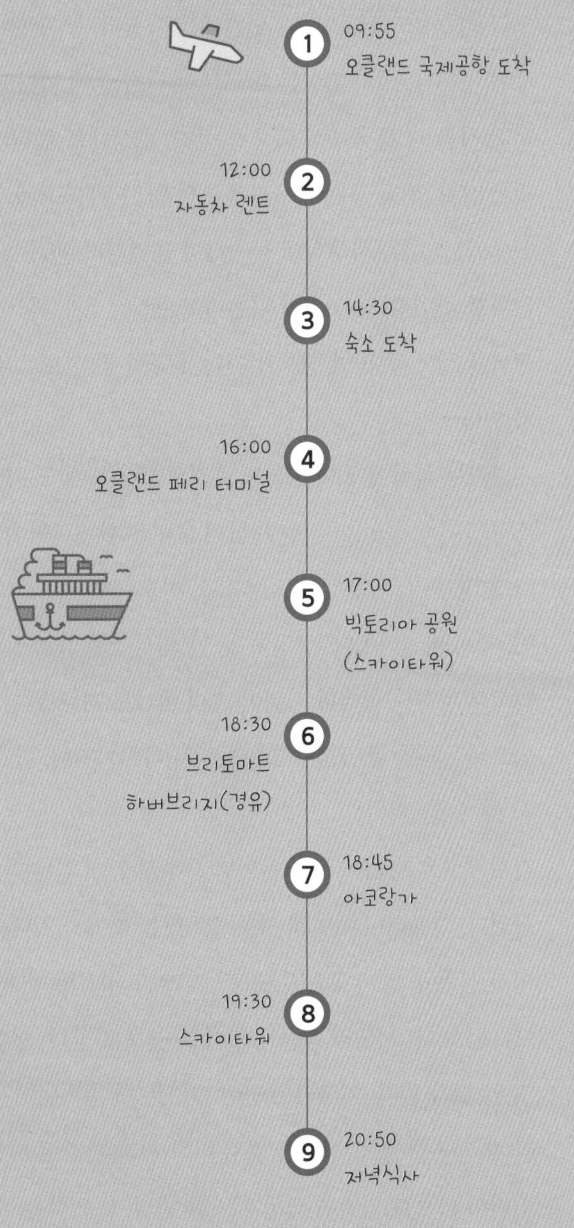
1
09:55
오클랜드 국제공항 도착
2
12:00
자동차 렌트
3
14:30
숙소 도착
4
16:00
오클랜드 페리 터미널
5
17:00
빅토리아 공원
(스카이타워)
6
18:30
브리토마트
하버브리지(경유)
7
18:45
아코랑가
8
19:30
스카이타워
9
20:50
저녁식사

### 모르는 게 죄: 렌터카 찾아 두 시간

오클랜드에 도착하자마자 난관에 부딪혔다. 두어 시간 가까이 렌터카를 찾아 헤맨 것이다. 미리 알아본 바로는 국내선 앞에 있다고 되어 있어서 일단 국제선 청사를 나와 국내선 쪽으로 갔다. 예상대로 렌터카 사무실들이 나란히 자리를 잡고 있다. 그런데 우리가 예약을 한 '에이스(Ace)'라는 회사는 없다. 허츠(Herz)인가 하는 사무실에 들어가서 물었더니 에이스는 이곳에 사무실이 없고 전화를 하면 픽업을 하러 나온다고 한다. 저가 렌터카 회사라더니…. 그런데 전화를 해도 두어 번 신호가 가다가 통화 중 신호로 바뀌어 버린다. 이런 낭패가 있나….

지나가는 사람에게 물어도 보고 경황없이 헤매다가 터미널 안에 있는 안내 데스크에 가서 물었다. 직원이 나이가 많은 할머니인데 친절하게 전화번호를 하나 알려 준다. 바우처에 적혀 있는 번호가 아니라서 기대를 걸고 전화를 했지만, 역시 마찬가지다. 로밍이 잘 안 돼서 그런가? 안내 데스크에 전화 좀 해달라고 부탁하려 했더니 직원이 그새 어디로 가버렸다. 사람은 없지만 전화기가 있으니 실례를 좀 했다. 하지만 역시 마찬가지다. 갑자기 머리가 하얘진다. 혹시 사기 아닌가?

다시 밖으로 나와서 아까 물었던 사무실 옆에 있는 다른 사무실에 들어가서 또 물었다. 그랬더니 이번엔 셔틀버스 타는 곳에서 기다리면 차가 온다는 것이다. 이거 원 누구 말이 맞는지 헷갈리지만 그래도 첫 번째 사무실에서 들었던 얘기보다는 낫다. 서둘러 셔틀버스 타는 곳으로 갔다. 한참을 기다렸지만 언제 올지 알 수가 없다. 기다리는 곳이 맞다는 확신이 없어서 불안하다. 게다가 예약할 때 약속한 픽업 시간이 얼추 두어 시간 가까이 지났기 때문에 만약 시간에 맞춰서 나오는 거라면 픽업 차량을 만날 수 없다는 얘기가 된다. 생각이 거기에 미치니까 선택은 하나만 남는다. 택시를 타자.

오클랜드 공항과 에이스 렌터카 위치(자료: 구글어스)

택시 기사가 최소한 20달러가 나온다고 한다. 그 이야기를 들으면서 생각했다. '꽤 먼 거리로구나. 이럴 바엔 진즉에 택시를 탈걸…' 하지만 에이스는 우리가 헤맸던 곳에서 불과 1.2km 떨어져 있을 뿐이다. 미터기로 6달러 정도 나온 것 같은데 왜 20달러냐고 물었더니 공항구역이라서 그렇단다. 참 어이가 없다. 모르면 이렇게 되는 거다.

**현이의 Tips &**

유명 렌터카 회사의 사무실은 공항 근처에 있지만 마이너급 렌터카 회사들의 사무실은 대개 공항에서 떨어진 곳에 있다. 셔틀버스가 공항을 순회하므로 셔틀버스 승강장에서 기다리다가 해당 회사의 셔틀버스를 타면 된다. 셔틀버스는 국제선 청사도 운행한다. '국내선 청사 앞에 렌터카 사무실'이 있다는 불확실한 정보로 귀중한 시간을 많이 허비했다.

## 간단한 절차

겨우 렌터카 사무실에 도착을 했지만 그나마 다행스럽게도 절차는 꽤 단순하다. 줄을 서서 기다리는 시간은 약간 있었지만 예약 서류 확인하고 잔금 지불하고 차량 상태 '대충' 확인하고 나면 끝이다. 우리나라에서는 이 과정이 좀 신경이 쓰이는데 여기 직원은 건성건성인 느낌이다. 점검 끝내고 출발하려다 보니 해치백 윗부분에 칠이 벗겨져 있다. 얘기했더니 대수롭지 않다는 듯 그냥 고맙다고 한다. 문제제기인 셈인데 그게 고마울 일인가? 그러니까 차량을 확인하는 절차는 나중에 반납할 때 책임을 지우려고 하는 측면보다는 고객의 입장에서 '이러이러한 특징이 있으니 알고 계시라'는 의미라는 것을 반납할 때 알 수 있었다. 반납할 때는 아예 확인을 안 한다.

문제가 있다면 보험으로 해결하면 그만이다. 빌린 사람이 실수로 문제를 일으켜 놓고 몰래 가버리는 경우는 드문 일이다. 모든 사람들이 상식에 따라 판단하고 행동한다면 빌려주는 측이나 빌리는 측이나 굳이 눈에 불을 켜고 차의 흠집을 찾아낼 필요가 없다. 결과 중심으로 면책에 초점을 두는 우리 사회의 판단 방식과는 다른 사고방식이 느껴진다. 이런 느낌은 이후에도 여행 중에 여러 번 느낄 수 있었다. 선진국은 다만 '잘사는 나라' 만으로 정의되지 않는다. 구성원의 사고방식까지 포함되는 개념이어야 한다. 상식과 믿음으로 움직이는 사회, 그것이 선진국이다.

### 역시 낯설다, 핸들이 오른쪽에 붙은 차

일본 마쯔다의 데미오(Demio)라는 차다. 얼핏 경차처럼 생겼는데 경차보다는 조금 크다. 외관도 깨끗하고 주행거리도 3만km를 조금 넘은 비교적 새 차다. 출발하자마자 헷갈린다. 우회전을 해서 오른쪽 차선으로 들어가야 할 것 같은데 반대로 좌회전을 해서 왼쪽 차선을 타야한다. 우리 식으로 보면 완벽한 역주행인데 좌회전을 해서 가다 보니 길을 잘못 들었다. 반대쪽으로 되돌아가기 위해 일단 삼거리에서 우회전을 해서 작은 길로 접어들었다. 그런데 우회전을

아들은 왕초보라서 오히려 더 빨리 적응하는 것 같다.

하면서 무의식 중에 오른쪽 차선을 탔다. 아들이 깜짝 놀라 제지를 해서 알았다. 이럴 때 조심해야 되겠구나!

좌회전 깜빡이를 넣으려고 레버를 내렸더니 와이퍼가 작동한다. 라이트 레버와 와이퍼 레버도 우리나라 차와는 반대로 붙어 있다. 천만다행으로 브레이크 페달과 액셀러레이터 페달은 배열이 우리와 같다. 이게 반대라면 큰일 나겠다. 주차할 때 보니 풋브레이크도 반대쪽에 붙어 있어서 그것도 좀 헷갈렸다. '풋브레이크는 문 쪽에 붙어 있다'고 정리를 하니 우리 차와 공통점이 된다. 기어도 당연히 왼쪽에 붙어 있는데 그건 그래도 크게 헷갈리지 않지만 이 차에는 'S'라는 메뉴가 있다. 위치상으로 보면 'D' 다음에 있어서 엔진브레이크를 사용할 때 쓰는 저단 기어인 것 같기는 한데, 달리면서 기어를 'S'에 넣어 봤지만 'D'와 큰 차이를 느낄 수가 없었다. 고속에서 'S'가 좀 더 시끄럽고 속도가 떨어진다는 것을 다음 날에서야 알았다.

### 양방향 통신이 가능한 신개념 내비게이션

시직(Sygic)이라는 유료 앱을 미리 구매해서 핸드폰에 설치를 했는데 영 익숙하질 않다. 미리 연습을 했어야 하는데 평소에도 내비게이션을 쓰지 않기 때문에 내비게이션 프로그램 자체가 익숙하지 않은 것이다. 하는 수 없이 평소 애용하는 GPS 앱(Maps.me)을 작동시키고 아들이 화면을 보면서 내비게이션을 하기로 했다. 그런데 아들이 지도를 보면서 안내를 하는 실력이 보통이 아니다. 군대에서 배차병으로 복무하면서 경로 안내를 하느라고 맨날 지도를 들여다봤다는 사실을 그때서야 알았다. 운전자와 대화까지 가능한 양방향 통신 신개념 내비게이션이라서 여간 좋은 것이 아니다. 실시간으로 경로 주변 안내도 가능하고 수시로 경로를 변경하는 것도 가능하다. 때때로 주변 경관을 보고 감탄까지 한다.

현이의 Tips &

데이터가 필요 없는 무료 GPS앱(Maps.me)을 활용했다. 이 앱을 활용하기 위해서는 미리 지도를 다운받아 놔야 한다. 와이파이 상태에서 해당 국가를 확대하면 지도를 내려받을 수 있다. 전 세계 어떤 나라에서도 모두 활용할 수 있다.

지도에 익숙하지 않다면 구글 내비게이션 앱을 사용하면 편리하다. 단, 유심칩이나 공유기로 데이터 통신이 가능해야 한다.

**눈앞에 두고도 찾지 못한 호텔: 오클랜드 CBD 헤매기**

공항에서 오클랜드 중심가까지는 거의 20km가 넘는다. 하지만 공항과 시내를 잇는 간선도로를 타고 시내로 들어가는 과정은 큰 어려움이 없었다. 큰 길을 따라 계속 앞으로 달리기만 하면 되니까 왼쪽으로 달리는 부담도 별로 크지 않았다. 문제는 오클랜드 중심가로 들어가면서 터졌다. 첫날 숙소로 예약한 곳은 오클랜드 중심가에 있는 이비스스타일 오클랜드(Ibis styles Auckand)라는 호텔인데 분명 지도에 표시된 곳까지 도착했지만 호텔이 없는 것이다. 그럭저럭 잘 찾아 왔다 싶었는데 지도에 표시된 곳에 호텔이 없으니 난감했다. 마땅히 차를 세우고 찾아볼 수도 없는 중심가라서 계속 근처를 돌면서 아들이 열심히 지도를 찾아보는 수밖에 달리 방법이 없었다.

한 두세 바퀴는 돌았을까? 가다 보면 익숙한 느낌이 드는 거리가 나올 정도가 되었지만 도무지 호텔의 그림자도 볼 수가 없다. 결국 처음에 갔던 곳이라는 결론을 내리고 그곳으로 돌아갔다. 아까는 눈에 꺼풀이 씌워 있었던 모양이다. 차를 세우고 보니 바로 앞에 'Ibis styles Auckand'가 떡하니 보이는 것이 아닌가! 커다란 간판과 널찍한 로비를 상상하면서 찾았기 때문이다. 작은 간판, 작은 건물, 작은 로비…, 자세히 보지 않으면 눈에 잘 띄지 않는다.

### 주차장이 없는 호텔

길가에 대충 차를 세워놓고 재빨리 호텔로 달려가서 주차장을 물었더니 주차장이 없단다. 주차장이 없는 호텔이라니? 오래된 건물이고 땅값이 비싼 CBD(Central Business District, 중심업무지구)라서 주차장이 없는 모양이다. 물론 CBD라도 값이 비싼 고급 호텔은 주차장을 갖추고 있겠지만 '시내이면서 값이 싼' 이곳은 값이 싼 대신에 주차장이 없는 것이다. 직원이 별도 주차장을 알려 주는데 다른 건물에 있는 유료주차장이다. 호텔 가까이에 있기는 하지만 직접 가는 길이 없어서 또 꽤 먼 거리를 돌아서 가야만 했다.

렌터카, 호텔 찾기, 주차 등이 모두 서툴러서 체크인까지 시간이 예정보다 많

호텔 근처의 주차장. 시내에 이런 주차장이 많다.

이 늦었다. 그래도 슬슬 오클랜드 시내로 나가 봐야 한다. 경황이 없어서 점심도 굶었는데 배가 고픈 느낌이 없다. 점심은 생략하기로 했다. 시내 답사는 물론 걸어서 해야 한다. 중심가의 공간적 범위가 그다지 넓지 않고, 또 시내 사정을 전혀 모르는데 차를 끌고 나갔다가는 주차장 찾다 하루가 다 갈 것이기 때문이다.

### 쉽게 고쳐지지 않는 관성, 북반구식 방향 감각

오클랜드 첫 번째 일정은 오클랜드항이다. 호텔에서 북동쪽으로 500m밖에 떨어져 있지 않은 아주 가까운 곳인데 오클랜드는 중심지가 오클랜드항을 중심으로 발달하기 때문에 의미가 있는 장소이다.

지도상으로 보면 오클랜드항은 시가지의 북쪽에 있다. 그런데 지도를 보고 찾아가고 있는 동안 내내 남쪽으로 가고 있다고 생각하고 있었다. 참 이상하다. 분명 내 이성의 눈은 북쪽으로 보고 있는데 뇌 속의 자기장은 계속 남쪽으로 인식하고 있는 것이다. 왜냐하면 태양의 위치 때문이다. 항구 쪽에 해가 떠 있

남반구 풍경: 한여름의 크리스마스

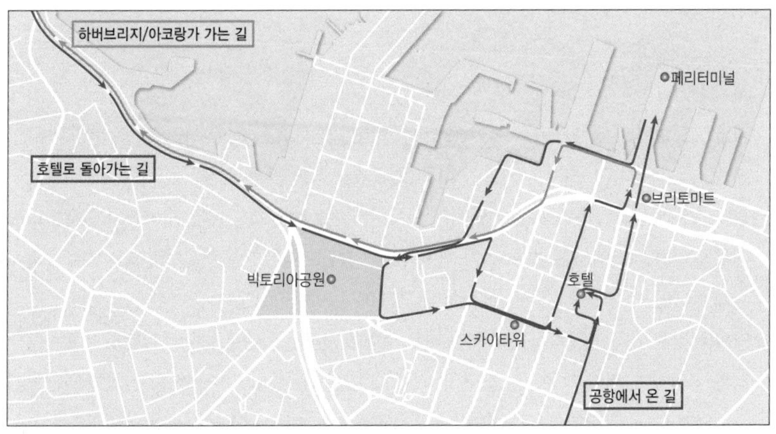

오클랜드 중심가 여행 경로

기 때문에 계속 남쪽으로 가고 있는 것 같이 느껴진다. 심지어 항구에 도착했을 때는 오후 네 시쯤이었는데도 오전으로 느껴졌다. 왜냐하면 해가 북서쪽에 떠 있는데 북쪽을 남쪽으로 인식하다 보니 해가 남동쪽에 떠 있는 셈이 되었기 때문이다. 이러한 혼란은 뉴질랜드에 머무는 동안 내내 고쳐지지 않고 계속되었다.

운전은 그런대로 적응이 되었지만 방향감각은 쉽게 적응이 되지 않은 이유는 무엇일까? 보통 방향의 판단은 태양의 위치를 기준으로 이루어지며 태어나면서부터 몸에 배인 본능에 가까운 감각이다. 교통법규는 학습으로 어느 정도 극복할 수 있지만 방향감각은 학습으로는 쉽게 바뀌지 않는 모양이다.

### 크루즈 유람선과 자동차 운반선: 제조업 대신 관광 산업

엄청난 크기의 호화 크루즈 유람선이 페리터미널에 정박하고 있다. 전 세계를 돌아다니는 배일지도 모른다. 아니라면 적어도 뉴질랜드와 오스트레일리아 정도는 돌아다니는 배일 것 같다. 우리나라는 아직 크루즈 여행이 활성화되지 않았지만 오세아니아라면 충분히 상품성이 있어 보인다. 두 나라만 해도 볼거

## 오클랜드

### 오클랜드의 시작, 오클랜드항

영국인 오클랜드 백작(Earl of Auckland)의 이름을 따서 지은 것은 식민도시로 출발한 오클랜드의 성격을 잘 보여 준다. 그가 영국 초대 해군 장관 및 인도 총독을 지낸 인물이라는 점도 상징적이다. 항구도시는 식민지형 도시들의 전형적인 특징이다. 모국과의 연결성과 내륙 침략을 동시에 도모할 수 있기 때문이다. 오클랜드항은 오클랜드시의 북동부로 깊숙하게 들어온 와이테마타(Waitemata)만의 입구에 자리를 잡고 있다.

양쪽에 깊은 만이 있어서 육지의 폭이 매우 좁다는 단점은 반대로 항구가 발달하기에는 유리한 점이었다. 동서 양쪽으로 접근이 가능하고 만입이 깊어서 천혜의 항구 입지 조건을 갖추었기 때문에 18세기 초 영국이 처음 뉴질랜드에 발을 들여놓았을 때 오클랜드가 그 교두보가 될 수 있었다. 그래서 1865년 웰링턴으로 수도가 옮겨가기 전까지 오클랜드는 뉴질랜드의 수도였으며 지금도 뉴질랜드에서 가장 큰 도시이다.

오클랜드항에 정박 중인 대형 크루즈선

### 선진국형 도시 오클랜드

오클랜드는 남아메리카나 아시아 등의 식민지 기원 항구도시와는 다른 양상을 보인다. 제2차 세계대전 이후 독립한 대부분의 제3세계 국가들은 여전히 식민지 잔재를 청산하지 못하고 과거의 유산을 간직하고 있는 경우가 많다. 특히 스페인의 침략을 받았던 남아메리카에는 대성당과 총독부를 중심으로 하는 CBD가 그대로 유지되고 있는 도시가 많다. 또한 극심한 종주도시화(한 국가에서 가장 큰 도시의 인구가 두 번째 도시 인구의 두 배 이상인 현상) 때문에 가장 큰 도시가 무질서하고 인구밀도가 매우 높다. 아시아나 아프리카의 도시들도 크게 다르지 않다.

하지만 뉴질랜드의 도시들은 유럽의 도시구조를 더 닮았다. 침략자들이 통치자가 됨으로써 여타의 식민지 국가들과는 다른 역사를 겪었기 때문이다. 19세기 초반부터 영국인들이 유입하기 시작하여 금과 목축으로 부를 축적했고 원주민과 큰 갈등 없이 그 구조가 유지되면서 오늘에 이르고 있다. 즉 산업혁명을 경험한 영국인들에 의해 근대화가 시작되었으며 그들의 경험이 그대로 사회구조에 반영되었다. 여타의 식민지들이 원주민과 침략자들 간의 극심한 갈등을 겪었고 독립 이후에는 근대화 경험을 축적하지 못한 지배집단(대부분 독재 권력)이 사회적 갈등을 확대했던 것과 크게 차이가 난다. 그 결과 뉴질랜드는 종주도시화가 심하지 않으며 인구밀도도 그다지 높지 않은 선진국형 도시구조를 보인다.

오클랜드(City of Auckland)는 뉴질랜드에서 가장 큰 도시지만 인구가 45만 명(면적 637 km$^2$)을 조금 넘는 수준이다. 우리나라에서는 이 정도 규모에서는 도시 내부 구조 분화도 제대로 일어나지 않는다[광역권 오클랜드(Auckland metropolitan, 면적 4,894km$^2$)는 인구가 170만 명에 육박하지만, 우리나라와는 행정 체계가 달라서 우리나라와 비교하려면 오클랜드시 만을 고려해야 한다].

CBD의 공간 범위가 넓지 않지만 땅값을 반영하는 스카이라인을 전형적으로 보여 준다. 북쪽 오클랜드항에서 1번 고속도로까지의 거리가 2km 정도인데 CBD는 이 부분에 형성되어 있다. 하지만 도시부의 전체 넓이는 장축인 남북의 길이가 40km에 이를 만큼 공간 범위가 넓다. CBD 이외의 지역은 대부분 주택가이고 건물의 높이가 1, 2층 규모로 낮기 때문이다. 인구가 넓은 범위에 분산되어 있는 선진국형 구조이다.

우리나라의 천안시와 비교해 본다면 천안시는 인구가 60만 명을 넘지만 시가지의 장축이 10km 정도이며 주택가가 고층의 아파트로 이루어져 있어서 도시 외곽에 CBD보다 더 높

오클랜드항에서 바라본 시내. 금융, 호텔 등 고급 기능이 입지한 전형적인 CBD 경관을 보인다. HSBC, ZURICH 등 세계적인 은행들이 자리를 잡고 있다.

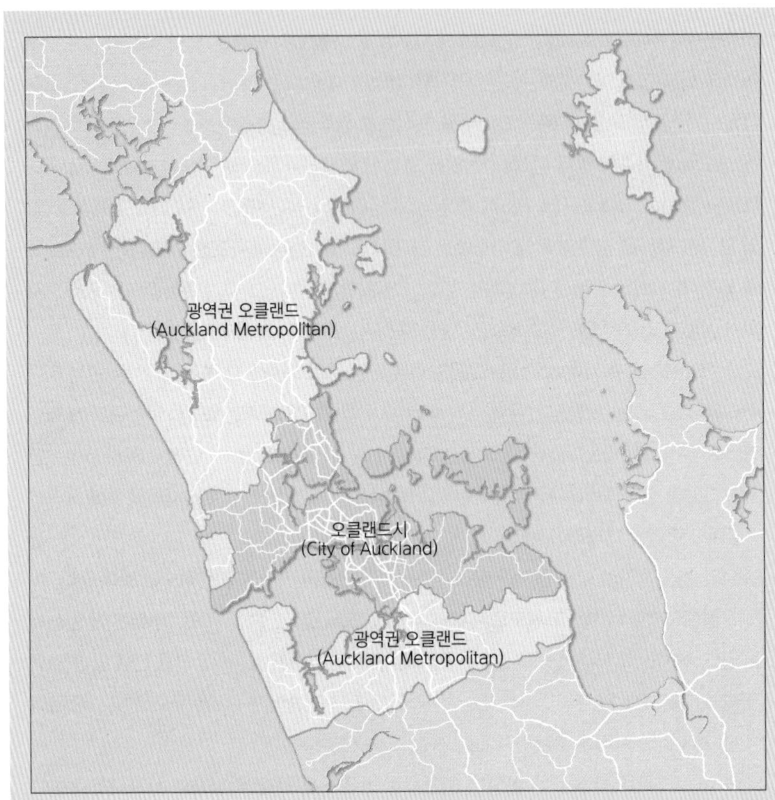


광역권 오클랜드와 오클랜드시

은 건물들이 들어서 있는 독특한 스카이라인이 형성되어 있다. 이러한 특징은 천안시뿐만 아니라 우리나라의 대부분 도시에서 나타나는 특징이다. 좁은 범위에 많은 인구가 밀집함으로써 병목현상이 잦고 다양한 환경문제가 발생한다.

리가 많고 순항해야 할 거리도 꽤 되는 데다 주변의 태평양 섬나라들을 결합시키면 상당한 관광자원이 될 것이다.

페리터미널 옆에는 화물을 취급하는 부두가 있는데 자동차를 운반하는 배가 접안하고 있고 많은 승용차들이 부두에 하역되어 있다.

항구에서 만난 이 두 개의 경관은 뉴질랜드 산업의 특징을 상징적으로 보여 준

수입되어 오클랜드항에서 출하를 기다리는 자동차들

다. 뉴질랜드는 우선 인력이 비싸며, 국내 시장이 좁고 해외 시장이 멀어서 제조업이 발달하기 어렵다. 그래서 생활필수품인 자동차조차 전량 수입할 수밖에 없다. 따라서 많은 사람들이 관광산업을 비롯한 서비스업에 종사하고 있다.

### 평일 낮에도 손님들이 많은 카페

해안을 따라 걸어서 빅토리아 공원 쪽으로 향했다. 따가운 햇살을 피해 그늘에 들어가면 금세 추워진다. 우리나라의 5월 말이나 10월 초와 비슷한 날씨다. 다른 점이라면 하늘이 정말 거울처럼 맑다는 점이다. 그래서 그늘과 햇빛 사이의 기온 차이가 더 심한 것 같다.

혹시 마땅한 곳이 있으면 들어가서 요기라도 할까 하여 길옆의 가게들을 기웃거리며 걸었다. 길을 따라 늘어서 있는 가게마다 사람들이 넘쳐난다. 거리를 지나다니는 사람보다 오히려 더 많은 것 같다. 시간이 식사 때가 아니므로 밥을 먹는 것이 아니라 차를 마시거나 술을 마시는 사람들이다. 모습으로 보아 모두 관광객들은 아닌 것 같은데 평일 날 손님이 이렇게 많은 이유가 뭘까? 삼삼오오 모여 앉아 담소를 나누는 모습은 일에 얽매어 '바쁘다'를 입에 달고 사는 우리나라와는 다른 풍경이다.

현이의 Tips &

빅토리아 공원에서 한 무리의 초등학생들이 크리켓 연습을 하고 있다. 맨손으로 공을 받아서 던지는 고사리 손들을 구경하다가 코치의 허락을 받고 잠깐 얘기를 나눌 수 있었다. 눈에 호기심이 가득한 녀석들이 맨 먼저 우리에게 묻는 것이 크리켓을 아느냐, 그리고 한국에서도 크리켓을 하느냐? 하는 것이었다. 영연방에 속하는 나라들에서만 크리켓을 한다는 사실을 스스로 잘 알고 하는 질문이다. 꼬마들의 눈빛에서 호기심과 함께 자부심도 느낄 수 있다.

### 2층 버스에서 만난 친절한 사람들

2층 버스가 가끔 지나가는데 아들이 타 보고 싶다고 한다. 마침 빅토리아 공원 앞에 시내버스 정류장이 있는데 아마 오클랜드의 많은 노선이 이곳을 들러 가는 모양이다. 사람들도 많고 들어오는 버스도 아주 많다. 노스웨스트 익스프레스(Northwest express) 노선이 2층 버스인데 일단 계획했던 일정을 소화한 다음에 타기로 했다.

그런데 의외의 상황에서 2층 버스를 탈 기회가 생겼다. 스카이타워에서 우리나라 교포를 만났다. 입구에서 사진을 찍어 주는 아가씨인데 우리가 한국인인 것을 알아보고 얼른 우리말로 인사를 건네더니 친절하게도 여러 가지 정보를 알려주었다. 스카이타워는 여덟 시쯤 석양이 가장 아름다우니 그 시간에 맞춰 올라가라고 한다. 그렇다면 그 사이에 2층 버스를 타고 오면 되겠다 싶어서 물었더니 시간이 충분하다며 자세하게 버스 타는 곳과 노선을 알려준다.

항구 앞에서 알바니(Albany)까지 가는 노스웨스트 익스프레스 버스를 타면 된다. 알바니는 와이테마타만 건너 오클랜드의 북쪽 끝부분에 있는데 하버브리지(Harbour Bridge)를 건너서 가는 노선이다. 하버브리지가 아름다우니 그 다리를 건너갔다가 돌아오라는 얘기였다. 여러 가지로 마음에 든다. 버스도 탈 수 있고 예정에 없었지만 하버브리지도 건널 수 있으니까.

버스 타는 곳을 찾느라 좀 헤매었지만 어쨌든 곡절 끝에 2층 버스를 탔다. 돌고 돌아서 찾아 간 노스웨스트 익스프레스의 출발점은 항구 바로 앞에 있다. 요금이 둘이 합쳐 7달러(NZD), 썩 비싸지 않은 느낌인데(단 자리 숫자가 주는 함정이다) 환산해 보면 약 3천 원 정도 되므로 우리나라에 비해 비싸다. 돌아올 때는 이유를 알 수 없지만 한 사람당 5달러를 냈는데 꽤 비싼 편이다.

2층 버스를 탔으니 2층으로 올라가야 제맛일 것 같다. 앞자리가 전망이 좋지만 이미 누군가 자리를 차지하고 있어서 중간 뒤쪽에 자리를 잡았다. 출발을 기다리고 있는데 버스 기사가 2층으로 올라와서 두리번두리번 누굴 찾는가 했더니 우리를 보고 눈길이 멈춘다. 탈 때 하버브리지까지 간다고 했더니 친절하게도 내릴 곳을 알려주러 올라온 것이다. 우리는 다리를 건너 첫 번째 정류장에서 내릴 참이었다. 다리가 길 테고 그래서 헷갈리지 않고 내릴 수 있을 것 같았다. 나이가 지긋한 초로의 노인인데 모습이 마오리족인 것 같다. 뒷자리에 앉아 있던 젊은 청년이 냉큼 나서더니 자기가 내릴 곳을 알려주겠다고 한다. 기사가 고맙다고 인사를 하고 내려가자 청년은 우리 옆 자리로 옮겨 앉는다. 갈색을 띤 회색 눈을 가진 청년인데 조금 전에 자리에 앉을 때 뒷자리로 가는 모습을 봤었다. 첫인상이 좀 불량스럽다고 느꼈던 그 사람이다. 그런데 웃으면서 이야기하는 모습을 보니 좀 전의 그 첫인상과는 완전 딴판이다. 그가 알려준 정보는 하버브리지를 건너 첫 번째 정류장은 아코랑가(Akoranga)라는 사실과 출발점인 이곳이 브리토마트(Britomart)라는 사실이다. 하버브리지 건너편에 있는 데번포트와 설탕공장 등 여러 가지 설명을 곁들여 준다. 고마울 뿐이다. 그는 데번포트에서 보는 오클랜드 시티 뷰가 정말 멋지니까 꼭 가 보라고 한다.

하버브리지를 지나는 버스에서 바라본 오클랜드 중심부

### 뇌 기능의 일부를 분담하는 휴대폰

청년이 맨 먼저 어디에서 왔느냐고 묻는다. 의례적인 질문이려니 했는데 알고 보니 휴대폰에서 번역기 앱을 찾아서 우리말로 알려 주기 위해서였다. 휴대폰은 참 대단하다는 생각이 새삼 들었다. 뉴질랜드 사람이 쓰는 휴대폰 앱에 한국어 번역기가 있다는 얘기는 이 사람이 한국에 특별히 관심이 있다는 뜻이라기보다는 전 세계 대부분의 언어가 앱에 담겨 있다는 뜻일 것이다. 앱을 이용해서 대화를 한 것은 아니고 지명을 우리말로 표기하는 간단한 기능만 활용했지만 휴대폰의 기능은 무한하다.

이제 생활의 중요한 일부분이 된 휴대폰이 학교에서는 아직도 몹쓸 물건 취급을 받는다. 그저 지식을 암기하는 교육에서는 휴대폰이 방해 요소일 뿐이지만 이제 많은 사람들, 특히 젊은이들은 이 청년처럼 휴대폰의 기능을 잘 활용한다. 거의 모든 정보는 실시간으로 검색이 가능하기 때문에 굳이 머리에 저장하고 다닐 필요가 없다. 휴대폰이 기억의 저장고와 같은 역할을 함으로써 뇌의 일부 기능을 분담하고 있다. 뇌는 그 정보를 어떻게 잘 쓸지를 판단하고 결정해 주면 된다. 이제 학교도 지식이나 사실과 관련된 정보를 마냥 외우는 교육을 벗어나서 공개된 정보를 잘 활용하는 방안을 가르쳐야 한다. 외우는 교육은 기억력에 따라 사람을 구분 짓는 역할 밖에는 하지 못하는 한계가 있다.

### 아코랑가 정류장

아코랑가 정류장은 좀 뜬금이 없다. 양방향으로 오가는 버스들이 들어올 수 있도록 만든 꽤 큰 정류장인데 근처에 주택가가 없다. 지도로 확인해 보니 데번포트 주변 주택가가 거의 1km 정도 떨어져 있다. 뜻하지 않게 가게 되었지만 가고 보니 데번포트가 아쉽다. 이럴 줄 알았으면 차를 끌고 올 걸…. 주변에 보이는 것이 없으니 결과적으로 하버브리지를 건넜다는 것 이상의 의미가 없는 코스다. 빅토리아 공원에서 하버브리지까지는 2km 남짓인데 차라리 걸어서 다녀올 걸 그랬다.

오클랜드항의 서쪽 끝부분에는 이런 요트 전용 항구가 있다.

그래도 돌아오는 길에는 버스에 사람이 많지 않아서 앞자리에 앉아 하버브리지와 시내 풍경을 볼 수 있었다. 맑은 하늘에 어울리는 깨끗한 도시 경관이 단연 눈길을 끌고 항구에 정박하고 있는 수많은 요트들이 뉴질랜드의 풍요로움을 상징하는 것 같다. 우뚝 솟은 스카이타워는 어디에서도 보이는 오클랜드의 랜드마크다. CBD의 규모가 크지 않으며 건물 높이가 땅값을 잘 반영하고 있다는 것을 한 눈에 알 수 있다.

현이의 Tips &

오클랜드 여행은 자동차를 이용하여 갈 곳과 걸어서 갈 곳, 그리고 버스로 갈 곳을 구별하면 좋을 것 같다. 시내를 걸어서 여행했기 때문에 시간이 많이 걸렸고 그래서 데번포트에 갈 수가 없었다. 자동차를 이용하여 하버브리지와 데번포트를 다녀온 다음 도보로 시내를 여행하는 방법을 추천한다. 2층 버스가 궁금하다면 브리토마트에서 적당한 곳을 골라서 잠깐 다녀오면 좋겠다.

### 의외로 교포가 많은 뉴질랜드

스카이타워에 다시 갔더니 사진을 찍어 주던 교포 아가씨가 사진을 판매하는 곳으로 옮겨와 있다. 잘 보고 왔노라고 보고를 하고 사진을 찾아봤지만 우리 사진을 찾을 수가 없다. 고마움에 대한 보답으로 사진이라도 사야 할 것 같은데….

바닥에 스릴 존이 있는 엘리베이터를 타고 전망대에 올랐다. 오클렌드의 랜드마크납게 스카이타워는 시내 거의 대부분의 지역에서 볼 수 있으므로 스카이타워에서는 시내 대부분 지역이 내려다보인다. 중심가의 빌딩들이 발 아래로 보이고 주변으로 갈수록 점차 높이가 낮아지는 건물들을 볼 수 있다. 시내 곳곳에 자리를 잡고 있는 작은 화산들이 특히 눈길을 끈다.

여덟 시 석양을 보려고 전망이 좋은 곳에 자리를 잡았는데 귀에 익은 우리말이

한자로 간판을 단 미용실

들린다. 돌아보니 아들 또래쯤으로 보이는 청년이 둘이다. 여행을 왔느냐고 물었더니 이 청년들도 여기 사는 교포들이다. 우리 부자를 보고 부럽단다. 아까 사진을 찍어주던 아가씨도 부럽다고 했었는데 젊은이들에게 부러운 모습으로 보인다니 괜히 으쓱해진다.

옆 나라인 오스트레일리아가 오랫동안 백호주의를 고집하면서 유색인종에 대해 배타적인 정책을 고수했던 반면 뉴질랜드는 그렇지 않았던 모양이다. 자꾸 두 나라를 비슷하게 생각하려는 관성이 작용하는데 고정관념과는 달리 뉴질랜드는 배타성이 적고 포용적이다. 우리나라 사람뿐 아니라 중국인, 인도인 등 외래인들이 의외로 많은데 그중에서도 중국인들은 상당히 많다.

스카이타워에서 내려다 본 빅토리아가

**뉴질랜드 아이덴티티: 뛰어 내리는 놀이기구가 많다**

두 세 사람이 탈 수 있는 시설이 전망대 유리창 밖에 매달려 있다. 유리 청소할 때 쓰려고 매달아 놨을까? 와이어선이 전망대에서 밑까지 까마득하게 드리워져 있다. 현수막 같은 걸 설치할 때 쓰려고 만든 시설일까? 나중에 내려와서 보니 꼭대기에서 줄을 타고 내려오는 놀이기구 같은 거다. 지금은 폐쇄되어 있는데 타워 입구 근처에 관련 시설이 있다. 그러니까 전망대 어디쯤에서 그 탈것을 타고 이동해서 줄에 매달려서 아래에 있는 시설로 내려오는 그런 기구인 모양이다. 직접 보지는 못했지만 검색해 보니 스카이워크와 스카이점프가 있다. 328m 타워의 중간이 좀 넘는 192m에 외벽을 걷는 데크가 설치되어 있어서 걷기와 점프를 하는 데 활용된다고 한다.

스카이타워에서 나와서 언덕길을 내려오다 보니 길옆에 놀이기구가 또 있다. 높다란 기둥 두 개에 탄력이 있는 줄을 매어 그 줄에 연결된 탈것이 바운싱을 하는 놀이기구로 언젠가 텔레비전에서 본 기억이 난다.

스카이타워 옆에 있는 놀이기구

뉴질랜드에는 이런 종류의 놀이기구가 많다. 뉴질랜드 하면 번지점프가 떠오르는데 거기에서 이런 유형의 놀이들이 파생된 것이다. 인공적인 놀이시설인데도 이런 지역성이 있다. 스카이타워의 스카이워크나 스카이점프 등은 마오리 전통을 현대 건축물과 결합시킨 것으로 뉴질랜드의 특징을 잘 살린 액티비티이다.

### 하루가 길다

아름답다던 스카이타워의 석양은 그다지 감동적이지는 않다. 지평선에 구름이 끼어서 그런지도 모른다. 혹시 사람들이 많으면 어쩌나 걱정을 했었지만 그렇지도 않다. 여덟 시가 넘었는데 아직도 해가 많이 남아 있다. 실제보다 30분 정도 빠른 시간을 쓰고 있는 우리나라도 하지에는 얼추 여덟 시가 되어야 해가 떨어지지만 이런 풍경을 보기는 어렵다.

뉴질랜드는 9월 하순 이후에는 썸머타임제를 실시해서 한 시간이 더 빨라지기 때문이다. 해가 떨어진 이후에도 오랫동안 날이 어둡지 않아서 하루가 굉장히 길게 느껴진다. 첫날은 어둑어둑해져서 저녁을 먹고 숙소에 들어갔는데 금세 열 시가 넘어서 깜짝 놀랐다. 해가 늦게 떨어진다는 생각을 못하고 시간이 빨리 간 줄만 알았던 것이다. 여행 초반에는 이걸 잘 몰라서 여섯 시 전에 일정이 끝나도록 계획을 세웠었지만 머무는 날이 많아지면서 얼추 아홉 시까지 일정을 짜도 무리가 없다는 사실을 알게 되었다. 자연스럽게 하루가 길어지고 잠을 늦게 자게 되었다.

**현이의 Tips &**

우리나라에 비해 고위도 지역이기 때문에 여름에는 해가 더 길다. 또한 여름철에는 썸머타임제(9월 마지막 주 일요일~이듬해 4월 첫째 주 일요일)를 시행하기 때문에 저녁이 더 늦게 온다. 따라서 이 시기에 여행을 간다면 저녁 시간을 충분히 활용할 수 있도록 계획을 짜는 것이 좋다.

참고로 뉴질랜드의 표준시는 날짜 변경선(180°EW)이다. 그래서 세계 표준시인 GMT(그리니치 평균 시간)보다 12시간이 앞서가며 우리나라(표준시 135°E)보다는 3시간(썸머타임 적용시 4시간) 앞서 간다.

### 국적이 다양한 음식들

저녁을 어디서 먹을까 고민하면서 먹자골목을 돌아 봤다. 이탈리아 요리, 멕시

빅토리아가의 일식집

한국식 술집

코 요리, 중국 요리, 일본 요리 등 국적이 다양한 음식점들이 스카이타워 앞길을 따라 자리를 잡고 있다. 전통요리라는 것이 서양요리이니 뉴질랜드에서 토속적인 요리를 기대하지 않는 것이 좋을 것 같다. 첫날부터 한식당은 아닌 것 같아서 들어가지 않았지만 '소주 한잔'이라는 한글 이름을 단 한식당도 있다. 한식은 여행 후반부에 고기와 기름에 질리면 한번 찾아보기로 했다. 비상식량도 제법 챙겨 왔기 때문에 한식은 더 매력이 적다.

멕시코 요리 집을 골랐다. 'Starter', 'Main meal', 'Dessert'로 메뉴가 되어 있어서 이걸 따로따로 다 주문해야 되나 혼란스러웠다. 잘 모르니까 일단 각 메뉴의 맨 꼭대기에 있는 것을 하나씩 주문하기로 했다. 스타터로는 타코가 곁들여

뉴질랜드에서 처음 먹은 음식은 멕시코 요리

있는 샐러드, 새우를 주 재료로 하는 볶음인지 튀김인지 헷갈리는 메인 메뉴, 그리고 생선이 들어간 스프를 주문했다. 그리고 맥주 두 병.

**현이의 Tips &**

정말 배가 부르게 먹었다. 각 메뉴별로 둘이 각각 한 개씩 주문했더라면 배가 터질 뻔했다. 알고 보니 이렇게 주문하는 것이 정상이었다. 서양식은 대체로 이런 형식인데 멕시코식 역시 형식이 같다.

## 여행 경비로 정리하는 하루

| | 교통비 | 숙박비 | 음식 | 액티비티, 입장료 | 기타 | 합계(원) |
|---|---|---|---|---|---|---|
| 비용(원) | 217,148 | 118,408 | 46,849 | 41,738 | 23,765 | 447,908 |
| 세부 내역(NZD) | 렌터카 216, 오클랜드 공항택시 22.3, 버스 17 | 이비스스타일 오클랜드 139 | 저녁(멕시코 요리) 55 | 스카이 타워 49 | 편의점(음료, 맥주 등) 27.9 | |

NEW ZEALAND

둘째 날

# 화산과 농목업, 오클랜드에서 로토루아로

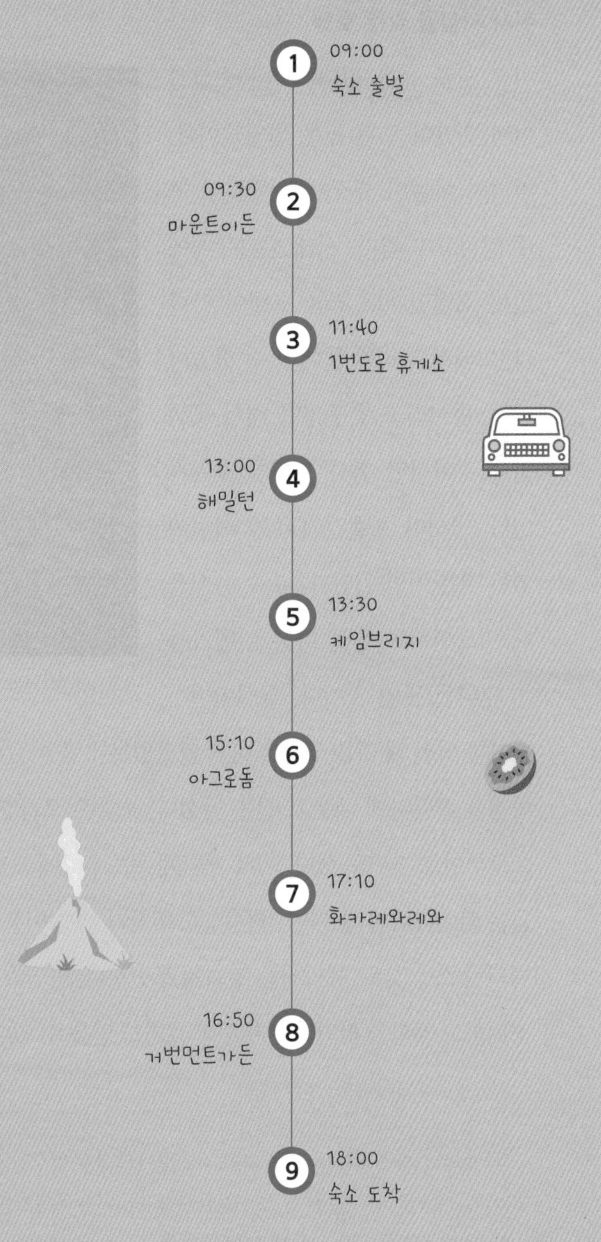

09:00
숙소 출발
09:30
마운트이든
11:40
1번도로 휴게소
13:00
해밀턴
13:30
케임브리지
15:10
아그로돔
17:10
와카레와레와
16:50
거번먼트가든
18:00
숙소 도착

**취사 시설을 갖춘 호텔**

여덟 시쯤 눈을 떴다. 시내 중심가여서 주변이 모두 높은 빌딩들이다. 거리와 하늘이 깨끗해서 햇빛이 아주 강하고 따갑다. 시내 한가운데에 있는 호텔인데도 고급 호텔이 아니다. 그래서 우리가 들어올 수 있었지만…. 방이라고 콧구멍만 해서 옹색할 지경이지만 취사 시설이 갖춰져 있다. 명색이 호텔인데 주방 시설이 있는 것은 어인 일인가? 손수 음식을 해 먹으면서 여행을 하는 여행자들이 많다는 뜻일 것이다. 호텔이어서 식사를 직접 해 먹을 생각을 하지 않았었는데 좀 아깝다.

호텔 객실에서 바라본 오클랜드 중심가

아침을 간단하게 때우고 길을 나섰다. 오늘은 오클랜드를 좀 더 돌아본 다음 로토루아로 가기로 했다. 어제 저녁에 로토루아에 모텔을 예약해 두었다. 숙소들은 와이파이가 잘 되기 때문에 호텔 찾기 앱을 이용해서 적당한 위치와 가격대의 숙소를 찾고, 예약하는 것까지 무난하다. 자연스럽게 다음날 여행 코스를 정리하고 계획을 확인하는 부수적 효과도 얻을 수 있다.

**현이의 Tips &**

와이파이가 제공되는 식당이나 숙소에서만 가족들과 연락하고 숙소를 예약할 수 있었다. 따라서 숙소를 예약할 때 조건의 1순위가 와이파이가 제공되는 곳이었다. 이런 점이 답답할 것 같다면 뉴질랜드 유심을 구입하면 된다. 현지에 도착해서 데이터를 이용할 수 있는데 현지 통신사의 유심을 구매하여 이용하거나 한국에서 유심을 사 가는 방법이 있다.

### 주차비 폭탄을 맞다

주차장을 나오려는데 차단기가 열리질 않는다. 이게 뭐지? 호텔에서 준 주차권을 게이트에 있는 무인 계산기 카드 삽입구에 넣었는데 차단기가 열리는 대신에 '$46.75' 요금 표시만 모니터에 선명하다. 호텔과 제휴된 주차장이어서 무료려니 했었다. 하지만 알아보니 일부 할인만 된다고 한다. 무려 4만 원이 넘는 돈이 주차비로 나갔다. 어제 오후 3시경 이후로 내내 이곳에 주차를 했으니 적지 않은 비용이 나올 수밖에 없다. 중심가여서 호텔비도 비싼데다 주차비까지 실질적인 숙박비에 넣어야 하므로 호텔비가 상당히 비싼 셈이다. 몰라서 당한 일이다. 기분이 씁쓸하지만 어쩌겠는가. 뉴질랜드를 공부하는 수업료라고 생각하고 주차장을 나섰다.

현이의 Tips &

주차장이 없는 중심가의 호텔은 피해야 한다. 호텔비도 비싸고 비싼 주차비가 따로 들기 때문이다. 드라이빙의 장점은 이동이 쉽다는 점이므로 중심가를 피해서 숙소를 잡아도 된다. 오클랜드 외곽의 모텔을 추천한다.

### 에덴동산에서는 개도 사람처럼 존중받는다

마운트이든(Mount Eden), 에덴동산이다. 시내 한가운데에 있는 공원이어서 오클랜드의 에덴동산이라고 해도 틀리지 않을 것 같다. 깔끔하게 다듬어진 공원이어서 기분이 상쾌하다. 심지어는 개 운동장까지도 사람이 뒹굴어도 될 만큼 깔끔하게 다듬어져 있다.

주차장에 주차를 하고 천천히 산을 올랐다. 양쪽으로 현무암이 경계석으로 놓여 있는 계단을 한참 올라가다 보니 철조망이 둘러쳐진 공간이 있는데 철조망 양쪽으로 나무 계단을 만들어 놓아서 건너갈 수 있도록 만들었다. 참 이상한 장치다. 분명히 사람이 다니는 길인데 철조망은 왜 쳐 있으며 그걸 넘어 다니라고 나무 계단을 만들어 놓은 이유는 또 무엇인가?

둘이 두런두런 소설을 쓰면서 산을 오르다 보니 또 철조망이 가로놓여 있다. 이 공간을 들어올 때 철조망을 넘어 들어왔으니 나가려면 당연히 다시 철조망을 넘어야 한다. 그런데 나가는 쪽에는 계단이 없고 철조망도 상당히 높다. 문이 있는데 잠겨 있다. 문 밖으로는 넓은 길에 사람들이 다니고 있어서 철조망을 넘기도 좀 민망하다. 그런데 문이 열리고 사람이 들어온다. 아니 개들이 들어오는 데 사람이 한 명 따라온다. 그제서야 그곳이 개 놀이터인 줄 알았다. 철조망을 넘는 나무 계단의 의미도 바로 알 수 있게 되었다. 보통 철조망에 뚫린 구멍을 우린 '개구멍'이라고 하는데 그럼 이것은 '사람구멍'인가?

↑ 개 운동시키는 공간
↓ 개 놀이터를 드나드는 사람구멍

목줄을 풀고 개들이 마음껏 뛰어 놀도록 하는 전용 공간이 근린공원에 있는 예는 우리나라에는 많지 않은 것 같다. 동물 복지와 인간 존엄성 존중은 상관관계가 있지 않을까 싶다.

### 에덴동산은 화산

사실 우린 전날까지도 이 봉우리가 화산인 줄은 모르고 있었다. 하지만 전날 스카이타워에서 시내를 조망하면서 화산일지도 모른다는 생각을 하게 되었다. 스카이타워에서 보면 오클랜드는 전체적으로 기복이 거의 없는 평탄한 지형이다. 그런데 듬성듬성 원추형의 봉우리들이 눈에 띄었다. 그렇다면 오클랜드 일대는 유동성이 큰 용암이 넓게 퍼져서 만들어진 용암대지이며 원추형 봉우리들은 일종의 기생화산일 가능성이 크다는 생각이 들었다. 그래서 마운트

현무암 암괴에 붙어 있는 보호구역 표지

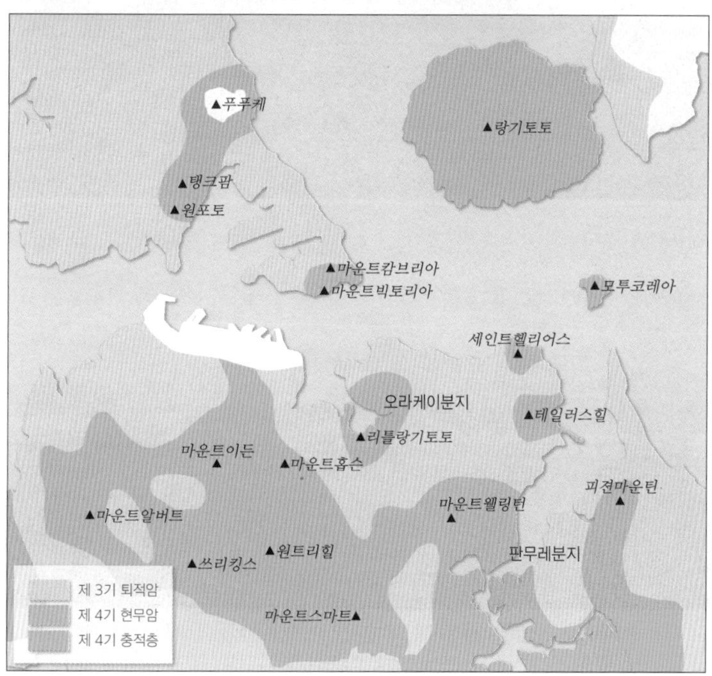


오클랜드 화산(자료: NZ Science, J. Thornton, 2009)

↑두 번째 단에서 내려다보이는 오클랜드 중심가
○두 번째 단의 작은 분화구
↓북동쪽으로 보이는 랑기토토섬

⇡ 마운트이든 분화구와 오클랜드
○ 동쪽으로는 마운트홉슨(사진 가운데)과 마운트웰링턴(사진 오른쪽)이 보인다.
⇣ 동남쪽에 자리 잡은 원트리힐(사진 가운데)

이든을 가 보기로 했었다.

깔끔하게 조성된 공원 입구에는 큼지막한 바위에 보호구역 표지판이 붙어 있는데 현무암으로 보이는 용암이다. 화산이 맞는 것 같다. 해발 196m의 야트막한 동산이어서 오르기는 그다지 힘들지 않다. 주차장에서 정상까지 올라가다 보면 대략 3단으로 이루어진 산이라는 것을 알 수 있다. 맨 아래 단은 산책 공간, 개 운동시키는 공간 등으로 활용되고 두 번째 단은 산책로가 조성되어 있다. 두 번째 단부터 오클랜드 시내가 내려다보인다. 마치 석회암 지대의 돌리네(doline)처럼 움푹 파여 웅덩이처럼 생긴 곳들이 있는데 작지만 이런 것도 분화구이다.

마지막 3단이 마운트이든 주 분화구이다. 지름이 약 170m 정도인 분화구는 이 화산체의 가운데에 있지 않고 남쪽에 치우쳐 있다. 분화구 모양이 선명해서 누가 봐도 화산이라는 것을 단박에 알 수 있다. 앞 바다에는 완만한 원추형 화산인 랑기토토(Rangitoto)섬이 다소곳하게 앉아 있어서 전체적으로 구도가 완벽하다.

마운트이든 분화구는 오클랜드 시내 전경과 어울려 멋진 그림을 연출한다. 날씨까지 맑아서 더 멋지다. 이런 아름다운 전경은 화산의 선물이다. 전체적으로 평평한 용암대지에 분화구가 돌출되어 있으므로 시야를 가리는 장벽이 있을 수 없기 때문이다. 제주도 오름에 오르면 시원한 전망을 볼 수 있는 것과 비슷하다.

### 1번 도로에서 만난 익숙한 휴게소

로토루아로 가려면 오클랜드 시내를 벗어나서 1번 도로를 타고 남쪽으로 달린다. 시원한 왕복 4차선 도로이고 차량도 많지 않아서 왼쪽으로 달리는 것이 어렵지 않다. 우리나라로 치면 자동차 전용도로라고 볼 수 있는 무료 도로이다.

뉴질랜드의 유료 고속도로는 세 개뿐이라고 하는데 우리는 여행 내내 한 번도 유료 도로를 타 본 적이 없다.

우리나라식 휴게소

시내를 벗어나서 오클랜드 공항으로 갈라지는 교차로를 지나 10km 정도 더 남쪽으로 내려가면 휴게소가 하나 있다. 주유소와 편의점, 기타 매장들이 함께 있는 복합 쇼핑몰형 휴게소이다. 뉴질랜드에서 만난 우리나라식의 낯익은 휴게소로는 처음이자 마지막이었다. 뉴질랜드에서는 처음 만난 휴게소여서 휴게소가 원래 그런가 보다 했는데 계속 지내다 보니 이런 휴게소는 아주 드물다는 것을 알 수 있었다. 대부분의 도로들은 통행량이 많지 않기 때문이다. 편의점에 들러 껌, 물, 과자 등을 사고 장거리 운전을 위해 잠깐의 휴식을 가졌다.

**평화로운 농촌 풍경, 알고 보면 환경 파괴의 역사**

널찍한 간선도로라서 이런 도로에서 경험을 쌓아 두는 것이 앞으로를 위해 좋을 것 같다는 합의에 따라 초보 아들이 운전대를 잡았다. 이후로는 자연스럽게 오전은 아버지, 오후는 아들로 역할을 분담하게 되었다.

구릉을 통째로 경지로 바꿔서 채소를 심거나 가축을 키우는 곳이 많다. 매우

구릉지를 통째로 개간하여 조성한 경지

구릉지에 삼림이 남아 있는 곳은 흔치 않다.

'뉴질랜드스런' 풍경이다. 흔히 '평화롭다'고 표현하는 이런 풍경이 오클랜드를 벗어나면서 계속된다. 우리나라에서는 보기 어려운 풍경이므로 자꾸 사진을 찍어댄다. 특히 방목지의 풍경은 서양 그림에서나 본 그야말로 '그림 같은' 풍경이다. 하지만 따지고 보면 썩 평화로운 풍경은 아니다.

온난하고 다습한 서안해양성기후의 특성상 인간의 영향이 가미되지 않은 자연 상태라면 이 일대는 모두 푸른 숲으로 덮여 있어야 한다. 천연 초원은 강수량이 부족하거나 계절적으로 강수가 매우 치우치는 경우에만 만들어지기 때문이다. 하지만 사방을 둘러봐도 숲으로 덮여 있는 곳은 보기 어렵다. 인간의 손이 구석구석 가해졌다는 뜻이다.

우리나라도 같은 온대기후지만 이런 경지 경관을 볼 수가 없다. 호남평야 같은 넓은 평지에는 비슷한 경관이 나타나기도 하지만 구릉 정상까지 모두 경지로 바꾼 사례는 우리나라에 거의 없다. 평야지대라도 대개는 최소한 구릉지 정상 부분에는 삼림이 남아 있다.

기본적인 이유는 우리나라는 국토의 70%가 산지여서 개간이 가능한 이런 구릉지가 많지 않기 때문이다. 경지화가 불가능하기 때문에 숲으로 남아 있게 되었다고 볼 수 있다. 기복이 작아 경지화가 가능하더라도 구릉의 정상 부분은 삼림으로 남겨 소유주가 서로 다른 경지의 경계 역할을 하도록 했다. 여러 개의 구릉지를 포괄하는 넓은 토지를 개인이 소유하는 뉴질랜드와는 달리 우리나라는 구릉 정상의 삼림을 경계로 토지 소유자가 달라지는 소규모 소유 방식과 관련이 있다. 그리고 산에 묘지를 만드는 장례 관습과도 관련이 있다. 음택을 매우 중요하게 여겼던 관습으로 조상의 묘를 쓰기 위한 산지 공간이 반드시 필요했으므로 경지화가 가능한 경우에도 일부는 삼림으로 남겨 두었다.

### 간선도로가 시내를 통과하면 불편할까?

오클랜드에서 남쪽으로 약 60km 정도 내려가면 해밀턴(Hamilton)이라는 도시가 있다. 인구가 15만 명 정도 되는 북섬 와이카토(Waikato) 지역의 중심 도시이다. 시원한 들판을 달리던 도로가 해밀턴에서 시내 중심가로 들어간다. 고가도로나 지하도도 아니고 일반도로여서 곳곳에 신호등을 통과해야 한다. 우리나라에서는 보기 어려운 간선도로 경관이다. 해밀턴 남동쪽에 있는 케임브리지(Cambridge), 티라우(Tirau) 등 작은 중심지들도 역시 마찬가지다. 우리나라는 어지간한 도시는 모두 외곽도로가 있다. 시내 교통이 복잡한 큰 도시는 물론이고 면 소재지 조차도 외곽도로가 놓여 있는 경우가 흔하다.

시내 중심가를 간선도로가 통과하면 좋을까, 아니면 나쁠까? 우리나라식으로 답한다면 당연히 '나쁘다'이다. 온 국민이 '빨리'를 입에 달고 사는 바쁜 나라 대한민국, 놀러 가는 길도 도착 시간을 따져서 지름길을 찾는 것이 우리의 일상이니 잘 달리던 도로가 갑자기 신호등을 만나는 것을 용서할 사람은 많지 않을 것 같다. 매일매일 갈길이 먼 여행을 하고 있는 우리의 입장도 그렇다. 하지만

1번국도의 해밀턴 시내 구간

조금만 더 생각을 진전시켜 보면 외곽도로를 이용해서 빠르게 지나가는 것만이 능사가 아니라는 생각이 든다.

어떤 곳을 '지나가는' 이유는 무엇일까? 목적지에 가기 위해 반드시 거쳐 가야 하는 곳이기 때문이다. 그렇다면 목적지를 제외한 모든 지역은 단지 '지나가는 곳'일 뿐이어야 하는가? 목적지는 아니지만 가다가 잠깐 멈춰서 휴식을 취하고 커피라도 한 잔 마시고 갈 수도 있지 않을까? 만약 길이 도시의 중심부로 나 있으면 실제로 이런 행동들이 꽤 많이 일어난다. 시내 도로를 천천히 지나가다가 맛집 간판을 보고 잠깐 멈춰서 음식을 먹고 갈 수도 있고, 간식거리를 사 가지고 갈 수도 있다. 지역 특산물 매장이라도 있으면 계획에 없던 쇼핑을 할 수도 있다. 하지만 외곽도로는 이런 행동을 원천봉쇄해 버린다. 작은 중심지일수록 이로 인한 피해가 크다. 소위 '빨대효과'의 희생양이 되어 버릴 가능성 크다. 뻥 뚫린 외곽도로와 함께 작은 중심지가 더욱 급격하게 쇠퇴하는 현상을 우리는 수도 없이 봐 왔다. 외곽도로 덕분에 면 소재지가 쇠퇴하는데도 정작 그곳에 사는 주민들은 '발전'이라는 환상에 젖어 외곽도로를 칭송하는 경우를 적지 않게 목격한다.

따라서 정말 결정적인 이유가 있는 경우를 제외하고는 읍면 단위 중심지에는 우회도로를 만들지 않는 것이 낫다는 것이 내 생각이다. 4차선의 외곽도로 대신에 2차선의 시내도로 2~3개는 어떨까? 중간중간 쉼터를 겸한 주차장도 만들고. 대신에 좁고 무질서한 시내도로를 정비하는 과정이 필요할 것이다. 직강공사를 하면 홍수 때 물이 잘 빠지는 효과가 있는 반면에 평상시 생태계가 크게 교란되는 것과 비슷한 이치이다. 1년 365일 중에 불과 며칠에 불과한 홍수에 맞춰서 하천을 정비하기 보다는 충분히 강수 충격을 흡수할 수 있는 공간을 확보하고 그 안에 여러 개의 지류를 허용하는 방식이다.

### '얼마나 걸렸어?'보다는 '무엇을 보면서 왔어?'를 묻자

지역 간 이동 시간에 대한 개념, 즉 거리 관념은 교통수단, 교통로 등 교통 상태에 따라 상대적이다. 외곽도로가 일반화되면 거기에 맞춰 주민들의 시·공간 개념이 만들어지기 마련이다. 즉 교통 상태가 매우 좋으면 그 시간에 맞춰 도시 간 거리 개념이 만들어진다. 물리적 거리가 멀더라도 상대적 거리는 짧게 느껴질 수 있다. 도시를 통과하지 않는 외곽도로는 우리의 상대적 거리감을 매우 단축시켜 놓았다. 하지만 교통 체증 같은 변수가 생기면 사람들의 머리 속에 만들어진 시간 개념이 맞지 않게 되며 이때 많은 사람들은 불편함을 느끼게 된다. 공자님 말씀 같은 얘기지만 변수에 대비해서 그만큼 일찍 나서면 되는데 나부터도 변수는 변수일 뿐이다.

출근길도, 여행길도 '얼마나 걸렸어?'라는 질문이 일상이 되었으며 그 질문은 '빨리 가는 것이 좋다'는 명제를 은근하지만 강력하게 강제하고 있다. 굳이 서두르지 않아도 되는 사회가 되었으면 좋겠다. 일상적으로 '무엇을 보면서 왔어?'를 묻는 사회 말이다. 그렇게 되면 외곽도로에 대한 근거 없는 찬사도 다시 생각할 수 있게 될 것이다.

**케임브리지의 점심 식사, 작은 중심지에 잠시 머무르기**

케임브리지의 점심(파니니)

해밀턴에서 남동쪽으로 20km 내려가면 케임브리지라는 도시가 나온다. 케임브리지는 인구 2만 명이 채 안 되는 작은 도시로 우리나라로 치면 읍이나 면 단위 정도의 중심지라고 볼 수 있다. 이곳 역시 1번 도로가 시내 중심가를 관통한다. 앞에 이야기한 작은 중심지에 대한 생각과 딱 맞는, 그런 도시다.

천천히 시내를 통과하다 보니 주차 공간이 여유로운 거리가 나타난다. 이런 저런 가게들이 길을 따라 늘어서 있는데 당연히 음식점도 끼어 있다. 마침 점심 때가 되어 휴식 겸 점심 식사를 하기로 했다. 주차가 쉬운 곳을 골라 주차를 하고 가까운 카페를 하나 골랐다.

'Fran's Cafe'라는 간판이 붙은 음식점에 들어가 연어 버거와 베이컨과 치즈가

벽을 장식한 결혼사진과 감사 편지들

들어 있는 파니니(panini)를 먹었다. 뉴질랜드다운 음식점이라고 하면 이런 곳일까? 여긴 빵이나 케이크 같은 것이 주류를 이룬다. 이주민이 세운 나라들은 전통 음식의 정체가 모호하다. 유럽 여러 나라의 음식들을 다양하게 취급하는 음식점들이 많은 것이 그런 원인일 것이다. 이 집은 들어오는 손님만 받는 것이 아니라 결혼식 음식도 만들어 주는 집인 모양이다. 벽 한쪽에 감사의 뜻을 담은 편지와 결혼사진들이 가득하다.

### 뉴질랜드스러운 테마파크 아그로돔

로토루아의 필수 관광 코스는 아그로돔(Agrodome)이다. '농업'을 뜻하는 'agro'라는 이름에서 '농업 테마파크'라는 것은 어느 정도 짐작할 수 있는데 'dome'이 왜 붙었는지는 잘 모르겠다. 소, 양, 사슴 등 여러 종류의 가축을 방목하는 목장과 키위, 올리브 등을 재배하는 과수원 등 농목업 경관을 기반으로 하며, 농장 일주, 먹이 주기, 양떨 깎기쇼 등 관광 상품이 마련되어 있다. 너무 유명해서 다 아는 얘기에 둔필(鈍筆)을 하나 더 얹어 봐야 신선할 것이 없다. 새로운 경험이라기보다는 소문을 확인하는 정도라고 해야 옳겠다. 그런데 다행(?)인지 쇼 일정을 전혀 모르는 상태에서 우리가 도착한 시간이 오후 세 시가 좀 넘은 시간이었는데 막 쇼가 끝난 상태였다. 이성은 크게 아쉬울 것이 없다고 하는데도 한편으로는 아쉬운 느낌이 없지는 않다.

먼 객지로 이사를 온 알파카도 사람을 친구로 안다.

대신에 짐칸을 개조한 관광용 트랙터를 타고 농장 일주를 하기로 했다. 양과 소는 뉴질랜드의 상징과 같다. 세계지리 교과에서는 남섬은 양, 북섬은 소라고 단순화시켜서 가르쳐

왔는데 통계상으로는 그렇지만 눈으로 보기에는 뚜렷한 차이를 발견하기 어렵다. 이곳은 특히 테마파크이기 때문에 마치 동물원처럼 온갖 가축들이 다 있어서 북섬의 특징을 찾아보려고 하는 것이 무리다.

키위와 올리브 과수원도 있다. 올리브는 지중해성기후에서 잘 자라는 과일나무지만 서안해양성기후인 이곳에도 잘 자라는 모양이다. 지중해성기후나 서안해양성기후나 똑같이 겨울은 온난다습하므로 올리브나무가 자랄 수 있다. 품질이 좋은 과일이 나오느냐는 다음 문제다.

현이의 Tips &

아그로돔, 화카레와레와 등의 테마파크는 필수 코스로 꼽히므로 프로그램 운영 시간을 잘 알아두었다가 경험하기를 추천한다.

아그로돔

화카레와레와

**뉴질랜드의 상징 키위**

키위새로 유명한 나라인 줄은 알았지만 과일 키위가 유명하다는 사실은 처음 알았다. 원래 과일 키위는 중국이 원산지이지만 일찌기 뉴질랜드로 유입되어

키위, 올리브 과수원과 사슴

키위 과수원

재배되었다. 중국인들이 뉴질랜드에 들어온 시기와 관련이 있을 것이다. 뉴질랜드에서 재배되면서 키위새를 닮았다 하여 키위라는 이름도 얻었다. 그러니까 과일 키위는 키위새와 관련이 있는 셈이다. 키위는 중국에서 건너왔지만 상품작물로 재배되어 수출되기 시작한 곳은 뉴질랜드라고 한다. 그러므로 과일 키위 역시 키위새와 마찬가지로 뉴질랜드의 상징이라고 해도 틀리지 않는다. 국조인 키위새는 날지 못하는 온순한 새이지만 영역을 침범당하면 귀여운 모습과는 달리 목숨을 걸고 싸우는 용맹성을 지녔다고 한다. 식민지 건설을 위해 들어온 영국인들에게 키위새는 자신들을 상징할 만한 강렬한 인상을 줬고 그런 이유로 뉴질랜드가 건국한 후 국조가 되었다.

### 화카레와레와

화카레와레와(Whakarewarewa)는 마오리족들이 살고 있는 마을로 주민과 가옥을 포함한 마을 전체가 관광지이다. 마오리 전통문화와 함께 지열 분출 현장, 온천, 간헐천 등 활화산 뉴질랜드의 특징을 볼 수 있는 곳이다. 화카레와레와의 공식 명칭은 'Te Whakarewarewatanga-o-te-ope-a-Wāhiao'라는 긴 이름으로 '와히아오 전사들의 봉기(The Uprising of the Army of Wāhiao)' 정도로 해석할 수 있겠다. 주민들은 더 줄여서 화카(Whaka)라고 흔히 부른다고 한다. 14세기에 마오리들이 이 일대에 테푸이아(Te Puia)라는 요새를 만들었던 것이 이 마을의 시작이다. 테푸이아는 한 번도 침탈을 당한 적이 없는 견고한 요새였다고 한다.

아그로돔에서 남쪽으로 로토루아 시내를 통과하여 화카레와레와에 도착하니 다섯 시가 좀 넘었다. 안타깝게도 내부 투어 일정이 다섯 시에 끝이 난다고 한다. 아그로돔 쇼를 보지 못한 것은 그다지 아쉽지 않은데 이곳은 많이 아쉽다. 내일 오전에 다시 오리라 마음먹고 돌아서려 했는데 해가 떨어지려면 아직 멀었으니 시간이 아깝다. 입구에서 얼쩡거렸더니 매표소 쪽과 마을 안쪽에서 오면 안 된다고 소리를 지른다. 원주민들이 사는 마을을 그대로 테마파크로 만들었으니 자연스럽게 들어갈 수 있는 곳이 아니라 돈을 내야만 들어갈 수 있는 곳이 되었다. 원래 마을이란 것이 이방인들이 그냥 들어가서 볼 수도 있는 곳이었지만 이곳은 이제 그것이 불가능한 마을이 되었다. 손님을 환대하는 전통이 있었다고 안내문에 쓰여 있는데 입장료를 내지 않는 손님은 홀대를 받는 상

Tehokowhitu-A-Tu 아치 너머로 보이는 화카레와레와 마을

황이 되었으니 결국 돈이 인심을 사나워지게 만든 걸까?

입구에 있는 다리 앞에 아치가 설치되어 있는데 'Whakarewarewa'가 아니고 'Tehokowhitu-A-Tu'라고 쓰여 있다. 아치 양쪽에 잔뜩 쓰여 있는 것은 제2차 세계대전에 참전했다가 목숨을 잃은 마오리 출신 병사들의 이름이다. 'Tehokowhitu-A-Tu'는 마오리 작곡가 투이니 응가와이(Tuini Ngawai)라는 사람이 만든 일종의 포크송인데 전쟁에 참전하는 병사들을 환송할 때 불렀던 '용맹스런 투 부대(Brave band of Tu)'라는 뜻의 노래이다.

화카레와레와 공연

**화카레와레와 밖에서 보기**

'Tehokowhitu-A-Tu'라고 쓰여 있는 곳은 알고 보니 정문이 아닌 엉뚱한 곳인데 관람객이 없으니 그곳이 정문인 줄만 알았다. 자유 여행의 묘미일 수도 있고 불편한 점일 수도 있다. 아치가 있는 다리 아래로 흐르는 하천은 화카레와레와 마을의 북쪽을 감싸고 흐르는데 하천을 따라 산책로가 나 있다. 시간이 남으니 산책로를 따라 걸어가 보기로 했다. 하천을 따라 내려가다 보니 상당한 볼거리이다. 하천 너머로 마을도 보인다.

여기저기 하얀 김이 뿜어져 나오는 열온천이 있고 부글부글 진흙이 끓어오르는 곳도 있다. 규모가 작아서 그렇지 마을 안에서 볼 수 있는 것들이 바로 이런 것들이다. 평지에 뚫린 분화구를 커다란 화산암을 쌓아 막아 놓은 곳도 있다. 간헐천과 함께 진흙이 분출하여 옛날에 설치했던 산책로 난간을 덮어 버린 곳도 있다. 모르고 길을 나섰는데 한 걸음 한 걸음이 흥미진진한 것들이다.

산책로를 돌아서 나오니 화카레와레와 마을에 대한 호기심이 뚝 떨어졌다. 내일 갈 길이 먼데 이것으로 대신하면 어떨까 싶은 생각이 들었다. 둘이 반쯤 동

↑ 열온천
↓ 증기와 열수가 방출되면서 진흙이 튀어 오르고 있다.

증기 방출구를 화산암으로 막아 놓았다.

분출한 진흙으로 덮인 곳에는
식생이 아직 자라지 않는다.

의를 한 상태에서 로토루아호로 향했다. 로토루아호 연안을 돌아보고 결론을 내렸다. 화카레와레와 마을은 들어가지 않는 것으로.

타우포 화산

## 북섬 중부지역의 화산

### 아홉 개의 화산체로 이루어진 타우포 화산지대

5번 국도의 이름이 '지열탐험고속도로(Thermal explorer Hwy)'인 이유가 있다. 5번 국도가 지나가는 구간은 모두 '타우포 화산지대(Taupo volcanic zone)에 속하는 지역으로 다양한 형태로 화산활동이 진행 중인 지역이다. 이 지역은 아래 지도와 같이 9개의 화산체로 이루어져 있다. 타우포 화산지대는 북섬 동북쪽 연안에 있는 화이트섬에서 통가리로산까지 북동-남서 방향으로 이어진다. 이 방향은 북섬 남동쪽에 형성된 태평양판과 오스트레일리아판의 경계선과 같은 방향이다. 길이 약 260km, 폭 약 50~60km 정도이며 3.5km

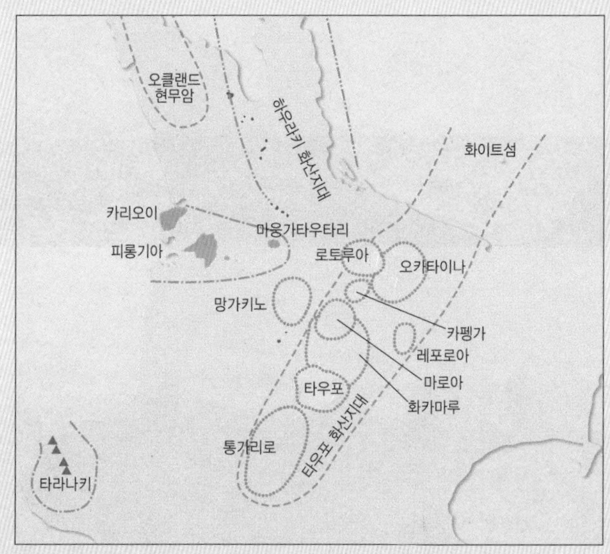


북섬 중앙부 화산 지대(자료: Jocelyn Thornton, 2009, The field guide to New Zealand Geology, Penguine group, Auckland)

두께로 화산성 물질들이 쌓여 있다. 160만 년 전부터 분화하기 시작하여 대략 16,000㎦ 정도의 용암과 화산재를 쏟아내었다.

### 분지와 산지

전체적으로 높은 화산체를 이루고 있지 않은데 중심부인 레포로아~타우포호 일대가 낮은 분지를 이루고 있다. 낮은 부분에는 로토루아호, 타우포호 등 많은 호수들이 분포한다. 레포루아 일대는 특히 넓은 평야지대를 이루고 있다. 로토루아호처럼 마그마가 분출한 후 지각이 무너져 내려서 분지 형태의 지형이 발달하였거나 대량의 화산쇄설물이 분출한 후 흘러내려서 만들어진 땅이 많기 때문이다.

외곽의 경계부에는 산지가 발달하지만 1000m 이내의 낮은 산지들이 대부분이다. 이 화산지대의 남쪽 끝인 통가리로 국립공원에 있는 루아페후산(2,797m)은 북섬에서 가장 높은 산이다.

↑ 서멀익스플로러 하이웨이에서 바라본 레포로아 분지
↓ 레포로아 분지 외곽(서북쪽) 산지

### 거대한 칼데라 로토루아호

북섬의 핵심 주제는 화산이다. 오클랜드에서도 화산을 보고 왔지만 로토루아는 뉴질랜드가 활화산대에 있다는 것을 잘 보여 주는 곳이다. 로토루아를 대표하는 로토루아호는 분화구에 물이 고여서 만들어진 호수로 긴 쪽의 지름이 10km가 넘는 거대한 칼데라(caldera)호이다. 우리나라의 한라산이나 백두산을 생각하면 높은 산이 떠오르지만 로토루아호는 우리나라의 화산과는 달리 평탄한 용암대지에서 분화한 독특한 형태의 분화구이다. 인근에는 타우포(Taupo), 타라웨라(Tarawera) 등 같은 성격의 호수들이 많이 분포한다.

로토루아호 연안에 거번먼트가든이라는 곳이 있다. 거번먼트(government)가 붙어 있어서 정부 기관과 관련이 있는 공원인가 싶어서 썩 매력이 느껴지지 않

로토루아호 연안 산책로의 경고표지와 열온천↑ ↑가스가 방출되고 있는 열온천
로토루아호 연안의 화산암↓ ↓아름다운 백사장이지만 들어갈 수 없으므로 그림의 떡이다.

아하

## 이중화산이 만든 사랑 이야기

먼 나라 뉴질랜드, 그리고 거기에 사는 원주민 마오리, 우리와 상관이 별로 없는 이름인 것 같지만 의외로 아주 가까이에 있었다. '비바람이 치던 바다 잔잔해져 오면~' 아마 많은 사람들이 알고 있는 노래일 것이다. '연가'라는 제목의 이 노래는 1950년 한국전쟁 때 유엔군으로 참전했던 뉴질랜드 병사들이 전한 마오리 민요인데 로토루아호를 배경으로 전해 내려오는 사랑 이야기이다. 마오리 민요로 전해 내려오다가 20세기 초 투모운(P.H. Tumoan)이라는 작곡가가 '포카레카레 아나(Pokarekare Ana)'라는 노래로 만들면서 뉴질랜드의 국민가요가 되었다. 로토루아호 가운데에 있는 섬 모코이아의 처녀와 호수 밖 청년의 사랑 이야기인데 로미오와 줄리엣은 전 세계 어디에나 있는 모양이다. 하지만 로토루아의 연인은 끝내 사랑을 이루고 부족 간의 화해로 결말이 난다.

로토루아호는 이중화산으로 분화구 안에서 또 분화가 일어나서 분화구의 중심부에 작은 화산체가 만들어졌다. 우리나라의 울릉도도 이런 구조의 화산이지만 칼데라(나리분지) 안에 만들어진 화산체(알봉)가 가운데가 아니고 한쪽으로 치우쳐 있다. 게다가 분화구에 물이 고이지 않기 때문에 겉모양은 로토루아호와 많이 다르다. 로토루아호는 분화구에 물이 고여 만들어진 호수이므로 가운데에 있던 화산체는 자연스럽게 섬이 되었다. 원추형의 화산체인 모코이아는 지름이 1km를 조금 넘는 작은 섬이다. 전근대 시대 섬은 방어상의 이점

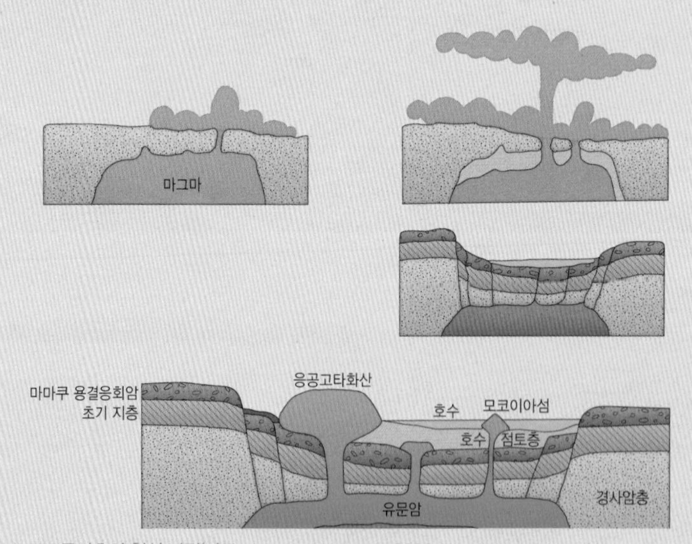


로토루아호의 형성 과정(자료: Jocelyn Thornton, 2009, The field guide to New Zealand Geology, Penguine group, Auckland)

때문에 거주지로 선택되었던 예가 종종 있었다. 모코이아는 여러 사람이 살기에는 너무 작은 섬이지만 로토루아호가 담수호이므로 물을 구할 수 있어 사람이 살았을 수도 있겠다.

로토루아호와 모코이아섬

았었다. 그래서 가지 않을까도 했었는데 시간이 약간 남아서 찾아가 봤다. 가지 않았더라면 큰일 날 뻔했다.

이곳은 지열과 유황 냄새가 진동하는 살아있는 지구를 볼 수 있는 현장이다. 어질어질할 정도로 진동하는 유황 냄새가 정말 지구가 살아있다는 것을 잘 보여 준다. 우리나라에서는 이러한 사실을 교과서를 통해 추상적으로 배운다. 현장을 보면서 구체적으로 이해할 수 있는 환경이 아니므로 관념적인 지식을 축적하는 방법 밖에 없다. 그래서 우린 교과서에서 먼저 배우고 해외여행에서 사실을 확인하면서 관념 속의 지식과 현실의 차이에 놀라는 경우가 많다.

이 지역의 학생과 주민들은 그냥 몸으로, 경험으로 알 수 있겠다. 일상에 화산이 가까이 있으니 보고 듣는 것이 먼저일 테고 그것을 교과서에서 확인하는 순간 바로 체계적인 지식이 될 것이다. 잠깐 부럽다는 생각이 들었지만 위험을 부러워하기 보다는 관념적 공부가 낫다는 결론을 내린다.

### 지가와 서비스 가격의 상관관계

전날 예약해 놓았던 롭로이 모텔(Rob Roy Motel)은 큰 길 옆에 있어서 어렵지 않게 찾을 수 있었다. 가격이 90달러(NZD), 어제에 비하면 훨씬 싼데도 어제에 비하면 궁전이다. 깨끗함, 넓이, 시설 등등이 오클랜드 호텔과는 비교가 되지 않는다. 지가와 서비스 가격의 상관 관계가 정확한 나라라고 생각된다. 땅값이 비싼 오클랜드 중심가에 있는 호텔은 고층일 수밖에 없고 방도 작을 수밖에 없다. 지가의 압력을 이기고 이윤을 창출하기 위해서는 불가피한 선택이다. 로토루아 외곽은 땅값에서 오클랜드 중심가와는 비교가 되지 않을 것이다. 그 차이가 바로 서비스에 반영되어 있는 것이다.

우리나라는 전체적으로 땅값이 뻥튀기 되어 있을 뿐만 아니라, 토지가격이 서비스 가격에 미치는 영향을 거의 무시하고 가격을 책정하는 관행 때문에 사실상 매우 왜곡된 가격체제를 갖게 되었다. 서비스뿐만 아니라 건축물도 토지 가격과 무관하게 집약도가 결정되는 경우가 흔하다. 땅값이 싼 곳에 들어선 고층 건물들 얘기다. 최대의 이윤을 창출하기 위해서는 고층으로 건물을 짓는 것이 유리한데 인구 감소와 건물의 수명 등을 고려하면 언젠가는 심각한 사회문제가 될 가능성이 매우 크다.

롭로이모텔 내부

맛난 저녁

저녁 거리를 마련하기 위해 숙소에 들어가기 전에 마트에 들렀다. 주식으로 피자 한 판을 사고 오렌지, 방울토마토 등의 과일, 치즈, 그리고 피노누아 포도주 한 병을 샀다. 11.9달러짜리 포도주가 꽤 맛있다. 요리하기가 익숙하지 않아서 인스턴트

위주로 장을 봤는데 그럭저럭 잘 어울려서 둘이서 아주 잘 먹었다. 내일 화카레와레와는 들르지 않는 것으로 최종 결정했다. 대신에 시간을 아껴서 내일 일정을 조금이라도 여유 있게 운영해 보는 것으로.

### 여행 경비로 정리하는 하루

| | 교통비 | 숙박비 | 음식 | 액티비티, 입장료 | 기타 | 합계(원) |
|---|---|---|---|---|---|---|
| 비용(원) | 40,070 | 77,335 | 68,668 | 87,009 | | 273,082 |
| 세부 내역 (NZD) | 주차 46.75 (오클랜드 호텔) | 롬로이 모텔 90 | 고속도로 휴게소(껌, 물, 과자) 15.47, 점심(케임브리지) 25, 로토루아 마트(피자, 과일, 와인, 치즈 등) 47.15 | 아그로돔 87,009원 | | |

NEW ZEALAND

셋째 날

# 화산과 석회동굴, 타우포와 와이토모를 거쳐 오클랜드로

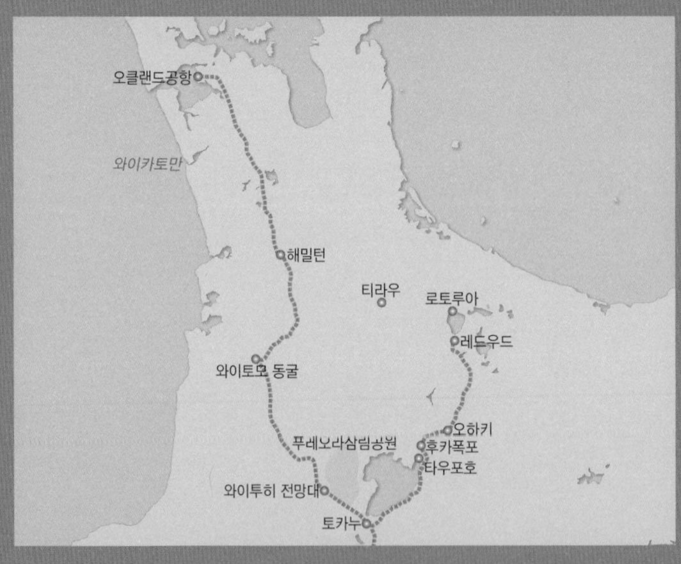

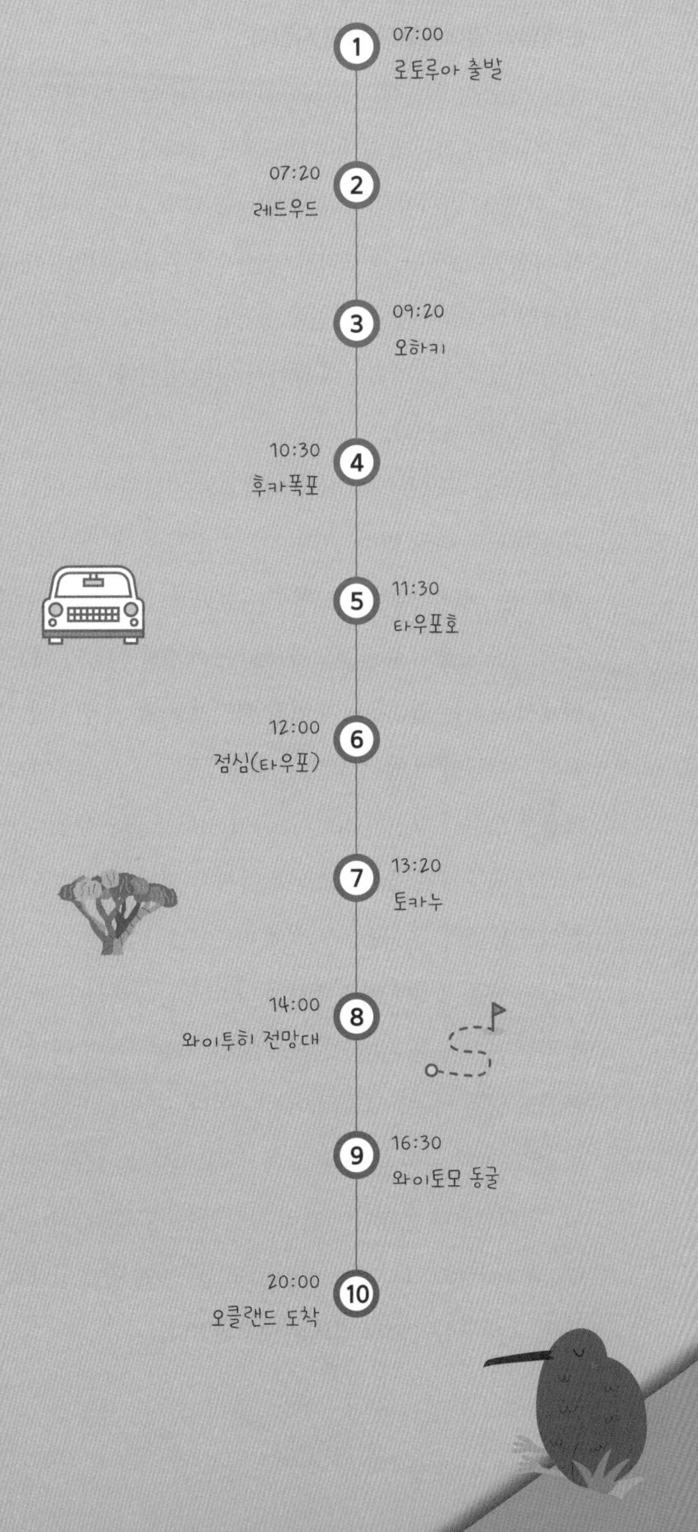

1
07:00
로토루아 출발
2
07:20
레드우드
3
09:20
오하키
4
10:30
후카폭포
5
11:30
타우포호
6
12:00
점심(타우포)
7
13:20
토카누
8
14:00
와이투히 전망대
9
16:30
와이토모 동굴
10
20:00
오클랜드 도착

### 온대림이 열대림보다 빨리 자란다

오늘 첫 목적지는 레드우드(Redwoods)다. 오늘은 여정이 매우 길기 때문에 일찍 서둘러야 하는데 다행히 레드우드는 다섯 시 반에 개장한다는 정보를 얻었다. 다섯 시 반까지 갈 필요까지는 없지만 그래도 서둘렀더니 일곱 시에 숙소를 나설 수 있었다. 잠꾸러기 아들이 깨우지도 않았는데 일찍 일어난다. 집에서라면 상상할 수 없는 일인데 상황을 판단하고 알아서 움직인다. 부모는 항상 자식이 걱정되기 마련인데 알아서 일찍 일어나는 모습을 보니 걱정할 필요 없겠다는 생각이 든다.

레드우드는 로토루아의 서쪽 외곽에 위치하여 숙소에서 가깝다. 입장료가 없고 울타리도 따로 없다. 그러니까 다섯 시 반에 개장한다고 되어 있지만 항시 개방하는 셈이다. 레드우드를 꼭 가 보고 싶었던 이유는 지구상에서 가장 빠르게 자라는 숲이 뉴질랜드에 있다는 얘기를 들었기 때문이다. 고온다습한 지역에서 자라는 열대우림이 가장 빠르게 자랄 것 같지만 사실은 서안해양성기후의 온대림이 더 빨리 자란다. 열대림은 온도와 수분이 풍부한 곳에서 자라기 때문에 오히려 천천히 자란다. 굳이 서두를 필요가 없다고 할까? 대신에 오래 자라기 때문에 자연 상태로 놔두면 매우 크게 자라며 조직이 튼실해서 대개 목질이 단단하다. 온대림은 계절에 따른 기후 변화가 있는 곳에서 자라기 때문에 조건이 좋은 계절에 매우 빠르게 성장한다. 그래서 온대림은 나이테가 있다.

우리는 큰 나무를 흔히 '아름드리'라고 표현하지만 레드우드는 '아름드리'로는 어림도 없는 나무들로 이루어진 숲이다. 내가 살아오는 동안 우리나라에서는 한 번도 보지 못한 숲이다. 그래서 레드우드는 보는 것만으로도 감탄이 나온다. '열대림보다 온대림이 빨리 자란다'는 명제(English, P. W., 1995, 'Geography, People and Places in a changing world', p.484)에 대해 일말의 의구심이 없지 않았는데 그 의구심이 어느 정도는 해소되었다.

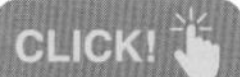


열대림이 빨리 자랄까 온대림이 빨리 자랄까?

## 트리워크

트리워크(tree work)라고 하는 나무와 나무를 연결한 구름다리 산책로가 설치되어 있다. 독특한 시설이기는 하지만 친환경적이지는 않아 보인다. 구름다리의 하중을 고스란히 나무가 받고 있으니 나무의 입장에서는 매우 괴롭겠다. 그래도 나무 위를 걸어 보는 색다른 경험을 해 보고 싶다. 그런데 나무 위로 걷는 산책로는 여덟 시 삼십 분에 개방을 한다. 아직 여덟 시도 안 됐는데…. 관계자

레드우드

레드우드 트리워크

들이 나와서 부산하게 이런 저런 준비를 하고 있는데 혹시 들여보내 주지 않을까 해서 얘기를 해 봤지만 허사다. 먼 길을 가야 된다는 개인적 사정도 곁들여 봤지만 단호하게 안 된다고 한다. 기다리자니 좀 하릴없는 느낌이다. 탐방에 필요한 시간까지 계산하고 오늘의 긴 여정을 연결시켜 보니 아쉽지만 레드우드를 떠나는 것이 합리적이겠다.

**우편함이 길가에 있는 이유**

잔디가 깔린 마당이 있고 야트막한 담장과 예쁜 대문이 있다. 대문 옆에는 빨간 색의 우편함이 앙증맞다. 그림 같은 전원생활을 꿈꾸는 많은 도시 사람들의 머리 속에 그려지는 전원 풍경이다. 이메일과 SNS 세상에 우편함은 고지서와 광고물 전담으로 전락한 지 오래지만 그래도 대문 옆 우편함은 여전히 로맨틱하다.

로토루아를 벗어나 5번 국도를 타고 남쪽을 향해 달린다. 마을이라고는 눈에 띄지 않는 너른 들판이 계속되는데 중간중간 외딴 집들이 길 옆에 그림처럼 앉아 있다. 집이 도로에서 약간 떨어진 곳에 있기 때문에 도로에서 집으로 들어가는 오솔길이 나 있다. 오솔길이 시작되는 곳, 그러니까 도로 옆에 빨간 우체통과 녹색 우체통이 나란히 서 있다. 두 개가 서 있는 이유는 정확히 알 수 없지만 주인이 편지를 확인하러 오려면 한참 걸어 나와야 한다. 주민보다는 우편배달부의 입장에서 만들어진 우체통이다. 만약 집 바로 앞에 우체통이 있다면 우편배달부는 큰 도로에서 오솔길로 들어갔다가 나와야 하므로 시간이 많이 걸릴 것이다.

경지의 규모가 크기 때문에 집들이 듬성듬성 분포하는 산촌(散村)이 나타난다. 대개 목초지로 쓰이는 땅인데 토지 소유주가 자신의 경지 안에 집을 지으므로 옆집과의 거리와 경지 규모가 비례한다. 그러니 이 지역의 우편배달부는 하루

큰길가의 우편함

에 이동하는 거리가 굉장히 길 것이다. 도로에서 집까지의 거리만큼 이동 거리를 줄여 주는 것이 이 사회에서는 합리적인 합의 사항일지도 모른다. 배려가 들어 있는 듯한 우체통은 주변 풍광과 어우러져 더욱 아름답다.

### 오하키 지열발전소

넓은 들판 한가운데에 특이한 구조물이 눈에 띈다. 아래가 넓고 위쪽으로 갈수록 약간 좁아지는 거대한 원통 모양의 구조물인데 하얀 연기를 뿜어내는 것이 마치 굴뚝같다. 새하얀 연기는 무엇인가를 태워서 만들어진 연기가 아니라 수증기이다. 오하키(Ohaaki) 지열발전소라는 곳이다. 집이라고는 찾아볼 수 없는 들판 가운데 뜬금없이 서 있어서 처음 보는 순간 좀 괴기스런 느낌이 들었다. 처음 보는 모양이어서 얼핏 원자로가 떠올랐는데 돔형의 원자로와는 다르다. 이 발전소는 국가 소유가 아니라 컨택트 에너지(Contact Energy)라는 기업 소유의 발전소이다. 멀리서도 하얀 수증기가 뿜어져 나오는 모습을 볼 수 있는 것은 냉각탑의 높이가 무려 105m나 되기 때문이다. 비교할 수 있는 구조물이 없는 들판 가운데 우뚝 솟아 있어서 크기가 실감나지 않았는데 가까이 가서 보니 굉장히 높다. 자료를 찾아보니 104MW급으로 설계된 발전소지만 평균 65MW 정도를 생산할 수 있으며 연간 400GWh의 전기를 생산하고 있다고 한다. 우리나라 대표 수력발전소인 소양강댐 발전소의 연간 전력 생산량이 353GWh로 이 발전소에 약간 못 미친다. 거대한 소양강댐과 비교하면 이 발전소는 공간적 규모가 훨씬 작은데 더 많은 전기를 생산하고 있으니 지열발전의 효율성을 대략 짐작할 수 있다.

3대의 터빈으로 전기를 생산하는데 1차로 고온고압으로 1대의 터빈을 돌린 다음 중간 압력으로 나머지 2대의 터빈을 돌리고 나서 냉각탑에서 물로 응결을 시킨다. 응결시킨 물은 지하로 다시 주입한다. 근처에는 인공 호수가 하나 있는데 이 과정에서 나온 물을 모아두는 시설이다.

지열발전은 뉴질랜드의 특징이다. 굳이 순위를 따지자면 세계 7위 정도인데

오하키 지열발전소

뉴질랜드의 인구 규모를 생각하면 상당한 수준이다. 전체 전력 소비의 약 16% 정도를 지열발전으로 충당하고 있다니 대단한 양이다. 지진과 화산이라는 위험을 끼고 살아야 하지만 대신에 청정 에너지를 함께 줬으니 불행 중 다행이라고 해야겠다.

## 호기심은 사람의 전유물이 아니다

지열발전소는 너른 목장 옆에 자리를 잡았다. 뒷배경으로 지열발전소의 냉각탑이 보이는 목장은 특이한 경관을 연출한다. 이제 갓 젖을 떼었을까 말까 한 송아지들이 무리를 지어 큰 길 옆 담장을 따라 돌아다닌다. 그 모습이 여간 귀여운 것이 아니다. 카메라를 들고 다가갔더니 마치 포즈라도 취해 주는 것처럼 걸음을 멈추고 카메라를 응시한다. 이게 웬 떡인가 싶어 셔터를 누르다가 문득 '이 녀석들이 나를 구경하고 있는 것이 아닐까?' 하는 생각이 들었다.

그러고 보니 우리 사람들의 행태와 많이 닮았다. 어렸을 적에는 세상의 모든

지열발전소와 송아지들

풍경과 일들이 새롭기 때문에 어릴수록 호기심이 많다. 동물이라고 왜 다르겠는가? 오늘 이 녀석들은 생전 처음 얼굴이 둥글넙적하고 누르스름한 인간을 만났을지도 모른다. 만약 그렇다면 먹이를 찾아 가던 길을 잠시 멈출 만한 충분한 가치가 있는 상황이다. 고개를 주억거리면서 껌벅거리는 검은 눈망울들이 그야말로 '호기심 천국'이다.

사람을 닮은 점은 또 있다. 수십 마리가 떼를 지어 다니는 것이다. 사회적 동물인 사람은 남녀노소를 불문하고 무리짓기를 즐기는데 청소년기, 청년기에 무리를 짓기를 특히 좋아한다. 이 송아지들도 사람으로 치면 질풍노도의 시기나 청년기 쯤 되어 보인다. 너른 목장에서 풀을 뜯는데 굳이 모여 다니지 않아도 큰 문제가 없으련만 신기하게도 이 녀석들은 떼로 몰려다니고 있다. 나이가 많은 소들은 무리 중에 우두머리가 있어서 나름 질서가 있다고 한다. 하지만 이 녀석들은 그런 느낌이 아니라 송사리떼처럼 좌충우돌 왔다갔다 하는 느낌이다. 마치 놀이터의 어린아이들처럼.

오늘은 송아지들과 우리가 서로 호기심을 충족시켰다. 차에 올라 출발할 때까지 흩어지지 않고 우릴 지켜보는 모습은 환송이 아니라 호기심이 분명하다.

### 지열탐험고속도로의 가로수길

'미델하르니스의 가로수 길'이라는 그림이 있다. 마인데르트 호베마(Meindert Hobbema)라는 작가의 작품으로 원근감이 멋지게 표현된 그림이다. 네덜란드의 어느 시골길을 그린 그림이라는데 정말 매력적이다. 나는 이상하게 그 그림에 꽂혀서 사진을 찍을 때 그 그림을 많이 떠올리곤 한다. 하지만 매우 '이국적'인 풍경이어서 우리나라에서는 비슷한 풍경을 만나기가 쉽지 않다.

5번 국도의 다른 이름은 서멀익스플로러 하이웨이(Thermal explorer Highway)이다. 오하키 지열발전소뿐만 아니라 로토루아에서 타우포에 이르는 이 일대

서멀익스플로러 하이웨이의 가로수길

에는 지열과 관련된 곳들이 많다. 이 길을 따라 이어지는 드넓은 목장들이 가슴을 탁 트이게 한다. 한참을 달리다 보면 중간중간 목장 입구가 있다. 길옆에 널찍한 대문이 있고 그 대문 너머로 길이 쭉 뻗어서 안쪽으로 이어진다. 온통 이국적인 것들이지만 목장 입구는 특히 이국적이어서 눈길을 끈다.

대문 뒤쪽으로 난 길 양쪽으로 미루나무를 심어서 원근감이 멋진 목장을 하나 지나쳤다. '미델하르니스의 가로수 길'이 떠오르는 바로 그런 길이다. 너무 인상적이어서 지나쳤다가 되돌아갔다. 막상 가 보니 입구가 야트막한 언덕이어서 안쪽이 한 눈에 보이지는 않는다. 게다가 날씨가 맑지 않아서 멋진 그림이 잘 나오지 않아 많이 아쉽다. 아들도 세워 보고, 직접 모델이 되어 보기도 하고, 그냥 길만 찍어 보기도 했지만 만족스런 그림이 나오질 않는다. 서멀익스플로러 하이웨이의 가로수길, 명작은 커녕 내 실력의 한계만 잘 일깨워 준다.

### 화산암을 가르는 어린 땅

와이라케이(Wairakei)에서 5번 국도와 1번 국도가 만난다. 두 길은 해밀턴과 로토루아의 중간 지점인 티라우(Tirau)라는 작은 도시에서 갈라졌었다. 두 길이 만나는 교차로에서 직진을 해야 하는데 좌회전을 하는 바람에 거의 6km를 갔다가 되돌아왔다. 갈 길이 먼데 길을 잘못들다니….

그래도 되돌아오는 길에 볼거리 하나를 건졌다. 유년기 협곡이라고 해야 할까? 이 일대는 모두 타우포 화산지대에 속하는데 와이라케이 남쪽의 타우포 외곽도로(Taupo bypass) 일대는 넓고 평평한 지형이 발달한다. 화산재와 부석(浮石, pumice)으로 이루어진 평지다. 평원 가운데로 하천이 흐르는데 하곡이 좁고 깊게 파여서 거의 수직의 절벽을 이룬다. 이 일대는 대략 34만 년 전 이후에 분화하여 만들어졌다고 하는데 특히 타우포호 북동부의 부석층은 불과 1800년 전에 만들어졌다. 매우 어린 땅이기 때문에 하천이 막 형성되는 중이라고 볼 수 있다. 평평한 땅 한가운데가 갑자기 길게 잘라져서 푹 꺼진 것과 같은 형태라서 멀리서 보면 하천인지 아닌지 분간하기 어렵다. 우리나라도 강원도

유년기 협곡과 부석층

철원 한탄강에 비슷한 형태의 지형이 나타난다. 이 일대의 하천들은 모두 와이카토(Waikato)강으로 흘러 들어가는데 이 일대에서는 강을 중심으로 양쪽에 이런 지형이 발달한다.

### 솔방울이 왜 클까?

외국에서 동물이나 식물이 우리나라에 비해 커서 놀라는 경우가 많다. 뉴질랜드에서는 레드우드의 엄청난 나무를 보고 놀랐었다. 후카폭포 전망대로 가는 산책로를 걷다가 발견한 솔방울도 우리의 눈길을 끈다. 와이카토강을 내려다보고 서 있는 커다란 소나무에서 떨어진 솔방울이다.

와이카토 강변의 솔방울

우리나라에도 아름드리 소나무가 없지는 않지만 나무가 크다고 해서 솔방울도 큰 것은 아니다. 아무리 나무가 커도 같은 품종의 소나무라면 솔방울의 크기는 비슷하다. 식물이고 동물이고 우리나라에서 나는 것은 대개 크기가 작은 이유는 대체 무엇일까?

기후나 토질 같은 자연환경과 연결시켜 생각해 보는 것이 제일 쉽다. 보통 열대지역의 동식물들이 크니까. 하지만 꼭 그렇지는 않은데 예를 들면 온대지역에서 잡힌 대형 메기가 심심치 않게 인터넷에 올라온다. 뉴질랜드도 온대기후 지역이다. 정확한 이유는 알 수 없지만 1차적으로는 겨울 기후와 관련이 있지 않을까 추측해 본다. 우리나라의 겨울은 온대지역 중에서도 손꼽힐 정도로 춥다. 춥고 긴 겨울은 동식물의 생육에 많은 지장을 줄 가능성이 크다.

### 높지 않아도 웅장한 후카폭포

후카(Huka)폭포는 와이카토강 상류에 있는 폭포이다. 초당 22만L의 물이 사납게 쏟아져 내린다. 서안해양성기후 지역으로 계절에 따른 강수량 변동이 작은 데다 거대한 호수 타우포호에서 흘러나오는 물이기 때문에 폭포는 항상 엄청난 양의 물을 쏟아내고 있다. 그런데 이 폭포는 높이가 겨우 11m에 불과하다. 그 명성에 비하면 아주 낮은 폭포인데 어떻게 이처럼 유명한 관광지가 되었을까?

후카폭포는 강 폭이 갑자기 좁아지면서 속도가 빨라진 강물이 좁은 구간을 벗어나면서 쏟아져 내리기 때문에 높이는 낮지만 폭포의 에너지는 엄청나게 강하다. 마치 호스를 통과하여 고압으로 분사되는 것과 비슷하여 엄청난 굉음과 물보라를 일으킨다. 그 모습을 보노라면 폭포의 높이가 11m라는 사실이 믿어지지 않는다.

그래서 후카폭포는 물이 떨어지는 폭포 그곳보다는 폭포로 이어지는 폭포 위쪽 강의 모양이 특이하다. 마치 사람이 일부러 파 놓은 수로인 것처럼 좁고 깊은 강줄기가 200여m를 직선으로 흘러 내린다. 폭이 10여m에 불과한 이 구간

후카폭포

## 후카폭포의 비밀

후카폭포의 우람한 물줄기는 높이보다는 협곡 때문이다.

와이카토강 상류에 있는 후카폭포는 높이가 11m에 불과한 폭포로 높이로 치면 큰 폭포라고 하기는 어렵다. 그럼에도 불구하고 뉴질랜드에서 첫 번째로 꼽히는 유명한 폭포로 뉴질랜드를 찾는 관광객들의 필수 코스이다. 높이 11m에 불과한 폭포가 세계적인 명물이 된 이유는 무엇일까?

타우포호 북동쪽에 위치한 타푸에하루루(Tapuaeharuru)만을 빠져나간 와이카토강이 구불구불 7km를 곡류하면 후카폭포에 도착한다. 후카폭포에 도달할 때까지 와이카토강은 넓은 하곡을 마음대로 파면서 자유곡류한다. 그런데 폭포 상류 200m 지점에서 와이카토강은 갑자기 폭 10m 안팎의 협곡으로 돌변한다. 강은 어쩔 수 없이 마치 터널 같은 200m의 협곡을 빠져나가야만 한다. 상류인 타우포호에서는 물이 풍부하게 공급되므로 이 구간에서는 강한 압력을 받을 수밖에 없다. 그래서 협곡 구간에서는 요란한 소리와 함께 물보라를 일으키면서 강물이 빠르게 흘러내려 간다. 마오리말로 와이카토는 '거품'이라는 뜻인데 협곡을 지나가는 모습을 보면 금방 그 뜻을 이해할 수 있다.

200m를 지나면서 충분한 압력을 받은 강물은 마침내 협곡 터널을 빠져나가면 마치 소방호스에서 물이 분사되어 나오듯이 갑자기 좌우로 퍼지면서 물이 뿜어져 나가게 된다. 표고차가 없어도 충분히 장관이 될 수 있는 조건이다. 그런데 이 터널이 끝나는 부분에 11m 낭떠러지가 있다. 강한 압력을 받은 강물이 11m 아래로 떨어지면서 엄청난 물보라와 굉음을 일으킨다. 11m의 표고차로도 세계적인 명물이 될 수 있었던 이유는 바로 이 200m 협곡 때문이다.

후카폭포로 이어지는 200m 협곡

### 후카폭포 일대의 지질구조

그렇다면 후카폭포의 이 200m 협곡은 왜 만들어졌을까? 후카폭포의 비밀을 푸는 열쇠는 바로 지질구조이다. 타우포호 북동쪽 일대는 화산성 부석이 분포한다. 부석 분포지역은 타푸에하루루만 연안에서부터 와이카토강을 따라 북동쪽으로 이어진다. 이 부석층은 단단한 암석이 아니어서 하천에 의해 쉽게 깍여 나갈 정도이다.

그런데 부석이 쌓이기 전인 약 20만~7만 년 전에 이 일대는 지금의 타우포보다 훨씬 큰 호수가 있었고 그 바닥에 오랫동안 호수성 퇴적물이 쌓였다. 이 퇴적층을 '후카폭포층(Huka Falls Formation)'이라고 한다. 2만 7,000년 전 대규모 화산활동이 일어나 이 퇴적층 위로 용결응회암이 덮였다. 그리고 아주 최근인 1,800년 전 다시 타우포에 분화가 일어나 화산재와 화산쇄설물이 대규모로 흘러내려 그 위를 덮었다. 화산쇄설물은 당시 낮은 부분을 따라 흘렀을 것이므로 와이카토강이 흘러 나가는 타푸에하루루만 일대에 집중하였다.

화산활동이 멈춘 이후 하천은 다시 옛 유로를 따라 흘러나가면서 침식에 약한 부석층을 빠르게 침식하였다. 이어 용결응회암층을 침식하고 후카폭포층에 도달하였다. 여러 겹의 층으로 이루어진 퇴적암은 보통 수분이 깊이 침투하기 어려워 풍화가 잘 진전되지 않는다. 그래서 일반적으로 부석층이나 응회암층에 비해 침식에 강하다. 후카폭포 일대의 와이카토강은 강바닥이 퇴적암, 즉 후카폭포층이다. 그런데 어떤 이유로 후카폭포 위쪽 200m 지점부터 퇴적층의 두께가 두꺼워서 강의 흐름이 방해를 받았고 댐처럼 물이 고였다가 빠져나가게 되었다. 이런 경우 퇴적암은 넓게 깍여 나가기보다는 절리면을 따라 좁고 깊게 침식당하는 경향이 있다. 후카폭포가 만들어진 이유이다.

↑ 타푸에하루루만 연안의 부석층
↓ 후카폭포 주변의 퇴적암층

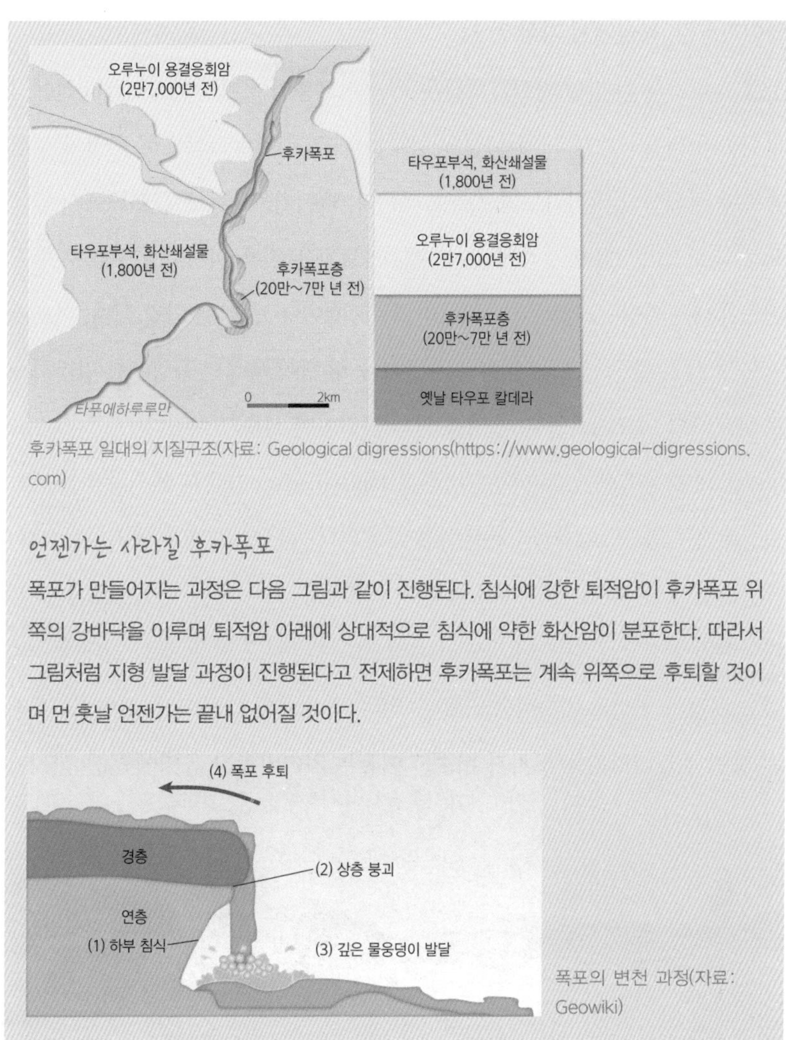


후카폭포 일대의 지질구조(자료: Geological digressions(https://www.geological-digressions.com)

### 언젠가는 사라질 후카폭포

폭포가 만들어지는 과정은 다음 그림과 같이 진행된다. 침식에 강한 퇴적암이 후카폭포 위쪽의 강바닥을 이루며 퇴적암 아래에 상대적으로 침식에 약한 화산암이 분포한다. 따라서 그림처럼 지형 발달 과정이 진행된다고 전제하면 후카폭포는 계속 위쪽으로 후퇴할 것이며 먼 훗날 언젠가는 끝내 없어질 것이다.



폭포의 변천 과정(자료: Geowiki)

에서는 강물이 홍수라도 난 것처럼 으르렁거리며 지나가는데 그 모습이 정말 장관이다.

### 와이카토강, 북섬에서 가장 긴 강

북섬에서 가장 긴 강인 와이카토강은 북섬 최고봉인 루아페후(Ruapehu)산에서 발원하여 타우포호를 거쳐 북섬 중앙부를 가로지르며 북쪽으로 흘러서 북섬 중북부 서해안의 와이카토만으로 흘러든다. 와이카토만은 오클랜드에서 남쪽으로 직선거리 50km 지점에 있다. 와이카토강은 전체 길이가 425km로 뉴질랜드에서는 가장 긴 강인데 우리나라의 한강(494km)보다는 약간 짧다. 마오리어로 '흐르는 물', 즉 그냥 '강'이라는 뜻이다. 유역이 북섬의 중앙부를 망라하므로 예로부터 마오리족들은 이 강을 삶의 근원이며 젖줄로 여겼다.

타우포호 북동쪽에 있는 타푸에하루루(Tapuaeharuru)만에서 빠져나온 와이카토강은 협곡을 곡류하면서 북동쪽으로 흐른다. 타우포호에서 빠져나갈 때의 해발고도가 약 370m 정도여서 대체로 표고차가 크지 않은 평지를 흐른다. 우리나라의 한강으로 치면 이 정도의 해발고도는 강원도 평창, 정선 일대에 나타나므로 경사가 서로 비슷하다고 볼 수 있다. 신생대에 만들어진 땅인데도 오래된 땅인 우리나라와 표고차가 비슷한 이유는 와이카토강 유역에 높은 산지가

타푸에하루루만

많지 않기 때문이다. 특히 넓은 분지를 이루고 있는 레포로아 일대와 해밀턴 일대는 넓은 평지를 완만하게 흐르는 모습을 보인다.
하지만 레포로아분지와 해밀턴분지 사이에 가로놓인 산지를 통과하는 구간은 깊은 협곡을 이루기 때문에 많은 수력발전소가 세워져 있다. 우리나라와는 달리 계절에 따른 물의 양이 크게 변동하지 않고 협곡이 발달하므로 수력발전에 매우 유리한 강이다.

### 타우포의 글로벌한 점심

타푸에하루루만 연안에 자리잡은 타우포시는 정말 그림같은 도시다. 타푸에하루루만이 내려다보이는 언덕 위에서 타우포시와 타우포호가 아스라하게 내려다보인다. 가랑비가 내리는 궂은 날씨라서 좀 아쉽기는 하지만 맑은 날이라면 호수와 하늘빛이 어울려 멋진 그림이 나올 것 같다. 호수에서 와이카토강이 빠져나가는 부분 바로 아래쪽에 와이카토강을 건너 시내로 들어가는 다리가 있다. 다리를 건너면 바로 타우포 시가지가 나오는데 강과 호수가 연결되는 부분에는 유람선, 요트, 수상비행기 등등 액티비티 시설과 장비들이 즐비하다. 맑은 호수와 어울려 하나하나가 그림인데 마침 흑고니 한 마리가 그림처럼 다가와서 먹을 것을 달라고 보챈다.

**현이의 Tips &**

어디를 가나 다양한 액티비티가 있는 나라가 뉴질랜드이다. 하지만 2주간의 일주를 완성하려면 액티비티를 포기할 수밖에 없다. 다시 또 뉴질랜드를 간다면 액티비티를 즐겨보고 싶다. 후카폭포의 제트보트나 타우포 수상비행기 등 우리나라에서는 만날 수 없는 것들로.

점심 때가 되어 식사할 곳을 찾아야 하는데 마침 KFC가 눈에 띈다. 우리나라에도 흔한 곳인데 이 먼 곳까지 와서 가고 싶지는 않은 것이 이성적 판단이라면,

모험을 하지 않고 익숙한 음식을 선택해서 기본이라도 하고 싶은 것이 본능이다. 집을 떠난 지 이제 나흘 째, 그동안 우리는 '닥치는 대로' 먹었다. 배고픔을 느끼면 그곳에서 가까운 음식점을 찾아 들어가서 메뉴 중에 그래도 마음에 드는 것을 골라서 먹었고 로토루아에서는 마트에서 음식을 사다가 먹었다. 배가 고프지는 않았지만 먹은 것도 같고 안 먹은 것도 같은 묘한 느낌…. 그래도 그 자체가 여행의 맛 가운데 하나라고 생각하기 때문에 닥치는 대로 먹기를 즐겼다. 그런데 KFC가 눈에 들어오다니? 스스로 놀랐다. 익숙한 음식일 뿐 사실 나는 내발로 글로벌 프렌차이즈 음식점을 찾아가 본 적이 없다. 그런데도 먼 외국 땅에서 보니 마치 익숙한 고향 음식점을 만난 느낌이다. 이것도 문화 체험이라면 문화 체험이다. 글로벌 프랜차이즈도 나라별로 약간의 맛 차이가 있다고도 하지 않던가?

타우포의 점심

치킨, 햄버거, 감자스틱, 그리고 콜라를 주문했다. 젊은 아들에게는 좀 익숙한 음식이겠지 생각했는데 아들이 나를 닮았다는 것을 새삼 느낄 수 있다. 기대했던 '우리나라와는 다른 맛'은 전혀 느낄 수 없다. 그래도 익숙한 음식이라고 잘 들어갈 뿐만 아니라 무언가 먹은 것 같은 기분이 든다.

**현이의 Tips &**

타우포호반의 투랑기(Turangi) 같은 작은 도시에 들러 점심이라도 먹고 가면 좋을 것 같다. 장거리 여행이 불가피하므로 지나는 도시들을 모두 들러볼 수는 없지만 미리 알고 갔더라면 타우포 대신에 투랑기에서 점심을 먹었을 것이다.

### 나무를 운반하는 대형 트럭이 많다

길은 대부분 2차선인데 대형 트레일러 트럭이 많이 지나간다. 게다가 제한 속

목재를 싣고 달리는 트레일러 트럭

도가 100km여서 엄청나게 위협적이다. 빗길도 개의치 않고 엄청난 속도로 내달리는 트레일러 트럭과 마주칠 때마다 긴장을 하게 된다.

트럭들은 여러 가지 화물을 싣고 다니는데 하나같이 겉모양이 깨끗한 것이 인상적이다. 특히 통나무를 싣고 가는 트럭을 많이 볼 수 있다. 레드우드에서 봤던 것처럼 나무가 잘 자라는 기후라서 목재 생산이 많음을 알 수 있다. 평야지대는 대부분 목초지나 경지로 개간이 되었지만 산악지대는 숲이 잘 보존되고 있다.

### 수력전기가 풍부하다

타우포호의 서남쪽 끝은 스텀프(Stump)만이다. 스텀프만은 타푸에하루루만의 대각선에 위치하는데 통가리로(Tongariro) 국립공원에서 흘러나오는 통가리로강이 타우포호와 만나는 곳이다. 대각선에 위치한 두 만이 하나는 큰 강(통가리로강)이 유입하는 곳(스텀프만)이고, 나머지 하나는 큰 강(와이카토강)이 빠져나가는 곳(타푸에하루루만)이어서 재미있다. 통가리로강은 타우포에 도달해서 제법 규모가 큰 삼각주를 만들었다. 삼각주의 시작 지점에는 투랑기(Turangi)라는 도시가 자리를 잡고 있다. 잠시 들러봐도 좋을 것 같은 작고 예쁜 소도시인데 일정이 워낙 장거리라서 들어갈 엄두가 나질 않는다.

아쉽게 투랑기를 통과해서 지나가다가 다행스럽게도 한 가지를 건졌다. 조그만 다리를 건너다 보니 산 중턱에 커다란 도수관이 네 개가 보인다. 토카누(Tokaanu) 수력발전소다. 투랑기 외곽에 있는 이 발전소는 일종의 수로식 발전소이다. 통가리로산 기슭에 있는 로토아이라(Rotoaira)호의 물을 끌어와 타우포호

토카누 수력발전소

로 흘러내려서 발전을 한다.

뉴질랜드는 지열발전과 함께 수력발전도 많이 이루어지는 나라이다. 신생대에 만들어진 젊은 땅인데다 서안해양성기후로 강수량이 연중 고르게 분포하기 때문이다. 남섬은 빙하지형이 발달하여 협곡이 많은 장점을 추가로 갖고 있다. 덕분에 뉴질랜드는 전체 전기 생산량의 절반 이상을 수력으로 생산하고 있다. 수력발전이 예비용 이상의 의미를 갖지 못하는 우리로서는 매우 부러운 환경이다. 지열과 수력만으로 전체 전력 생산의 65% 정도를 생산하기 때문에 우리 같은 '원자력 발전소 딜레마'를 겪지 않아도 된다. 부러울 뿐이다.

### 물고기들이 다리를 건너다닌다

41번 국도가 토카누 방수로를 가로지른다. 산을 넘겨 발전을 하고 나온 물을 타우포호로 배출하는 수로가 바로 토카누 방수로이다. 그런데 토카누 방수로를 건너는 다리가 특이하다. 차도와 양 옆에 인도가 설치되어 있는 겉모양은 특별할 것이 없지만 이 다리 밑에 특이한 시설이 설치되어 있다. 다리 아래에 도로와 나란히, 그러니까 토카누 방수로와는 수직 방향으로 송수로가 설치되어 있는 것이다. 맨 아래로는 발전소에서 나온 물이 흐르고, 그 위로는 주변 산에서 내려온 시냇물(Tokaanu stream)이 송수로를 통해 흐른다. 이 송수로는 교각 윗부분에 설치되어 있는데 맨 아래 방수로와는 수직방향이다. 그리고 그 위로 차도, 즉 41번 국도가 송수로와 같은 방향으로 지나간다.

이 발전소가 만들어진 것은 1973년인데 완공 단계에서 문제점이 발견되었다. 새로 설치될 방수로가 예전부터 있었던 시냇물을 가로지르게 된 것이다. 작은 시냇물을 넓은 방수로가 흡수하게 된 셈인데 문제는 이 시냇물이 타우포의 명물인 송어의 산란장이라는 점이었다. 고민 끝에 예전의 시냇물을 원래대로 살려 방수로와 다른 수계를 유지하기로 결론을 내렸다. 결론에 따라 방수로로 끊어지게 된 시냇물을 잇는 송수로를 다리 아랫부분에 만들었다. 그래서 이 다리 위로는 자동차가 다니고 그 아래로는 물고기들이 다니며, 다리 맨 아래로는 발전소에서 나온 물이 빠져나간다.

### 토카누 수력발전소

토카누 수력발전소는 1966~2008년 사이에 이루어진 '통가리로 전력생산계획(Tongariro Power Scheme)'의 하나로 1973년 완공되었다. 이 개발 계획은 통가리로 국립공원 일대의 하천을 이용하여 전력을 생산하는 계획으로 한 전력회사(Genesis Energy) 주도로 시행되었다. 이 일대를 흐르는 여러 강(Whakapapa, Whanganui, Moawhango, Tongariro)을 혹은 유역을 변경하고, 혹은 일시적으로 유로를 바꿔 전력생산에 활용하였다. 그래서 이 개발 계획에서 많은 수로와 터널이 건설되었는데 가장 대표적인 터널은 모아황고(Moawhango) 터널로 길이가 무려 19.2km이다.

특정 하천의 물길을 바꿔 다른 하천으로 이동시켜서 발전하는 방식을 유역변경식이라고 하며, 물을 이동시키는 것은 같지만 발전을 마친 다음 물이 원래의 하천으로 되돌아가서

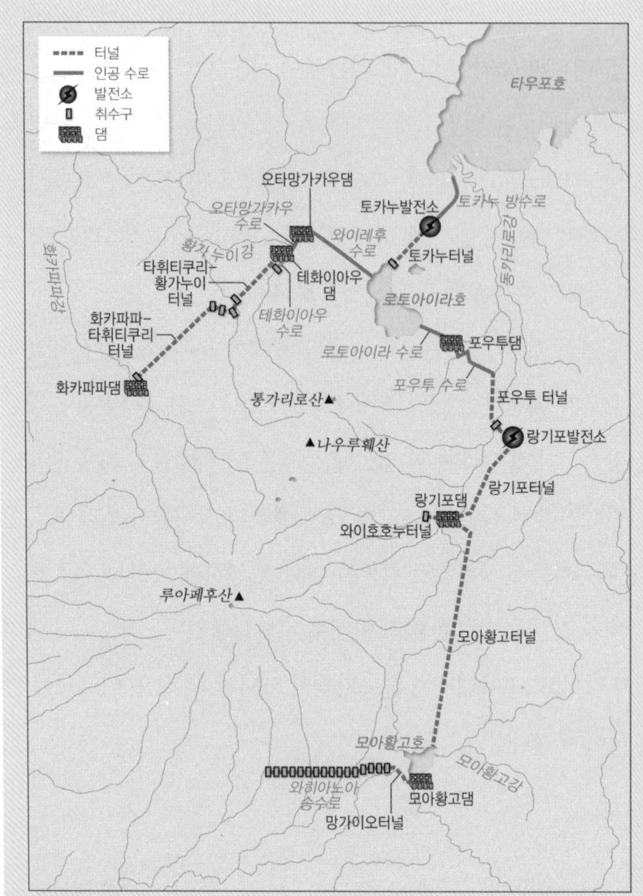


통가리로 전력 생산 계획(자료: TEARA; The encyclopedia of New Zealand)

합류하는 방식을 수로식이라고 한다. 통가리로 전력생산계획에서는 물길을 바꿔서 전력을 생산한 다음 강물이 모두 타우포호로 흘러들어가는데 수원의 일부는 랑기티케이(Rangi-tikei) 등 다른 하천의 물을 이용하므로 수로식과 유역변경식이 섞여 있다고 할 수 있다.

이 개발 계획에 의해 랑기포(Rangipo, 120MW), 토카누(Tokaanu, 240MW), 망가이오(Mangaio, 2MW) 등 3개의 발전소가 건설되었는데 여기서 생산되는 전력량은 연간 1,350 GWh로 뉴질랜드 전체 전력 생산량의 4%를 차지한다.

토카누 수력발전소는 1966년에 착공하여 1973년 완공되었다. 네 대의 발전기 용량은 각각 60MW로 총 240MW(320,000hp)의 설비 용량을 갖추고 있다. 통가리로 강물을 로토아이라(Rotoaira)호로 끌어들여 저장한 다음 터널을 통해 토카누 발전소로 유도하여 전기를

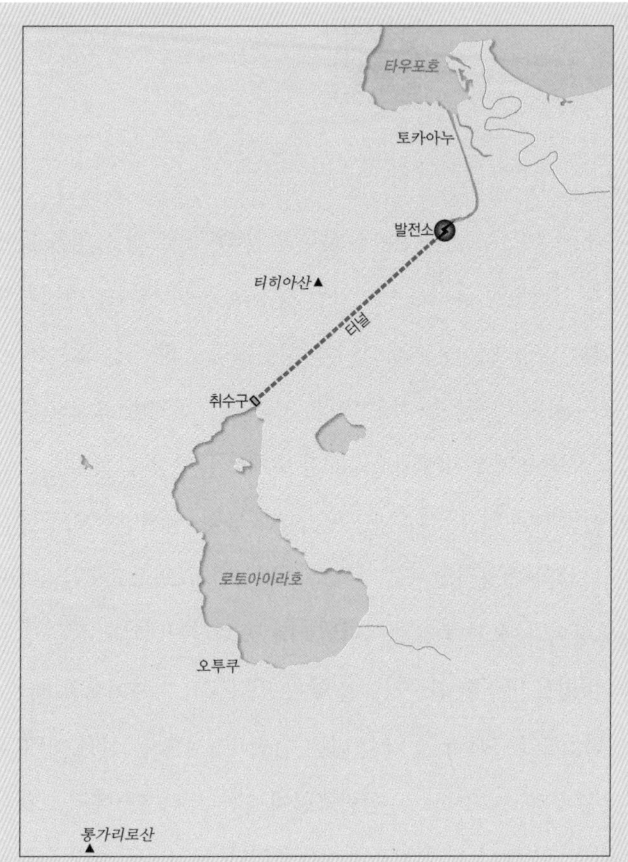


토카누 수력발전소

일으킨다. 로토아이라호는 통가리로산 북쪽 기슭에 있는 호수로 원래는 통가리로강으로 합류했었다. '통가리로 전력생산 계획'에 의해 통가리로강 상류 해발고도 600m 지점에 댐을 건설하여 이 물을 터널과 수로를 이용해 로토아이라호로 끌어들인다.

로토아이라호 북쪽에서 티히아(Tihia)산 아래로 터널(Tokaanu tunnel)을 뚫어 북동쪽의 토카누 발전소로 이동시킨다. 터널이 시작되는 부분의 해발고도는 570m 정도이며 터널의 길이는 6.1km, 출구의 해발고도는 500m 정도이다.

전기를 일으킨 후 강물은 토카누 운하를 통과하여 타우포호 남쪽의 와이히(Waihi)만으로 흘러든다.

* 참고 자료: Wikipedia, TEARA(Encyclopedia of New Zealand), Way back(Internet Archive)

토카누 송어다리

## 와이투히 전망대

타우포호를 벗어나 서쪽으로 산을 넘는다. 하루 종일 와이카토강 유역을 돌아다니다가 마침내 와이카토강 유역을 벗어나는 것이다. 높은 산지는 아니지만 가다 보면 귀가 약간 멍멍해질 정도의 산이다. 고산지라고 할 수는 없는데 나무가 평지처럼 크지 못하고 관목을 겨우 면한 곳도 있다. 하지만 그래도 원시림이다. 이 산을 넘으면 황가누이(Whanganui)강 수계로 들어선다. 특별한 이름이 없는 듯한 이 산줄기는 타우포호의 서쪽을 따라 북동–남서방향으로 달린다. 이 구조선은 북섬의 전형적인 구조선으로 태평양판과 오스트레일리아판의 경계와 같은 방향이다. 오늘 종일 돌아다닌 타우포 화산지대와도 같은 방향으로 지각운동의 영향을 반영한 산줄기임을 알 수 있다(67쪽, 74쪽 지도 참조).

연속성이 강하지만 고도는 800m를 약간 넘는 수준이어서 높은 산은 아니다. 이 산지의 대부분은 푸레오라(Pureora) 삼림공원에 속한다. 타우포에서 고갯길을 올라 고갯마루에 도착하니 전망대 표지판이 보인다. 표지판을 따라 숲길을 올라갔더니 아담한 전망대가 나온다. 전망대 풍경이 우리와 많이 다르다. 누구라도 만나게 되어 있는 것이 우리나라의 전망대라면 이곳은 한동안 머물렀지만 아무도 만날 수가 없다. 이후로 며칠 더 지내면서 뉴질랜드의 전망대는 대부분 이런 식이라는 사실을 알 수 있었다. 사람이 많지 않으니 어디를 가도 사람 만나기가 어렵다.

전망대에서 바라본 푸레오라 삼림 공원

날씨까지 좋지 않아서 을씨년스럽기까지 하

야트막한 구릉을 목초지로 바꿨다.

다. 비바람이 불어서 움직이기가 불편한데 전망대에 올라도 경치를 제대로 감상할 수 없으니 안타깝다. 비구름 너머로 어렴풋이 산의 윤곽만 보일 뿐이다.

## 닮은 듯 닮지 않은

산을 넘으면서 풍경이 많이 달라진다. 너른 평원은 사라지고 자잘한 구릉성 산지들이 길 양쪽으로 펼쳐진다. 전체적으로 비산비야(非山非野)로 일컬어지는 태안반도가 생각나는 익숙한 모양이다. 하지만 이국적이다. 야트막한 구릉성 산지들이 모두 목초지로 개간되었기 때문이다. 한때 '김종필 목장'으로 불리기도 했던 서산의 한우개량사업소가 떠오른다. 한우개량사업소는 자잘한 구릉을 목초지로 바꾼, 우리나라에서는 흔치 않은 곳이다. '이국적'인 그 모습 때문에 지금도 많은 사람들이 찾는다. 만약 이곳도 목초지로 바꾸지 않고 원래의 숲 상태로 내버려 뒀다면 우리나라 풍경과 비슷한 모양이 되었을지도 모른다.

아하

## 뉴질랜드는 어떻게 만들어졌을까

북섬의 화산, 남섬의 빙하, 그리고 서안해양성기후.
그 바탕 위에서 농목업과 관광산업이 발달하였다. 그렇다면 그 '바탕'을 알아야 뉴질랜드를 더 정확히, 더 재미있게 볼 수 있지 않을까? 지질, 지형, 기후 등등. 딱딱한 얘기일 수도 있지만 눈과 귀를 기울여 보면 재미있는 구석이 의외로 많다. 뉴질랜드를 보다 의미 있게 보려면 우선 뉴질랜드라는 땅이 만들어진 과정을 알아야 한다. 뉴질랜드가 만들어진 과정을 간단히 살펴보고 가자.

### 캄브리아기 이후에 만들어진 퇴적층과 화산

– 1단계: 5억 년 전~3억7천만 년 전(고생대 캄브리아기~데본기)

5억 년 전~3억8천만 년 전(캄브리아기~오르도비스기)에 뉴질랜드는 곤드와나대륙(오늘날의 오스트레일리아, 인디아, 남극, 아프리카, 남아메리카 등으로 이루어져 있던 대륙으로 시원생대에 만들어진 안정지괴이다)의 말단부에 있던 얕은 바다와 화산섬이었다. 곤드와나대륙과 이어진 바다에서는 퇴적이 계속되고 있었다. 가장 오래된 이 땅은 오늘날 남섬 서쪽 해안 지역에 분포한다. 이 땅은 3억7천만 년 전(실루리아기~데본기) 태평양판과 곤드와나대륙판의 충돌로 수면 위로 밀어올려지면서 곤드와나에 붙었다.

– 2단계: 3억 년 전~1억3천만 년 전(고생대 석탄기~중생대 백악기)

신생대 제3기에 만들어진 석회암(남섬 캐슬힐)

이 시기에는 오늘날 동부지역이 주로 만들어졌다. 고생대 말에서 중생대 초에는 고생대와 마찬가지로 연안에 퇴적 작용과 화산활동이 계속되었다. 1억3천만 년 전에는 다시 판의 충돌에 의하여 해양퇴적층과 화산섬이 융기하여 곤드와나대륙의 말단부에 연결되었다.

- 3단계a: 8천5백만 년 전~6천만 년 전(중생대 백악기~신생대 제3기)

  8천5백만 년 전 태평양판의 섭입으로 곤드와나의 끝에 붙어 있던 퇴적층 및 화산암이 분리되어 태평양쪽으로 이동하기 시작했다. 마치 일본열도가 동해지각이 확장하면서

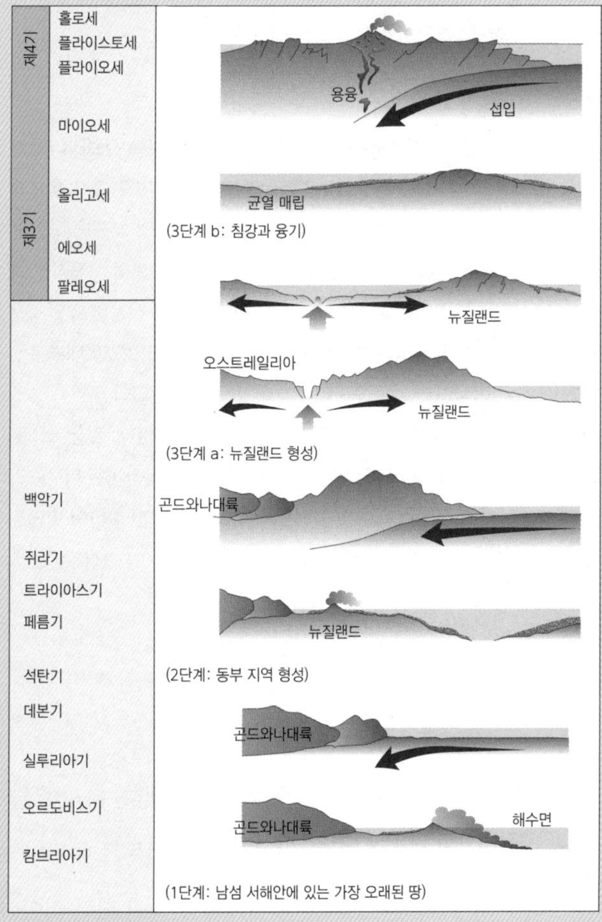

뉴질랜드의 형성 과정(자료: J. Thornton, 2009)

아시아대륙 말단부에서 떨어져 나가기 시작한 것과 비슷하다. 6천만 년 전(신생대 제3기)에는 오스트레일리아와 뉴질랜드 사이에 바다(태즈먼해)가 거의 완성되었다.

- 3단계b: 2천5백만 년 전(신생대 제3기 올리고세) 이후

  2천5백만 년 전에는 곤드와나에서 떨어져 나온 땅의 대부분이 물에 잠겼다. 그러나 2천3백만 년 전(신생대 제3기 플라이오세)에는 태평양판의 섭입에 의해 융기와 함께 화산 활동이 일어났다.

  신생대 제4기(160만 년 전)에는 하천 및 빙하의 작용이 활발하게 일어났는데 특히 남섬의 남서부지역과 서던알프스 일대에 활발한 빙하 작용이 일어났다. 마지막 빙하기가 끝난 1만 년 전 이후에는 빙하의 후퇴로 다양한 빙하지형이 노출되었다.

요약

뉴질랜드는 우리 한반도와는 성격이 완전히 다른 땅이다. 한반도는 주로 캄브리아기 이전(Pre-Cambrian, 先캄브리아기)에 만들어진 땅이라면 뉴질랜드는 반대로 그 이후에 만들어진 땅이다. 고생대 캄브리아기를 경계로 지구는 암석, 생태계 등 여러 차원에서 큰 변화를 맞이했다. 대기권, 수권 등이 안정되면서 생명체가 등장하기 시작했으며 퇴적작용, 화산활동 등 다양한 암석 형성작용이 일어났다. 캄브리아기 이전에도 이런 작용이 있었지만 워낙 오랫동안 열과 압력을 받아서 암석들이 원래의 모습을 잃고 변성되었으며 대부분 안정된 땅이 되었다. 한반도가 전형적인 안정지괴인 이유가 바로 이것 때문이다.

뉴질랜드는 한반도와는 달리 캄브리아기 이후에 만들어진 땅이기 때문에 많은 화석들이 곳곳에서 발견되며 지진, 화산이 활발한 불안정한 땅을 이루고 있다. 남섬에는 퇴적층과 오래된 화산암이 섞여 분포하며 북섬에는 비교적 가까운 과거에 만들어진 화산이 발달한다. 남섬의 남단부에는 빙하기의 유산인 빙하지형이 발달하며 서던알프스의 고산지에는 지금도 활동 중인 빙하가 있다.

### 석회암도 많다

셋째 날의 마지막 여행지 와이토모(Waitomo) 동굴에 도착했다. 다시 오클랜드로 돌아가야 한다는 생각이 머릿속에 꽉 차 있어서 자꾸 서두르게 된다. 불가피한 선택이었지만 하루 일정으로는 좀 과한 편이어서 부담이 되는 것이다. 아들과 둘이 교대로 운전해서 그래도 훨씬 수월하다. 혼자서는 이 거리를 이동하

기가 쉽지 않았을 것 같다.

와이토모 동굴은 석회동굴이다. 신생대에 만들어진 화산의 나라로 유명하지만 사실 화산으로 만들어진 땅보다는 바닷속에서 퇴적되어 만들어진 땅이 더 많은 나라가 뉴질랜드이다. 오늘날 뉴질랜드의 상당 부분은 오스트레일리아 대륙에 붙어 있던 얕은 바닷속 퇴적층이 솟아올라 만들어졌기 때문이다. 멀게는 5억 년 전부터 여러 차례 이런 일이 반복되었는데 가장 최근에 만들어진 바닷속 퇴적층은 2천 5백만 년 전에 만들어진 것이다. 그래서 뉴질랜드의 석회암은 생성연대가 그다지 길지 않은 것들이 대부분이다. 와이토모의 석회암도 중생대 백악기(1억 4,400만 년 전) 이후에 만들어졌다.

뉴질랜드의 형성 과정

**곤생무상**

우리나라에도 많은 석회동굴, 하지만 와이토모에는 특별한 것이 있다. 바로 빛을 발하는 벌레, 땅반딧불이(glow worm)이다. 나방의 애벌레인데 동굴 속에 살면서 반딧불이처럼 밝은 빛을 낸다.

그런데 이 녀석의 일생이 참 재미있다. 성충이 알을 낳으면 3주 만에 부화하여 애벌레가 된다. 이 애벌레 상태에서 성냥개비만 한 크기까지 자라는 데 무려 9개월이 걸린다. 그다음에는 번데기가 되어 2주를 보내고 마침내 성체가 된다. 성체가 되면 알을 낳고 죽는다. 그런데 그 기간이 겨우 3일밖에 되지 않는다. '성체(成體)'라는 말은 '완성'의 의미를 담고 있다. 그런데 무려 10개월도 넘는 인고의 세월을 거친 후 완성한 삶을 겨우 3일 만에 마감한다니….

'곤생무상(昆生無常)'이다. 도대체 이 녀석들의 삶의 목적은 무엇이란 말인가? 세상에 나온 이유가 단지 알을 낳기 위해서란 말인가? '참 허무한 삶이구나' 생각하다가 생각이 꼬리를 물어 다른 동물들을 생각해 봤다. 그러고 보니 대부분의 동물들은 수명과 생식 가능 기간이 큰 차이가 없다. 식물도 물론 마찬가지다. 심지어 단년생 초본류들은 생식을 마치면 바로 말라 죽는다.

그렇다면 사람이 '이상한 존재'라는 얘기가 된다. 사람은 성인이 된 후의 기간이 그 이전에 비해 매우 길다. 그리고 생식이 가능한 기간이 지난 후로도 오래 산다. 의학이 발달하기 전에는 사람도 동물과 별 차이가 없었으나 의학이 발달한 지금은 더 그렇다. 의학의 발달은 사람이 생태계의 규칙을 어기도록 만들었다. 그런 측면에서 보면 '성인(成人)'이라는 말이 잘못된 말이다. 20세가 되면 신체는 완성이 되지만 인격이 완성되는 것은 아니기 때문이다. 정신, 또는 인격을 기준으로 보면 평생을 자란다고 해도 진정한 '성인'이 된 사람은 인류사에 손꼽을 정도이니 말이다.

성체로 겨우 3일을 사는 땅반딧불이, 녀석들의 삶이 허무한 것이 아니라 그것이 지구 생태계를 유지시키는 정상적인 삶의 방식이다. 성체는 생애의 완성이 아니라 생애의 긴 과정 가운데 하나다. 그래서 땅반딧불이의 삶은 애벌레 때가 황금기이다. 결국 완성될 수 없는 삶이라면 그 과정 하나하나를 충실하게 사는 것이 의미 있는 삶이다.

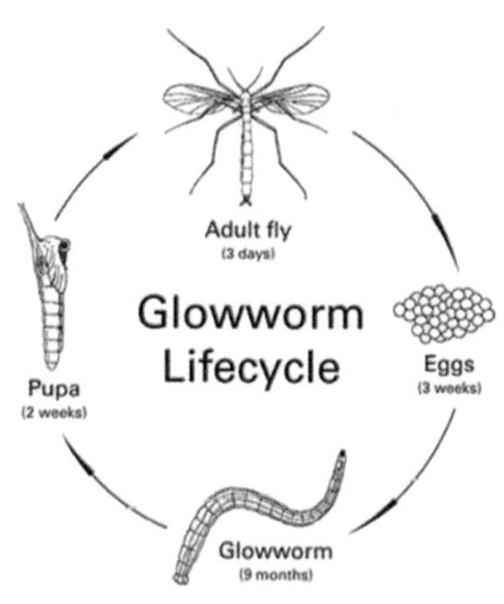

땅반딧불이의 일생(자료: Discover Waitomo)

땅반딧불이와 와이토모 동굴에 대하여

**와이토모 동굴: 자신의 일을 사랑하는 사람은 어둠속의 반딧불보다 아름답다**

동굴 탐사는 전담 가이드가 안내를 해 준다. 표를 사고 기다리는 대기자가 일정한 숫자에 이르면 가이드가 와서 인솔해 가는 시스템이다. 중년의 마오리족 여성인 우리 팀 가이드는 중간중간 중요한 지점에 멈춰 설명을 해 주는데 안타깝게도 알아듣기가 어렵다. 일행이 많아 가까이 다가갈 수도 없지만 핑계 댈 필요도 없이 짧은 영어 실력 때문이다. 사실 대충 알아들어도 아쉬울 것은 별로 없는데 정말 아쉬운 점은 사진을 찍지 못하게 한다는 것이다. 어쨌든 될 수 있는 한 가까이 다가가서 귀를 쫑긋 세우고 낱말 하나라도 건져 보려고 애를 써 본다.

그런데 이 가이드의 자세가 인상적이다. 표정이 진지하고 자신감이 넘친다. 눈빛이 '이 동굴에 대해서는 내가 최고야!'라고 말하는 것 같다. 로토루아에서 농장 투어를 안내하던 가이드도 여성이었는데 그에게서도 비슷한 분위기가 풍겨 나왔었다. 커다란 트랙터를 운전하면서 중간중간 내려서 설명해 주는 방식도 이곳과 비슷한데 두 사람의 가장 큰 공통점은 자신의 일을 즐기는 느낌이 든다는 점이다.

동굴의 주인공인 땅반딧불이 애벌레는 동굴 안쪽에 있다. 녀석들이 살고 있는 곳은 걸어갈 수가 없고 배를 타고 가야하는데 불을 하나도 켜지 않아서 캄캄한 암흑이다. 이십여 명을 태울 수 있는 배는 쇠로 만들어졌는데 엔진도 모터도 없는 무동력선이다. 도대체 어떻게 움직일까 궁금했는데 이동로를 따라 굵은 줄이 설치되어 있어서 가이드가 그 줄을 잡고 잡아당기면서 이동한다. 어둠 속으로 들어갈수록 점점 반딧불이 불빛이 선명해지는데 마치 맑은 하늘의 은하수 같다. 캄캄한 암흑 속에서 다른 일행도 만나는데 아무것도 안 보이는 어둠 속에서도 가이드들은 서로 배를 잘 피해서 이동한다. 사진도 찍을 수 없고, 떠들어 댈 수도 없는 관광객들은 가이드의 포스에 눌려 그의 조용조용한 설명을 몰입해서 들을 수밖에 없다.

우리는 일상에서 '먹고 살려고…'라는 말을 많이 듣는다. 여러모로 안타까운 말

와이토모 동굴 출구

이다. 자신의 직업을 즐기지 못하는 사람이 많다는 뜻이라서 그렇다. 적성에 맞는 일을 찾을 기회가 없었을 수도 있고, 처우가 만족스럽지 않을 수도 있다. 그래도 자신의 직업을 '즐기는 것'에 의미를 두는 가치들이 등장하는 것을 보면 우리 사회도 많이 변화해 가고 있다.

입구의 불빛이 보이기 시작하면서 사진을 찍을 수 있다. 동굴 입구를 찍어서 무슨 의미가 있으랴. 그래도 혹시나 하는 마음에 셔터를 눌러 보지만 와이토모를 그려내기에는 터무니가 없다. 가이드는 마지막까지 배에 남아서 미소지으며, 손을 흔들어 준다. 배에서 내려 좀 걸어나와서 동굴 입구를 찍으려는데 자신의 모습이 화면에 걸릴 것 같았는지 얼굴을 내밀고 손을 흔들어 준다. 남의 카메라에 자신의 모습이 걸리는 것을 싫어하는 우리와는 전혀 다른 반응이다. 매뉴얼대로 정해진 서비스를 하기 보다는 자신의 일에 긍지를 갖고 최선을 다하는 모습, 그의 삶은 행복할 것이다.

### 부러운 반납 절차

비가 내려서 돌아오는 길이 불편하다. 운전도 신경 쓰이고 경치도 아름답지 않다. 그 상태로 쉬지 않고 달려서 오클랜드까지 가야 하니 심적 부담도 만만치 않다. 게다가 해밀턴-오클랜드 구간은 겹치는 구간이어서 더욱 매력이 떨어진다. 와이토모를 떠난 시간이 거의 여섯 시쯤이었으니 오클랜드에 도착하려면 여덟 시는 되어야 한다.

어쨌든 열심히 달려서 무사히 오클랜드 공항 근처에 있는 렌터카 사무실에 도착했다. 빌리는 절차도 간단했지만 반납 절차는 더욱 간단하다. 주차장에 차를 세워 놓고 열쇠를 무인 수거함에 넣기만 하면 되기 때문이다. 직원들이 모두 퇴근을 해서 반납 절차를 밟을 수 없는데 이럴 경우에는 밖에 설치된 통에 열쇠를 넣고 가면 된다고 안내를 받았었다. 빌려 가는 사람을 전폭적으로 믿지 않는다면 불가능한 사업 방식이다. 이런 사업 방식은 사회적으로 신뢰감이 바탕에 깔려 있지 않으면 불가능하다. 면책 중심의 제도가 일반화되어 있는 우리나라 제도가 오버랩되어 부럽지만 슬퍼진다.

총 이동 거리가 500km가 넘는 강행군이었다. 강행군일 뿐만 아니라 웰링턴을 갈 수 없기 때문에 오클랜드로 돌아온, 많이 아쉬운 일정이었다.

**배낭을 넣어둔 채로 렌터카를 반납하다니**

그런데, 대형 사고를 치고 말았다. 차를 반납하고 돌아서니 괜히 기분이 좋다. 과업을 잘 완수했다는 홀가분한 느낌이랄까? 왕초보 아들까지 익숙하지 않은 자동차와 도로에 잘 적응했다는 안도감에 룰루랄라 콧노래가 나온다. 그런데… 어째 느낌이 좀 허전하다. 이 느낌은 뭐지? 걸음을 멈추고 한 바퀴 휘 돌아봤다. 앗! 거북이 등딱지 마냥 붙어 있어야 하는 내 배낭이 없다! 여기서는 '카메라 배낭'을 넘어 '여권배낭', '예약 서류배낭'을 겸하고 있는 심장과도 같은 배낭이다. 보나마나 차에 두고 내린 것이다. 번개같이 달려가 봤지만 열쇠함에 넣은 자동차 키를 꺼내지 않는다면 차 문을 열 수가 없다.

직원과 연락이 되어 나와 준다면 간단히 해결이 되겠지만 전화번호가 사무실 번호뿐이다. 어쨌든 사무실 번호로 전화를 했더니 역시 받지 않는다. 혹시 연락이 된다고 해도 퇴근한 직원이 무슨 정성이 뻗쳐서 이 밤에 나와 주겠는가! 내일 아침에 비행기가 출발하기 전에 이곳에 와서 배낭을 꺼내는 방법뿐이다. 오늘밤은 좀 심란하겠지만.

일단 예약해 놓은 호텔로 가서 체크인을 했다. 체크인을 하면서 직원에게 혹시 에이스렌터카를 아느냐고 물었더니 잘 안다고 한다. 상황을 설명했더니 자기가 전화를 해 주겠다고 한다. 이렇게 고마울 데가! 희망의 불빛이 보인다! 그런데 그 사람도 개인적으로 아는 직원이 있는 것이 아니라 우리가 걸었던 그 번호로 전화를 건다. 역시 통화가 안 되고….

돌아서려다가 혹시 렌터카 회사 직원들의 아침 출근 시간을 아느냐고 물었더니, 아홉 시는 되어야 한다는 청천벽력 같은 대답을 한다. 차라리 묻지 말았어야 했다. 얘기를 듣는 순간 머리가 하얘지면서 당황이 되기 시작한다. 내일 아침 우리가 탈 비행기는 08:00에 출발하기 때문이다. 배낭을 찾아서 크라이스트처치로 가려면 내일 아침 여덟 시 이전, 그것도 최소한 두어 시간 전에 렌터카 사무실 직원들이 출근을 해 줘야 하는데….

**영사 콜센터에 도움을 청했으나 …**

다시 렌터카 사무실로 갔다. 혹시나 다른 방법이 있을까 하는 실낱같은 희망을 가지고. 그나마 불행 중 다행인 것은 호텔과 렌터카 사무실이 300여m 밖에 떨어져 있지 않다는 사실이다. 사무실 앞 주차장에서 다시 전화를 걸어봤지만 역시 허사다. 그런데 갑자기 한국 영사콜센터가 떠올랐다. 외국에 도착하면 친절하게 문자를 보내는 한국 영사 콜센터, 위급 시 연락하라고 번호를 보내주는 영사 콜센터, 외국에 도착할 때마다 항상 그러려니 하면서 받았는데 드디어 대한민국 국민으로서 국가의 도움을 받을 기회가 온 것이다. 진작 왜 그 생각을 못했을까, 이제라도 떠올린 우리가 너무 대견스럽다. 수신 문자를 찾아서 번호를 꾹! 낭랑한 목소리의 여성 상담원이 전화를 받는다. 상황을 설명했다. 그런데 답변이 삼천포다. '현지법에 따라…' 가슴이 답답해진다. 한참을 듣다가 보니 울컥 화가 치밀어 오른다.

"그러니까 경찰을 불러주거나 직원을 수소문해서 이 차를 열어 줄 수 있느냐고요!" 나도 모르게 버럭 소리를 질렀다. 녹음기처럼 대답이 똑같다. '현지법에 따라….' "됐습니다!" 전화를 끊었다. 영화 〈집으로 가는 길〉이 떠오른다. 현지법을 따질 것 같으면 내가 알아서 하면 될 일이다. 지금 생각해 보니 직접 현지 경찰에 도움을 청해 볼 걸 그랬다. 그때 상황으로는 우리가 경찰을 부르나 마나라는 생각을 할 수밖에 없었다. 뻔히 눈앞 차창 너머로 보이는 배낭을 두고 아무런 대책이 없는 이 황당함이란….

이제 남은 방법은 하나뿐이다. 비행기표를 다시 예매해야 한다. 출혈을 최소화하는 방법은 우리 둘이 일시적으로 헤어지는 수밖에 없다. 아들은 원래 계획대로 여덟 시 비행기를 타고 먼저 크라이스트처치로 가고, 나는 열 시 이후로 표를 예매해서 뒤따라가는 수밖에 다른 방법이 없다는 결론을 내렸다. 호텔로 돌아와서 인터넷으로 비행기표를 예매했다. 토요일인데도 다행히 표가 있다. 하지만 비싸다. 편도 236USD, 무려 282,520원, 속이 쓰리다. 그래도 마음이 놓이지 않아서 렌터카 회사에 내일 아침에 일찍 문을 열어달라는 부탁을 담은 메일을 보냈다.

조금 마음의 여유가 생기면서 그제서야 허기가 약간 느껴진다. 음식을 찾아 나섰다. 호텔 옆에 음식점이 있어서 찾아들어갔는데 너무 늦어서 안 된다고 한다. 다행히 근처 마트가 아직 문을 열었기에 간단한 먹을거리를 사왔다. 아무리 위기 상황이라도 와인 한 병은 마셔야 하지만 내일 아침에 일찍 일어나야

MR BYOUNGJO LEEM Tkt No. 0862169946435

| Bags | Depart | Arrive | Flight Details |
|---|---|---|---|
| ONE CHECKED BAG<br>Maximum 23kg<br>FINAL BAG DROP TIME:<br>30 minutes<br>Before departure | Depart SAT 26 NOV 2016<br>AUCKLAND<br>11:00 AM | Arrive SAT 26 NOV 2016<br>CHRISTCHURCH<br>12:25 PM | NZ525<br>Operated by: AIR NEW ZEALAND<br>Economy - Seat + Bag Fare<br>Booking Class: H<br>Standard Seat included<br>NO BAGS? Be at gate 20 minutes before flight departs |

**Product and Flight Add-ons**

STANDARD SEAT Enjoy a great level of comfort with our Standard Seats. Your seat is confirmed subject to the conditions below

**Information**

CHECK IN Please make sure you are at the airport in time and remember to carry proof of identity and your e-ticket with you

급히 예매한 비행기표

하므로 참기로 했다. 가져온 컵라면과 과일로 처량하게 저녁을 때우는 새드 엔딩으로 하루를 마감한다. 지치고 긴장한 아들을 진정시켜 보는데 사실은 애써 나를 진정시키는 것이다.

현이의 Tips &

북섬 3일은 사실상 짧다. 하루만 더 허락이 된다면 로토루아호에서 흘러 나가는 카이투나(Kaituna)강 협곡, 또는 오클랜드 북쪽을 올라가 보면 좋겠다.

### 여행 경비로 정리하는 하루

| | 교통비 | 숙박비 | 음식 | 액티비티, 입장료 | 기타 | 합계 |
|---|---|---|---|---|---|---|
| 비용(원) | 367,458 | 118,408 | 23,081 | 84,616 | | 593,563 |
| 세부 내역(NZD) | 기름: 후카 45.5 · 1번 고속도로 18.31 · 오클랜드 32.91, 항공료(예약) 282,520 | 호텔 139 | 점심(KFC) 23.4, 마트(카운트다운) 3.87 | 와이토모 동굴 100 | | |

## 셋째 날과 넷째 날 사이

# 비행기에서 바라본 뉴질랜드

비행기에서 바라본 뉴질랜드. *지도의 번호는 본문의 사진 번호

### 창가 자리가 좋은 점

창가 자리는 밖을 볼 수 있어서 좋다. 하지만 하늘에서 땅을 바라보면 의외로 위치를 알기 어렵다. 잘 알고 있는 곳도 먼 거리에서 전체를 조망해 본 경험이 거의 없기 때문이다. 비행 경로와 위성영상을 참고하여 사진의 위치를 파악해 보는 '뻘짓'을 가끔 한다. 그런데 생각 밖으로 재미가 있다. 사진을 찍는 순간에는 그곳이 의미가 있다고 생각했으므로 위치를 확인해 봐야 사진을 찍은 의미를 찾을 수 있기도 하다. 때로는 쉽게 가 볼 수 없는 곳을 통과하기도 하기 때문에 직접 답사가 불가능한 곳을 간접적으로 답사할 수 있는 장점도 있다. 멀리서 전체를 조망하다 보면 직접 가 볼 때 느낄 수 없는 색다른 재미도 있다.

오클랜드와 크라이스트처치를 왕복하는 비행기의 경로는 우리가 가 보지 못한 곳을 주로 통과하므로 아쉬움을 조금 달랠 수 있었다. 뉴질랜드를 떠날 때도 오클랜드 북쪽으로 날아가기 때문에 역시 가 보지 못한 곳을 볼 수 있었다.

### 북섬 북부지역

입·출국할 때는 항로가 오클랜드 북쪽을 지난다. 오클랜드의 북쪽으로는 300km가 넘는 좁고 긴 반도가 북북서 방향으로 뻗어 있다. 북부지역은 큰 도시가 없기 때문에 인구는 많지 않은 편이다. 황가레이(Whangarei), 오레와(Orewa), 레드비치(Redbeach) 등의 도시가 있지만 모두 작은 도시들이다. 황가레이는 인구가 58,800명(2018년)으로 이 일대에서는 가장 큰 도시이다. 대부분의 땅은 목초지와 방목지로 쓰이고 있다.

사진 1. 빅만을 향해 이륙하는 비행기. 좌석 화면으로 앞쪽을 볼 수 있다.

사진 2. 빅만의 갯벌. 사진 가운데에 푸케투투(Puketutu)섬, 그리고 멀리 뒤쪽으로 오클랜드 시가지가 보인다.

**아오테아로아, 긴 흰구름 아래에 있는 땅**

뉴질랜드에 입국하는 비행기에서 가장 먼저 보이는 곳, 반대로 출국할 때 가장 나중에 보이는 곳은 아우포우리(Aupouri)반도다. 아우포우리반도는 폭이 10km 안팎으로 좁으나 길이가 90km나 되는 긴 반도인데 해발고도가 가장 높은 곳이 200m를 겨우 넘을 정도로 낮다. 그런데 특이하게 육지를 따라 구름이 덮여 있는 독특한 장면을 목격했다. 길게 발달한 구름이 육지를 덮고 있어서 얼핏 보면 그냥 구름 같아 보이지만 자세히 보면 그 아래에 땅이 있다.

'아오테아로아(Aotearoa)',

뉴질랜드로 불리기 이전 이 땅의 이름으로 '긴 흰 구름 아래에 있는 땅'이란 뜻의 마오리 말이다. 처음 이 땅을 발견한 마오리 사람들이 바로 이런 장면을 봤겠구나! 뉴질랜드를 떠나면서 마지막 선물을 받는 기분이다. 아마도 내가 저곳에 있었다면 하늘이 온통 구름으로 뒤덮인 땅을 열심히 운전하고 있었겠지만

사진 3. 구름에 덮여 있는 아우포우리반도

아하

### 긴 흰구름 아래에 있는 땅, 아오테아로아

마오리족 중에 가장 먼저 뉴질랜드에 온 사람은 쿠페(Kupe)라고 알려져 있다. 그가 왜 고향 하와이키(Hawaiki)를 떠나 뉴질랜드로 향했는지는 여러 가지 이야기가 전해 내려온다. 종족 간의 잦은 분쟁을 피해 떠났다는 설과 그물을 망치는 문어 훼케를 처치하기 위해 떠났다는 설, 그리고 사촌의 아내와 카누를 빼앗아서 쫓기듯 떠났다는 설 등이다.

어쨌든 쿠페는 가족을 이끌고 마타호루아라는 카누를 타고 하와이키를 떠났다. 며칠을 항해한 끝에 쿠페의 아내 쿠라마로티니(Kuramarotini)가 마침내 땅의 징조를 발견하고 외쳤다.

"He ao he ao! He aotea! He aotearoa"(구름, 구름! 흰 구름! 길고 흰 구름!)

그리고 그 구름 아래에 놓인 새로운 땅을 발견했다. 쿠페 일행은 북섬의 서해안을 따라 북쪽으로 올라갔다. 올라가면서 만나는 섬, 강, 만 등에 이름을 붙였다. 웰링턴 북서쪽의 카피티(Kapiti)섬에서부터 북쪽의 호키앙가(Hokianga)만까지. 아오테아로아를 두루 탐험하면서 모아고기, 옥돌 등을 찾아내어 고향으로 돌아간 쿠페는 사람들에게 새 땅을 알렸고 마오리족들이 아오테아로아로 이주하기 시작하였다.

아오테아로아라는 이름이 붙여진 이유를 짐작하지는 못했을 것이다. 전설은 전설로 기억하는 것이 때로는 아름답기도 하지만 해발고도가 낮아서 바다에서 공급되는 수증기가 응결할 만한 고도가 못 되는데도 불구하고 구름이 덮여 있는 이유가 궁금하다.

뉴질랜드 가까운 바다에는 연중 난류가 흐른다. 적도에서 흘러온 동오스트레일리아 해류다. 바다의 온도가 높을수록 수증기 공급량이 많으므로 뉴질랜드 근해의 난류에서 많은 양의 수증기가 공급될 것이다. 수증기가 구름이 되기 위해서는 기온이 내려가야 하는데 대개 높은 산을 만나면 강제로 상승하면서 기온이 떨어진다. 산이 없더라도 상대적으로 기온이 낮은 육지를 만나면 수증기가 냉각이 되기도 한다. 수증기의 냉각을 일으키는 해발고도나 육지의 온도는 일정하지 않은데 그 이유는 수증기의 농도가 일정하지 않기 때문이다.

아우포우리반도는 전체적으로 낮은 평지로 최고봉은 해발고도 200m를 겨우 넘기 때문에 응결고도가 되기에는 너무 낮다. 하지만 따뜻한 바다에서 충분하게 수증기가 공급되기 때문에 상대적으로 육지의 기온이 낮은 날이나 계절에는 구름이 많이 만들어질 가능성이 크다.

### 90마일 비치

아우포우리반도의 서쪽 해안에는 엄청난 백사장이 펼쳐져 있다. '90마일비치(90mile Beach)'라는 이름에서 그 규모를 짐작할 수 있다. 뉴질랜드의 북쪽 끝인 레잉가(Reinga)곶에서 뻗어 내려간 백사장은 타우로아(Tauroa)반도까지 이어진다. 장애물 없이 태즈먼해에 면하여 파도가 직접 영향을 미치기 때문에 백사장이 잘 발달한다.

### 쿠페 일행이 상륙한 곳 호키앙가만

해안을 따라 북쪽으로 올라온 쿠페 일행이 북쪽에서 상륙했던 곳으로 추정되는 곳이 호키앙가(Hokianga)만이라고 한다. 호키앙가만은 북섬 북부지역에서 가장 좁고 깊은 만이다. 내륙으로 30km 이상 들어가 있어서 작은 배가 안전하게 드나들 수 있는 좋은 항구 조건을 갖추고 있다.

사진 4. 타우로아(Tauroa)반도와 90마일비치
사진 5. 호키앙가만
사진 6. 카이파라만

### 사주가 만든 카이파라만

이 일대는 원래 넓은 만이었는데 사주(砂洲)가 만의 양쪽에서 발달하여 폭 6.5km 정도의 좁은 입구가 만들어졌다.

해안선이 칼로 자른 듯 직선으로 발달하는데 파도의 작용으로 침식과 퇴적이 동시에 이루어진 결과이다.

### 오클랜드에서 타라나키산까지

오클랜드 공항은 시내 중심부와 20km 정도 떨어져 있지만 주변에 시가지가 발달하고 있고 공항에 인접한 지역은 농경지로 이용되고 있다. 근교지역이므로 뉴질랜드의 일반 농업지역에 비해 채소 등 근교형 작물을 재배하는 곳이 많다.

오클랜드 공항을 이륙하면 바로 빅(Big)만을 지나 와이우쿠(Waiuku)강 하구를 지난다. 빅만은 오클랜드 서쪽에 있는 만으로 오클랜드 공항 등 오클랜드의 교외지역과 접해 있다. 공항과 가까운 내륙쪽 연안은 수심이 얕고 파도가 약해서 갯벌이 발달하고 있다.

빅만으로 흘러들어가는 하천은 대개 짧다. 주변에 높은 산지가 없고 동서 간의 거리가 겨우 60km에 불과하기 때문이다. 타이히키강과 와이우쿠강은 빅만으로 흘러들어가는 대표적인 하천이지만 길이는 매우 짧다. 사진의 지역은 대부분 밀물과 썰물이 드나드는 조간대(潮間帶)이다.

바로 와이카토만이 보인다. 북섬에서 가장 긴 와이카토강이 바다로 흘러드는 곳이다. 와이카토강 하구는 오클랜드 공항에서 직선거리로 겨우 40km밖에 떨어져 있지 않다. 북섬 남쪽에 있는 북섬 최고봉 루아페후산에서 발원하여 흘러내려오기 시작하여 오클랜드 가까이까지 이어지므로 북섬의 중심부를 거의 망라하는 넓은 유역을 자랑하는 뉴질랜드의 대표적인 강이다. 이 일대는 전형적

사진 7. 오클랜드 공항 옆의 농경지는 방목지보다는 작물 재배지로 쓰인다.
사진 8. 빅만 안쪽의 작은 만인 파후레후레만(Pahurehure inlet) 연안에 발달한 갯벌
사진 9. 타이히키강(왼쪽)과 와이우쿠강 하구

사진 10. 빅만과 와이카토강 사이에 발달한 구릉성 평야지대
사진 11. 와이카토강 하구
사진 12. 서해안 남부의 테화루(Te Wharu)만

사진 13. 북섬의 남서해안(사우스타라나키만)

인 구릉성 평야지대인데 대부분 방목지로 활용되고 있다. 시간 여유가 있다면 가 보고 싶은 곳인데 하늘에서라도 내려다볼 수 있어 다행스럽다.

북섬의 서해안은 우리나라의 동해안을 연상하게 하는 매우 단순한 형태이다. 긴 백사장과 해안 절벽이 연속되는데 파도의 작용이 활발한 해안이기 때문이다. 파도는 돌출한 곶(串)은 침식하고 반면에 만입(灣入)에는 모래를 퇴적시키기 때문에 파도가 활발한 해안은 전체적으로 단순해지는 경향이 있다. 이런 형태의 해안선은 북섬의 남서쪽에도 잘 발달하는데 북섬과 남섬 사이의 태즈먼해를 바라보면서 커다란 원호를 그리고 있다.

### 타라나키산

항로는 북섬 남서쪽의 유명한 화산 타라나키(Taranaki)산 위를 지난다. 안타깝게도 구름이 짙게 끼어서 타라나키는 잘 보이지 않았다. 다행스럽게도 남섬 일주를 끝내고 돌아올 때 타라나키를 볼 수 있었다. 타라나키산은 전형적인 원

아하

### 북섬, 마우이가 낚아 올린 거대한 물고기

마우이(Maui)는 하와이키(Hawaiiki)에 살았던 반신(半神)이다. 그는 엄청난 마법의 힘을 갖고 있었지만 그것을 아는 가족은 없었다. 어린 시절 어느 날 마우이는 형들을 따라 바다로 낚시를 가기 위해서 배 밑바닥에 숨어 있었다. 배가 떠난 지 얼마 지나지 않아 형들에게 발각이 되었지만 형들은 그를 육지로 되돌려 보낼 수가 없었다. 마우이가 마법을 써서 이미 배가 바닷가에서 멀리 떨어진 것처럼 보이도록 만들었기 때문이다.

먼 바다에 도착하자 마우이는 턱뼈로 만든 마법의 낚싯대에 자신의 피로 만든 미끼를 끼워 바다에 던졌다. 얼마 후 묵직한 신호가 낚싯줄로 전해졌다. 재빨리 줄을 당겼지만 너무 힘이 강해서 쉽게 끌어올릴 수가 없었다. 바닷물이 요동치자 겁에 질린 형들은 줄을 끊자고 했지만 마우이는 긴 시간 피나는 사투를 벌인 끝에 마침내 거대한 물고기를 잡아 올릴 수 있었다. 이 마우이의 물고기(Te Ika a Maui)가 바로 북섬이다.

거대한 물고기를 낚아 올려서 신이 노할 수 있었으므로 마우이는 우선 신을 달래고자 하였다. 마우이가 신을 달래러 간 사이에 형들은 거대한 물고기를 서로 차지하기 위해 도끼와 칼로 마구 잘랐는데 이것이 오늘날 북섬의 많은 계곡과 산줄기가 되었다.

북섬 북쪽의 아우포우리반도는 물고기의 꼬리이며 남쪽 끝부분은 물고기의 머리에 해당한다. 타라나키산 일대는 지느러미이다(p.111 지도 참조).

남섬은 '마우이의 배(Te Waka a Maui)'라고 하며 스튜어트섬(남섬 남쪽에 있는 섬)은 '마우이의 닻(Te Punga a Maui)'이라고 한다. 마우이의 닻은 마우이가 거대한 물고기와 싸울 수 있도록 마우이의 배를 튼튼하게 고정시켜 주었다.

추형 화산(일본의 후지산이 유명한 원추형 화산인데 두 산의 모양이 많이 닮았다)으로 1655년에 대규모 분화가 있었다. 산을 중심으로 원형으로 용암이 퍼져 나가서 서쪽의 해안선이 타라나키산과 동심원을 이루는 독특한 모양을 보여 준다. 높이는 2518m로 높은 편은 아니지만 넓은 평지 가운데 우뚝 솟아 있어서 모양이 장쾌하다.

산의 경사면과 평지의 경계부는 뚜렷한 식생의 경계를 이루고 있어서 경관이 매우 특이하다. 경사면은 삼림을 이루고 있고 산기슭에서 해안에 이르는 평지는 목초지와 방목지로 이용되고 있다. 이와 같은 뚜렷한 식생의 경계는 자연적

사진 14. 구름 위로 타라나키산 정상이 솟아 올라 있다.

으로 만들어진 것이 아니라 경지화 과정에서 인위적으로 경계를 설정함으로써 만들어진 것이다.

3면이 바다로 둘러싸인 반도 중심부에 위치하여(반도가 만들어진 이유도 이 화산의 분출물 때문이지만) 주변의 바다에서 공급되는 습기로 인해 산 정상에 거의 매일같이 구름이 걸려 있다. '산 할아버지가 구름 모자를 쓴' 모습이다. 그래서 비행기에서 그 모습을 보기가 어렵다.

### 쿡해협에서 크라이스트처치까지

웰링턴 가까이까지 이어지는 원호 모양의 서해안 사빈을 보면서 태즈먼해를 건너 남섬에 이른다. 남섬의 북쪽 끝에는 골든(Golden)만과 태즈먼만 등 두 개의 큰 만이 있고 동쪽에는 작은 만과 섬들이 복잡하게 분포한다. 만약 웰링턴에서 배를 탔다면 픽턴(Picton)이라는 도시로 들어갔을 것이다. 북섬 북동단에 있는 픽턴은 깊은 만 안에 위치한 천연의 항구인데 주변이 섬과 만으로 이루어진 전형적인 리아스(Rias)식 해안이다. 남섬의 남부지역은 마지막 빙하기에 빙하로 덮여 있었기 때문에 빙하지형이 잘 발달한다. 뉴질랜드 빙하지형의 분포 한계는 대략 남섬 남부지역과 서던알프스 산지, 그리고 북섬의 일부 고산지까지였다. 남섬의 북쪽 끝인 픽턴 일대는 많은 섬과 반도로 해안선이 매우 복잡한 특징을 보인다.

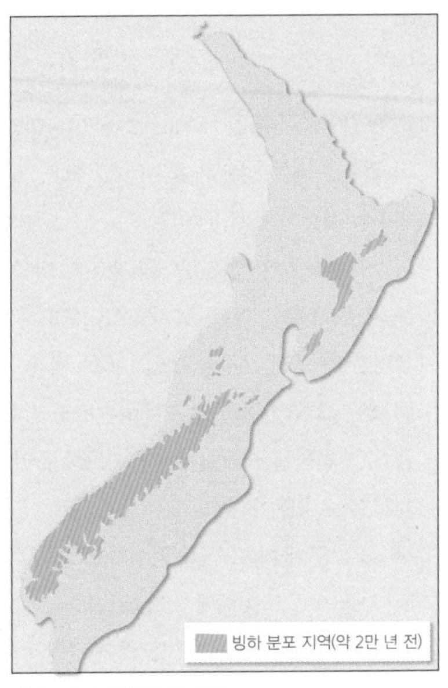

최후 빙기 빙하 분포 지역

남섬에서는 태즈먼만 위를 날아서 서던알프스로 이어지는 북동부 산지를 가로질러 동부 평야지대를 거쳐 크라이스트처치에 도착한다. 왼쪽 창가에 앉았더니 아침 햇살 때문에 시야가 약간 방해를 받는다. 하지만 오른쪽에 앉으면 북섬에서는 거의 바다만 보이므로 역광을 감수하는 것이 낫다.

북섬은 구름이 많았는데 크라이스트처치에 다가가면서 시야가 좋아진다. 크라이스트처치 북쪽 와이마카리리(Waimakariri)강과 강 양쪽에 펼쳐진 평야지대가 멋지다. 와이마카리리강은 서던알프스에서 흘러나오는데 남쪽의 라캉키아강, 랑기타타강과 함께 캔터베리 평원을 적셔 주는 젖줄 역할을 하고 있다. 이 평야지대 역시 대부분 방목지로 쓰인다.

가로망이 직각으로 만나는 깔끔한 도시 크라이스트처치는 식민지 경영을 위해 계획된 도시임을 잘 보여 준다. 크라이스트처치시의 동쪽 해안에 있는 뱅크반도의 산지들이 시가지 뒷편으로 보인다.

## 쿠페와 테훼케가 만든 말보로사운드와 넬슨뱅크

하와이키에 무투랑기(Muturangi)라는 마법사가 있었다. 그는 죄를 짓고 하와이키에서 멀리 떨어진 작은 섬으로 쫓겨나 있었다. 그의 머릿속은 자신을 쫓아낸 마을 사람들에 대한 복수심으로 가득 차 있었다. 어느 날 그는 바닷가에서 우연히 거대한 문어를 만났다. 그는 마법의 힘으로 재빨리 문어를 꾀어 그의 주인이 되었다. 무투랑기는 테훼케(Te Wheke)라는 이 문어에게 매일 물고기를 잡아오도록 하였다.

그러던 어느 날 무투랑기에게 문득 좋은 꾀가 떠올랐다. 테훼케를 시켜서 마을 사람들이 쳐 놓은 그물에 걸린 물고기들을 모조리 떼어 오도록 하는 것이었다. 고기를 잡으러 나갔던 마을 사람들은 매일같이 빈손으로 돌아왔다. 설상가상으로 그물이 망가져서 도저히 고쳐서 쓸 수 없는 것들이 자꾸 생겨났다.

"누군가가 우리 물고기를 훔쳐가고 있어!"

"내 그물이 몽땅 못쓰게 되어 버렸어!"

고심하던 그들은 용감한 마오리 전사인 쿠페를 찾아갔다.

"내가 직접 가서 살펴보겠소!"

쿠페는 배를 타고 바다로 나갔다. 그리고 천천히 그물을 드리우고는 주의깊게 바다를 살폈다. 얼마 지나지 않아 그는 거대한 문어를 발견했고 그것이 무투랑기의 술책이라는 것을 알아차렸다. 쿠페는 기다란 곤봉(Taiaha)으로 테훼케를 후려쳤고 바로 큰 싸움이 벌어졌다. 용감하고 빠른 쿠페에 못지않게 테훼케도 몸이 빨랐고 게다가 테훼케는 다리가 여덟 개여서 싸움은 쉽게 끝나지 않았다. 격렬한 싸움은 태평양(Te Moana Nui a Kiwa) 복판으로 옮겨져 계속되었다. 쿠페는 테훼케를 남섬 북쪽의 해협(Te Tau Ihu)으로 끌어들이려고 하였다. 테훼케가 뭍으로 끌려나오지 않으려고 여러 개의 다리로 버티면서 거대한 골짜기들이 만들어졌다. 싸움이 길어지면서 테훼케는 점점 지치고 힘이 빠져갔다. 패색이 짙

사진 15. 태즈먼만

어지자 테훼케는 더욱 격렬하게 바다로 달아나려 하였다. 지친 그가 여덟 개의 다리를 휘저어서 거대한 자갈 둑도 만들어졌다. 승리를 예감한 쿠페는 공중으로 치솟아 올라 온힘을 실어서 테훼케의 머리를 내리쳤다. 쿠페에게 강력한 일격을 당한 테훼케는 두 동강이 나서 죽고 말았다. 뭍으로 끌어올려진 테훼케의 두 동강난 몸뚱이는 각각 다른 곳에 버려져서 돌이 되었다.

그중 한쪽은 토리(Tori)해협의 아라파와(Arapawa)섬 옆에 돌이 되었는데 '문어의 눈'으로 불리는 이 돌을 바라보게 되면 좋지 않은 일이 일어난다고 한다. 다른 한쪽은 스톡(Stock) 뒤편의 작은 계곡인 응가와투(Ngawhatu)에 떨어졌다. 이곳의 본래 이름은 'Nga Whatu o Te Wheke o Muturangi'인데 '무투랑기 문어의 눈'이라는 뜻이다.

신기하게도 두 개의 바위(문어의 눈)는 주변의 암석들과 다른 지질구조적 특성을 보인다. 테훼케가 파서 만들어진 골짜기로 바닷물이 들어와 말보로사운드(Marlborough Sounds)가 되었으며 테훼케가 자갈을 휘저어 만들어진 자갈 둑은 넬슨(Nelson)시 앞의 긴 사주(沙洲, sand bar)인 넬슨뱅크(Nelson Boulder Banks)가 되었다.

## 태즈먼, 사장님의 칭찬은 못 받았지만 이름은 남겼다

뉴질랜드에는 '태즈먼(Tasman)'이라는 지명이 많다. 태즈먼해, 태즈먼만, 태즈먼빙하, 태즈먼스트리트…. 모두 아벨 태즈먼(Abel Janszoon Tasman, 1603~1659)에서 비롯된 이름이다. 이웃한 오스트레일리아에 태즈메이니아라는 섬도 그의 이름을 딴 것이다. 뉴질랜드에 그의 이름이 이처럼 많은 것은 그가 뉴질랜드를 탐험한 최초의 유럽인이기 때문이다. 동인도회사 직원이었던 태즈먼은 1642년 오스트레일리아의 태즈메이니아에 도착하였다. 그는 이 섬에 '반 디멘스 랜드(Van Diemen's Land)'라는 이름을 붙였는데 이는 당시 동인도회사 사장이었던 안토니오 반 디멘(Antonio van Diemen)의 이름을 딴 것이다. 이어서 그는 뉴질랜드를 발견했다. 그러나 태즈먼은 그곳이 새로운 땅이 아니라 남아메리카의 일부라고 생각했다. 스테이튼 란트(Staten Landt)라는 이름을 붙였는데 이는 네덜란드 의회를 칭송한 이름이었다.
3년 후인 1645년 이 땅이 남아메리카의 일부가 아니라는 것을 알아낸 네덜란드의 지도학자들이 'Nova Zeelandia'로 고쳐 불렀다. 'Zeeland'는 네덜란드의 지방 이름으로 태즈먼의 고향이다. 1769년 이곳을 탐험한 제임스 쿡(James Cook)이 영국식으로 고쳐 불러 뉴질랜드(New Zealand)가 되었다.
태즈먼은 새로 발견한 땅에 동인도회사 대표와 의회의 이름을 붙이면서 충성을 다했지만 크게 인정받지 못했다. 당시 네덜란드는 새로운 땅보다는 황금과 향신료에만 관심을 가지고 있었기 때문이다. 결국 오스트레일리아와 뉴질랜드는 모두 영국의 차지가 되었다. 태즈먼은 생전에 크게 부와 명성을 얻지는 못했지만(해군 중령에 임명되고 바타비아 사법위원회 일원이 되었다) 대신에 뉴질랜드에 수많은 이름을 남기는 역사적 영예를 얻었다.

사진 16. 서던알프스

### 카아코우라 반도, 마우이가 부순 카누의 파편

마우이가 거대한 물고기를 낚아 올리느라 사투를 벌일 때 마우이는 한쪽 발을 지렛대로 이용하기 위해 배(Waka)의 한쪽을 강하게 디뎌야 했다. 이때 엄청난 힘으로 낚시줄을 잡아당기느라 발에 힘을 주는 바람에 배의 한쪽이 부서져 떨어져나갔다. 이때 떨어진 부분이 카이코우라(Kaikoura) 반도가 되었다. 마우리어로는 'Te Whakatakahanga A Maui'라고 하는데 '마우이의 와카 파편'이라는 뜻이다.

2016년 지진으로 카이코우라에서 크라이스트처치까지의 길이 폐쇄되어 우리가 배를 타고 북섬에서 남섬으로 건너올 수 없었다. 이때 진앙이었던 곳이 바로 카이코우라 반도 근처였다. 마우이 카누의 파편이 전설 속의 우연만은 아니다.

**현이의 Tips &**

창가 자리를 좋아한다면 예약할 때 자리를 지정할 수 있다. 하지만 그냥 창가 자리를 선택했다가 낭패를 볼 수도 있다. 비행기 날개가 의외로 넓어서 상당히 많은 창가 자리가 날개에 가려서 아래가 내려다보이지 않는다. 그러므로 예약편의 기종을 아는 것이 꼭 필요하다.

'SeatGuru'라는 웹 사이트에서 항공사와 항공편 이름을 입력하면 항공기의 좌석배치를 볼 수 있다. 창가 자리를 좋아한다면 날개를 피해서 경치를 잘 볼 수 있는 자리를 선택해 보자.

SeatGuru에서 예약 항공편 좌석 배치 알아보기

사진 17. 캔터베리 평원 와이마카리리강 주변

사진 18. 크라이스트처치 시가지와 뱅크 반도의 산지

사진 19. 사우스해글리(South Hagley) 공원과 크라이스트처치 중심부

NEW ZEALAND

넷째 날

# 아름다운 온대 풍광에 오버랩되는 지진, 크라이스트처치

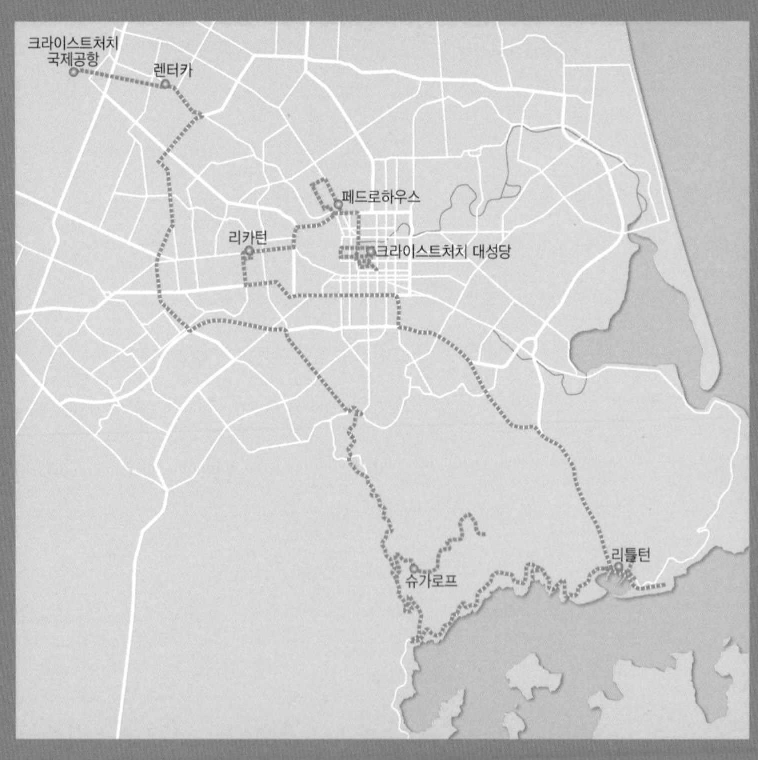

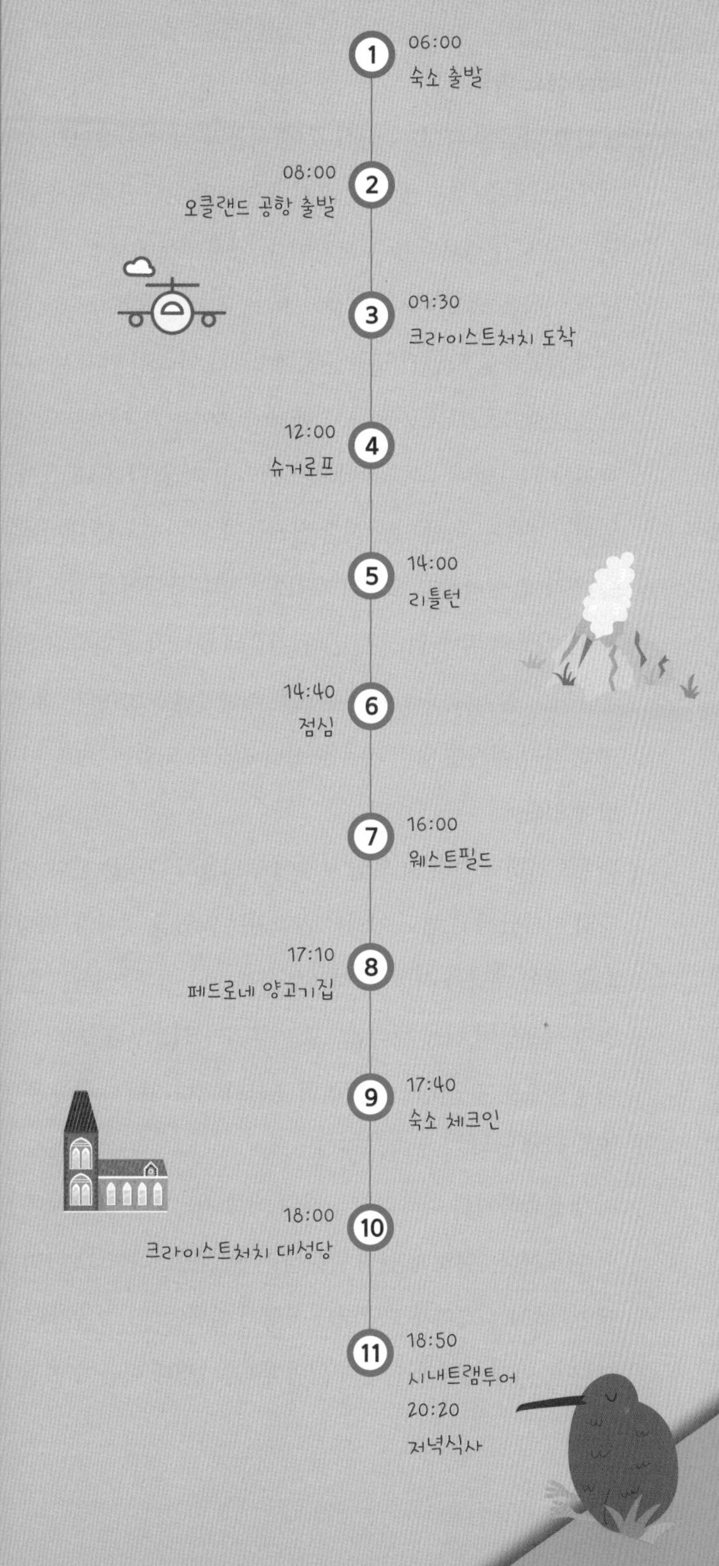
1
06:00
숙소 출발
08:00
오클랜드 공항 출발
2
3
09:30
크라이스트처치 도착
12:00
슈거로프
4
5
14:00
리틀턴
14:40
점심
6
7
16:00
웨스트필드
17:10
페드로네 양고기집
8
9
17:40
숙소 체크인
18:00
크라이스트처치 대성당
10
11
18:50
시내트램투어
20:20
저녁식사

**배낭 생소 속편**

불안한 마음에 다섯 시 삼십 분에 서둘러 일어나 렌터카 사무실에 가 봤지만 예상대로 문을 열지 않았다. 혹시나 했지만 안타깝게도 호텔 로비에서 알려 줬던 출근 시간 정보가 맞는 모양이다. 어제 마트에서 사온 배와 바나나, 귤로 가난한 아침을 먹고 다시 렌터카 사무실로 갔다. 여전히 출근하지 않았다. 출근하지 않았음을 확인했으니 원래 계획대로 아들이 먼저 비행기를 타야 한다. 아들을 공항으로 보내고 혼자 내 배낭이 보이는 그 자동차 앞에서 직원들이 출근하기를 기다렸다. 그런데 아들이 저만치 가고 나니 내 표까지 발권해 두라고 일러둬야겠다. 혹시 여덟 시쯤 직원들이 오는 경우를 대비해 두는 것이 좋겠다는 생각에. 쫓아갔다 오자니 캐리어가 방해물이어서 전화를 했는데 통화가 안 된다. 아들의 맘에 안 드는 습관 가운데 하나가 전화를 거의 무음으로 설정해 놓는다는 점이다. 이날도 무음으로 해놓았던 모양이다. 게다가 이산가족이 되어 혼자 비행기를 타러 가는 중이니 긴장도 되었을 테고. 이제 운에 맡기는 수밖에 없다.

다행스럽게도 여섯 시 오십 분경에 직원들이 출근을 한다. 갑자기 이곳에 마누라가 나타났다고 해도 이보다 반갑지는 않았을 것이다. 바람같이 날아가서 열쇠를 받아 배낭을 꺼냈다. 시간은 충분하니 이제 아들을 만나면 된다. 하루 동안의 해프닝이 이제 해피엔드로 마무리가 되는구나! 게다가 렌터가 회사 직원이 공항으로 픽업하러 갈 거라며 조금만 기다리면 태워다 주겠다고 한다.

'음~ 이제 일이 잘 풀리는 구나'

차가 출발하기를 기다리고 있자니 어제 저녁 잘못된 정보를 일러준 호텔 직원이 떠오른다. '이렇게 일찍 출근하는 줄 알았더라면 그 난리를 치지 않았을 텐데….' 어제는 호의가 고맙더니 상황이 바뀌었다고 이런 배은망덕한 마음이 들다니…. 이제 아들과 연락이 되면 된다. 그런데 아들이 여전히 전화를 받지 않는다. 문자도, 카톡도 안 된다. 갑자기 마음이 급해진다.

**핏줄이 당겨서 해피엔드로**

렌터카 회사 셔틀버스를 타고 갔더니 일곱 시 십 분, 예상보다 공항에 빨리 도착했다. 여유 있는 시간이다. 공항 와이파이를 연결해서 카톡으로 전화를 했다. 그래도 안 받는다. 이 놈의 무음! 이제 당황이 된다. 시간은 충분한데 아들이 게이트를 나갔으면 문제다. 내 표까지 끊었는지도 알 수가 없으니 무조건 아들을 찾아야 한다.

만났다.

정말 신기하게 만났다. 동선을 추적해서 인파를 헤치고 다니다 보니 게이트로 가는 아들 뒷모습이 보인다. 그 인파 속에서, 우리 둘 다 큰 키도 아닌데 아들 모습이 눈에 들어오다니 신기할 뿐이다. 핏줄이 서로 당기는 무엇이 있나 보다. 사랑하면 보이나니…. 체면이고 뭐고 소리쳐 부르는 수밖에 방법이 없다. 알고 보니 그때까지 아들은 와이파이를 켜 놓지 않아서 내 메시지도, 전화도 못 받았던 것이었다. 낯선 외국 공항에서 혼자 비행기를 타는 첫 경험이니 당황이 되지 않을 수가 없다. 티켓팅하고 가방 부치고 이제 게이트로 가는 중이었으니 자칫하면 못 만날 뻔 했다.

하지만 해프닝의 끝이 아니었다. 아들이 내 표를 끊어놓지 않았다. 게다가 이미 짐을 부쳤고 그 안에 E-티켓이 들어 있었다. 어제 호텔 직원의 말을 철석같이 믿고 내가 시간 안에 올 수도 있다는 가정을 하지 않았기 때문이다. 어쨌든 자동 발매기에서 예약한 티켓을 검색하는 데까지는 성공을 했는데 이미 발권이 된 것으로 나온다. 두 장이 나와야 하는데 한 장만 필요하므로 한 장만 선택을 했던 것이었던 것이었던….

여행지에 도착하면 한번쯤 일행과 문자를 주고받는 것도 좋을 것 같다. 혹시 이런 사태가 올 것에 대비해서.

창구로 달렸다. 그런데 직원이 너무도 쉽게 내 표를 뽑아 준다. 엄청난 땡큐 상황도 아닌데 입에서 연신 땡큐가 튀어 나온다. 놓칠 것을 대비해서 끊어 놓았던 11시 표를 취소했다. 직원은 아주 대수롭지 않게 취소 처리를 해 주는데 환불 얘기는 없다. 나중에 돌려주는 모양이다 생각하고 묻지 않았다. 어제 저녁부터 혼이 다 빠진 것 같다. 결론적으로 사필귀정이 되었지만 탑승하려고 게이트에 앉아 있을 때까지도 잘 진정이 되질 않는다. 어째 하필이면 비행기가 연착을 해서 진정되지 않는 가슴을 계속 불안하게 한단 말인가!

**그러나 날아가 버린 비행기 삯**

그런데 해피엔드가 아니었다. 어째 순순히(?) 11시 비행기표를 취소해 준다고 생각했었다. 안 해 줄 리는 없지만 그래도 무언가 환불에 대한 얘기가 있어야 하지 않을까 하는 생각이 들었었다. 귀국하고 연락이 오기를 기다렸다. 카드로 결재를 했으니 취소 결재로 환불이 되려니 했다. 그런데 아무런 소식이 없는 것이다. 한 2주일 정도 지났을까? 갑자기 생각이 났는데 좀 이상한 생각이 들어서 뉴질랜드 항공 웹사이트에 들어가 봤다. 내가 예매했던 상품을 찾아봤더니…. 맨 마지막에 이런 글귀가 쓰여 있었다.

'No Refund'

하루 전날 예매한 상품이라서 취소할 수 있는 시간이 없는 상품이었던 것이다.

속이 쓰리다. 282,520원이 속절없이 날아가 버렸다.

아들한테는 완전 호구를 잡혔다. 수능시험 날 신분증을 놓고 간 전력이 있는, 그래서 재수를 한 아들은 군대 가서 휴가를 나왔다가 군번줄을 놓고 가고, 비행기에 환승 표를 놓고 내리는 등 건망증 대가의 면모를 여러 번 보여 줬다. '장가갈 때 불알 떼 놓고 갈 놈'이라는 별명을 붙여 주고는 휴가 나왔다가 귀대할 때 마다 장난을 쳤다. "잘 챙겼니, 군번줄?", "불알?"
이 사건이 있고 난 다음날 아침에도 호텔을 나오면서 무심코 장난을 쳤다. "여권!", "핸드폰!", "지갑!"… "예" 하고 대답하던 아들이 결정적 한 방을 날린다.
"아버지, 배낭!"
이날 이후로 "불알!" 타령을 안 한다.

현이의 Tips &

날짜가 임박하여 예약을 할 시간적 여유가 없는 비행기 표는 환불이 안 될 가능성이 크다. 혹시 이런 상황이 발생한다면 환불 가능 여부를 꼼꼼하게 챙겨 봐야 한다.

**연착 시간을 활용하여 크라이스트처치 숙소 예약을**

비행기가 연착되어 게이트에 머무는 시간을 이용하여 크라이스트처치의 숙소를 검색해 봤다. 공항 와이파이 혜택을 받을 수 있으니까. 오클랜드의 숙소는 미리 예약을 하고 왔지만 나머지는 현지에서 하기로 마음 먹었었고 로토루아에서 괜찮은 곳을 골라 하루를 잘 묵을 수 있었다. 아들이 알아서 역할을 맡아 주니 여간 좋은 것이 아니다. 앱(Hotels Combined)을 이용하여 쉽게 숙소 예약을 할 수 있다. 숙소를 찾고 예약하는 것이 나로서는 좀 부담스럽고 신경쓰이는 일인데 아들은 가뿐가뿐 일 처리를 한다. 크라이스트처치 중심가에 있는 '퀘스트 크라이스트처치 서비스드 아파트먼트호텔(Quest Christchurch Serviced Apartment Hotel)'이라는 긴 이름의 호텔을 예약했다. 가격은 212달러(NZD)로 좀 비싼 편이다. 'Apartment'가 붙은 이유가 무엇일까?

### 머피의 법칙

크라이스트 공항에서는 어렵지 않게 렌터카 사무실을 찾아갈 수 있었다. 사소한 우여곡절이 없었던 것은 아니다. 픽업차 승차장을 찾느라 약간 헤매었고 물어물어 찾아가느라 조금 시간이 걸렸다. 그런데 승차장에 도착하자마자 픽업차가 떠난다. 얼른 손을 들어 타겠다는 의사를 표시했지만 우릴 보고도 안 된다며 그냥 가 버린다. 정원이 찼다는 것인지, 이미 출발해서 안 된다는 것인지…. 다음 차까지 한동안 기다려야했다. 아침부터 하도 정신이 없었기 때문에 '이게 우연일까, 필연일까?' 하는 엉뚱한 운명론, 내지는 예정조화설이 머리를 맴돈다.

렌털 수속하려고 줄을 서 있는데 비어 있던 옆 창구에 직원이 와서 자리를 잡기에 옆줄로 옮겨 섰다. '아까 차를 놓쳐서 버린 시간을 조금은 벌충할 수 있겠구나' 생각이 들면서 '우연의 연속'이 '필연적 예정'을 싹 밀어내었다. 그런데, 이 직원이 내 앞 사람 수속을 끝내고는 갑자기 나보고 옆줄로 가라더니 안으로 들어가 버린다. 졸지에 맨 뒷줄이 되었는데 그 사이에 다른 사람이 와서 줄이 옮기기 전 그대로이다. '필연적 예정'이 다시 고개를 든다. 그런데 한참 시간이 지난 다음에 그 직원이 다시 창구로 나오더니 내 앞 사람을 부른다. 그이보다 내가 먼저 왔는데…. 이런 일로 따지기도 그렇고 은근히 속이 상한다. 과연 머피의 법칙인가? 어쨌든 두고 보자. 오늘 그럭저럭 난관을 잘 헤쳐 왔으니.

### Super Saver라는 차

'Super Saver'를 예약했고 예약 화면에서 본 차 모양은 경차였는데 일제 닛산 티다(Tiida)라는 소형차가 배정되었다. 직원이 '이 차가 배정되었다'고 얘기해서 원래 주문했던 차가 없어서 다른 차를 배정했다고 알아들었다. 예상했던 경차가 아니고 큰 차가 나와서 내심 기분이 좋았다. 이런 행운도 있구나. 머피 저리 가!

나중에 알았다. 'Super Saver', 우리말로 옮기자면 '초절약'이라고 해야 할까? 나중에 웹사이트에 다시 들어가서 확인해 보니 그제서야 이해가 됐다. 차량 사진과 함께 'super saver'라고 써 있어서 어이없게도 그게 차 이름인 줄 알았다. 알고 보니 이 '초절약' 차량은 차종이 정해져 있는 것이 아니다. 그야말로 복불복이다. 그래서 '초절약'이 될 수 있는 상품인 것이다. 웹사이트 화면에 나와 있는 차가 경차여서 당연히 북섬에서 예약했던 차와 비슷한 차가 나오려니 했던 것이었고….

손님이 오면 무작위로 차를 배정하는데 차령이 10년이 넘었거나 주행거리가 15만km가 넘는 차를 제공하는 상품이다. 오래되었거나 주행을 많이 한 차인 줄은 알았지만 그게 차종을 정해 놓지 않고 랜덤으로 제공하는 것인 줄은 생각하지도 못했다. 가격이 싼 것만 보고 냉큼 예약을 했었다. 영어 실력 하고는….

처음에 주차장에서 봤을 때는 중형차인가 했는데 자꾸 보니까 큰 차가 아니라 소형차다. 아들은 대번에 알아봤는데 나는 한 나절이 걸렸다. 나이 먹으면 수정체의 반응 속도가 느려진다더니 단순히 초점 맞추는 속도만 떨어지는 것이 아니라 사물을 구분하고 분간하는 속도도 떨어지는 모양이다. 오래된 차인 줄은 알고 있었지만 실제 주행거리가 무려 213,805km, 북섬에서 탔던 차는 겨우 3만km를 약간 넘은 차였는데 비교가 많이 된다. 낡은 차라서 장거리를 잘 버텨 줄지 모르겠다. 기름값도 더 많이 들 것이다. 사실 15만km가 넘은 차라고 했을 때 크게 망설이지 않은 이유는 내 차도 그 정도 이상 탔기 때문이었다. 렌터카 회사에서 잘 관리했겠지 하고 애써 믿어 본다.

### 우연히 올라간 포트힐 정상 능선

크라이스트처치에서 첫 번째 행선지로 잡은 곳은 캐시미어힐(Cashmere Hill)

전망대이다. 캐시미어힐은 포트힐(Port Hill)의 중턱쯤에 있다. 포트힐은 이름처럼 항구를 바라보는 언덕이다. 최고봉인 슈거로프가 500m에 육박하지만 '언덕(Hill)'인 이유는 크라이스트처치 시내에서 볼 때 전체적으로 평평한 모양을 하고 있기 때문이다. 크라이스트처치는 뉴질랜드에서 가장 넓은 평야인 캔터베리(Canterbury) 평원의 동쪽 끝 부분에 있는 도시이다. 그러므로 포트힐에 올라가면 크라이스트처치는 물론이고 캔터베리 평원을 전체적으로 조망할 수 있으리라 기대가 되었다. 하지만 포트힐 정상까지 차가 가지는 못할 것이라 생각하고 전망이 괜찮아 보이는 곳을 고르다가 찾아낸 곳이 캐시미어힐이었다. 한참 동안 구글어스의 스트리트뷰(Street view)를 요리조리 돌려보고 찾아낸 곳이다.

그런데 가다 보니 길이 계속 산 정상으로 이어져서 포트힐 정상 능선까지 올라간다. 이게 웬 떡인가 싶다. 정상을 따라 길이 이어지는데 한참 가다 보니 주차장이 있다. 생각했던 그 풍경, 크라이스트처치 시가지와 캔터베리 평원이 기대했던 대로 펼쳐진다. 게다가 뜻하지 않게 또 다른 절경을 보게 되었다.

포트힐에서 바라본 크라이스트처치와 캔터베리 평원, 그리고 서던알프스

### 포트힐에서 바라본 리틀턴만의 절경

정상 능선에 올라서니 바람이 엄청나게 불어온다. 하지만 경치가 너무 좋다. 이 느낌을 어떻게 표현해야 할까? 섣부르게 표현하느니 그냥 '아름답다'고 하는 것이 가장 낫겠다. 크라이스트처치 시가지와 드넓은 캔터베리 평원, 그리고 눈 덮인 서던알프스까지, 뒤로 돌아서면 리틀턴(Lyttelton)만의 하늘빛 바다와 산자락을 뒤덮은 노란 꽃이 천지다. 여기에 우리가 있다는 것이 그냥 행복하기만 하다.

명승지는 분명히 처음이어도 항상 낯이 익었다. 사진이나 영상으로 너무 많이 봤기 때문이다. 그래서 감동이 크지 않았다. 내가 감동하기 전에 이미 수많은 사람들이 감동을 멋지게 표현했기 때문에 내 감동을 보태 봤자 바닷물에 소금 한 주먹 넣는 격이라고 할까? 하지만 이곳, 우연히 오게 된 이곳에서 예상치 못한 풍경을 만나니 감동이 솟아난다. 오죽하면 지리과 동기 친구들에게 메시지를 보내는 자랑질을 자행했을까. 생전 처음이다.

경치가 아무리 아름다워도 감동을 잘 하지 않는 이유 중에는 나의 직업병도 있

포트힐에서 바라본 리틀턴만

다. 지리적이지 않으면 감동을 잘 하지 않는 고질적인 직업병이다. 그런데 이곳은 그냥 아름답다. 전체를 조망하는 것 이상으로 크게 지리적 의미를 기대하지 않았던 곳인데도 그냥 아름답다. 아름다운 경치를 보고 이렇게 감탄을 한 적이 언제였을까?

### 슈거로프와 코화이

주차장에서 옆으로 봉우리가 하나 보인다. 예정에 없었지만 정상을 밟아 보고 싶은 지리학도의 본능이 발동한다. 아들도 역시 감동 중이어서 내 제안을 흔쾌히 받아들인다. 바람을 헤치며 봉우리를 향해 걸었다. 터속(tussock)의 일종인 띠풀들과 크지 않은 풀들이 덮여 있고 바다쪽 사면에는 노란 꽃이 만발했다.

이 풍경에 꼭 있어야 할 것 같은 노란 꽃은 코화이(Kowhai)라는 꽃인데 이날 이후로 이 꽃을 질리도록 봤다. 북섬에서도 물론 봤지만 그때는 크게 눈에 들어오지 않았었는데 이곳에 와서야 눈에 들어온다. 키가 작은 관목이어서 얼핏 개나리 느낌이 드는데 개나리와는 좀 다르다. 꽃잎이 네 갈래로 활짝 피는 개나리와는 달리 꽃잎이 겹쳐 있고, 줄기도 개나리는 가는 줄기가 길게 뻗어 나오는 것에 비해 코화이는 본 줄기가 굵고 잔가지가 짧은 편이다. 이 나무는 뉴질랜드 고유종으로 화려하지는 않지만 파란 하늘색, 녹색의 초원과 잘 어울려서 분위기를 한층 돋군다. 마오리 말로 '코화이'는 '노랑'이라는 뜻이라고 한다. 뉴질랜드의 국화는 아니지만 얼추 국화 대접을 받는 상징과도 같은 꽃이다.

슈거로프로 올라가는 등산로 주변에 방목지로 쓰이는 곳도 있다. 하지만 출입을 금지하지는 않고, 다닐 수 있는 통로를 만들어 놨다. 개 목줄을 꼭 하고 들어가라는 안내 문구가 써 있다. 양이 많은 나라인 것은 잘 알려진 사실이지만 개도 많은 나라인 것이 분명하다.

바람이 엄청나게 불어대는 슈거로프 정상은 바람이 전혀 차갑게 느껴지지 않을 만큼 멋진 풍경을 선물한다. 주차장에서 봤던 그 풍경에다 리틀턴만 안쪽과 포트힐 전체를 보너스로 보여 준다. 캔터베리 평야는 거의 막힘없이 전체를 볼 수 있다.

↑ 코화이꽃이 만발한 슈거로프 사면
↓ 포트힐의 화산암

## 슈거로프, 왜 '설탕봉'일까?

'슈거로프(Sugar loaf)', 설탕을 천천히 쏟으면 원뿔 모양으로 쌓일 것이다. 그 모양을 일컬어 '슈거로프'라고 한다. 크라이스트처치 중심가의 동남쪽에 있는 봉우리인데 높이가 493.78m로 그 정상에 서 있는 통신탑은 크라이스트처치의 아이콘이다. 그런데 하필 설탕일까? 가루로 된 것들을 쏟으면 모두 비슷한 모양으로 쌓일 텐데. 훨씬 오래전부터 일상 생활과 밀접한 관련이 있었던 밀같은 곡물을 비유하여 표현하지 않고 설탕을 이름으로 쓴 이유는 무엇일까?

이런 생각을 해 본 이유는 이곳의 슈거로프보다 훨씬 더 유명한 리우데자네이루의 슈거로프(Pão de Açúcar)가 떠올랐기 때문이다. 모양이 조금 다르긴 하지만 같은 이름을 가지고 있는 이유가 있지 않을까? 북섬의 타라나키화산 북쪽 연안에 있는 작은 섬인 모투로아(Moturoa)섬도 슈거로프라는 별명으로 불린다. 이들의 공통점은 지리상의 발견기에 식민지로 유럽인의 발길이 닿았다는 점이다. 즉, 이름이 지어진 지 그리 오래되지 않았다는 뜻이다.

사탕수수에서 원액을 뽑아 설탕을 정제하는 기술은 4세기경에 인도에서 처음 등장했다. 꿀보다 더 단 설탕은 오랫동안 유럽인들에게는 매우 귀한 사치품이었다. 사탕수수는 열대성 작물로 유럽에서는 재배될 수 없었기 때문이다. 알렉산더가 '벌이 아닌 갈대에서 꿀을 얻는다'는 보고를 받고 놀랐다는 얘기가 우스개는 아니다. 따라서 대항해시대에는 설탕이 열대 식민지에서 들어오는 주요 수입품이었다. 식민지 쟁탈전에 나섰던 유럽인들은 신대륙에 대해 환상을 갖고 있었다. 그 환상이 황금의 땅 엘도라도를 만들어 냈던 것처럼 한때 '하얀 금' 취급을 받았던 설탕도 그런 환상 가운데 하나였다. 그러니 긴 항해 끝에 도달한 항구에 우뚝 서 있는 봉우리, 그 봉우리가 '설탕 봉우리'로 보이는 것이 당연하지 않았을까? 리우데자네이루 해안에 우뚝 솟아 있는 슈거로프도, 크라이스트처치 해안에 서 있는 슈거로프도 식민지 항구에 인접한 뾰족한 봉우리라는 공통점이 있다.

포트힐 능선에서 바라본 슈거로프

### 화산을 놓쳐버린 까막눈

정상에 노출된 바위는 화산암이다. 한 눈에 알아볼 수 있는 눈을 가지고 있지는 않지만 우리나라에서 흔히 볼 수 있는 심성암(화강암) 계열의 바위는 아닌데다 지각운동이 활발한 나라이므로 추론해 본 것이다. 하지만 심증을 넘지 못한 것은 이곳이 화산이라는 사실을 미리 알지 못했기 때문이다. 분화구인 리틀턴만을 바라보면서도 화산이라는 생각을 조금도 못했으니 까막눈이 따로 없다.
나중에 지형도를 보다가 알게 되었다. 지형도를 보면 뱅크스 반도가 두 개의 화산이 붙어 만들어진 반도임을 금세 알 수 있다. 뱅크스 반도가 화산이라는 사실을 미리 알았더라면 더 많은 것을 자세히 봤을 텐데 아쉽다. '북섬은 화산, 남섬은 빙하'라는 말을 무작정 믿은 결과이기도 하다.

### 우연히 간 리틀턴, 작지만 Little은 아니다

포트힐에서 내려다본 리틀턴만 경치가 그림처럼 아름다웠다. 여운을 안고 내려오는데 포트힐을 넘어 리틀턴으로 가는 길과 시내로 돌아가는 길이 나뉘는 갈림길이 나온다. 그대로 핸들을 꺾어 리틀턴으로 내려갔다. 구불구불 산길이 만만치 않지만 경치가 너무 멋지다. 바다가 그윽하게 내려다보이는 산기슭에 집들이 길을 따라 들어서 있다. 고개를 하나 넘어와야 하지만 시내와 그다지 멀지 않아서 전원주택지로 딱이다.
고갯길을 거의 다 내려서니 길이 또 둘로 갈린다. 계속 직진하면 거버너스베이(Governers Bay)라는 곳이 나오고 크게 좌회전을 하면 리틀턴(Lyttelton)이다. 리틀턴으로 방향을 잡았다. 거버너스베이보다는 큰 중심지로 보여서 점심도 먹을 겸 해서 리틀턴을 선택한 것이다. 갈림길에서 리틀턴까지 가는 길은 바닷가 급경사면을 깎아서 만들어서 스릴은 만점인데 뉴질랜드 초보운전자로서 신경이 많이 쓰인다.

아하

## 화산은 왜 북섬에만 있을까?

남섬에는 화산이 거의 없다. 대륙지각과 대양지각이 충돌하는 전형적인 위치에 있어서 지진이 잦고 화산이 발달하는 나라가 뉴질랜드다. 그런데 왜 화산은 주로 북섬에만 있는 것일까?

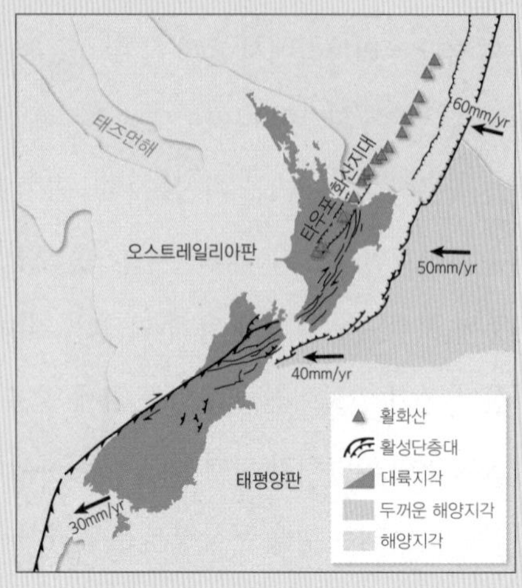

뉴질랜드의 판구조(자료: NZ Geology)

대부분의 화산은 대양지각과 대륙지각이 만나는 곳에 발달하며 대양지각이 대륙지각 아래로 밀려들어가서 녹은 후 대륙지각 말단부로 분출함으로써 만들어진다. 뉴질랜드는 대양지각과 대륙지각이 충돌하는 위치에 있으므로 화산이 발달하기 쉽다.

뉴질랜드를 관통하는 판의 충돌대를 보면 어느 정도 그 실마리를 찾을 수 있다. 북섬은 대륙지각인 오스트레일리아판에 속하며 해양판인 태평양판이 섭입(攝入, subduction)하고 있다. 타우포 화산지대는 이러한 원인으로 발달하는 전형적인 화산지대이다.

반면에 남섬은 모두 대륙지각에 속한다. 해양판인 태평양판에 속하지만 남섬 일대는 모두 해양판 위에 올라앉은 대륙지각이다. 따라서 남섬을 지나는 알파인단층은 대륙지각끼리 부딪히고 있는 단층대이다. 이런 경우 섭입이 일어나지 않기 때문에 화산이 발달할 수가 없다.

### 남섬의 화산 뱅크스반도

하지만 남섬에 화산이 전혀 없는 것은 아니다. 현재 진행 중인 화산은 없지만 과거 지질시대에는 일부 지역에서 화산활동이 있었다. 그중 대표적인 예가 뱅크스(Banks)반도이다. 뱅크스반도는 크라이스트처치 동남쪽에 있는 반도로 리틀턴만과 아카로아만 등 두 개의 큰 만이 있고 만 주변을 슈거로프와 허버트/테아후파티키산 등의 산들이 둘러싸고 있다.

뱅크스 반도는 리틀턴(Lyttelton)화산과 아카로아(Akaroa)화산이 합쳐진 것이다. 여러 차례 분화하여 조면암, 안산암 등 다양한 용암이 복잡하게 섞여 있지만 신생대 제3기 마이오세(2,370년~530년 전)에 분출한 현무암이 주를 이룬다.

800만 년~580만 년 전 마지막 분화가 일어난 이후 두 분화구는 공통적으로 한쪽의 계곡

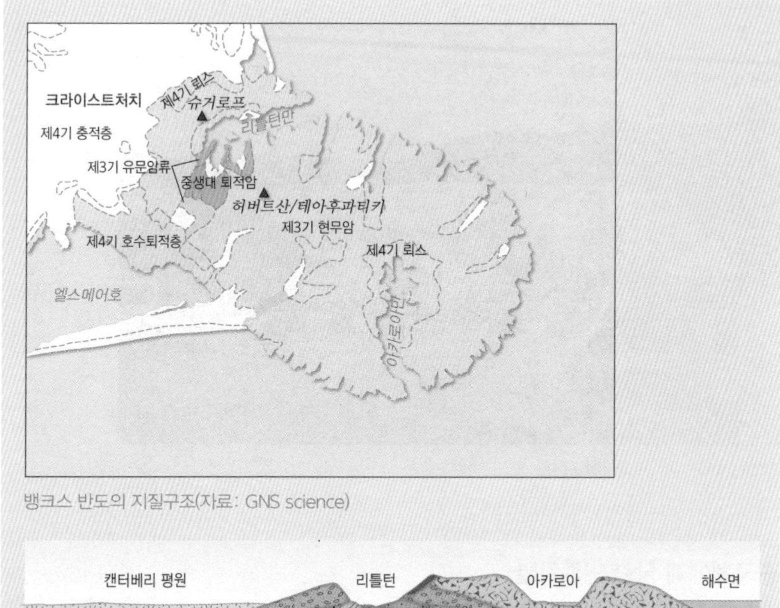


뱅크스 반도의 지질구조(자료: GNS science)

뱅크스 반도 단면도(자료: NZ Geology)

이 침식되어 점차 낮아졌다. 리틀턴화산은 동북동쪽의 계곡이, 아카로아화산은 남쪽의 계곡이 집중적으로 침식을 당하여 거의 분화구 내부와 같은 높이가 되었다. 그리고 1만 년 전 마지막 빙하기가 끝나 해수면이 상승하면서 계곡으로 바닷물이 침입하였다. 리틀턴만과 아카로아만은 과거 분화구의 자취이다.

리틀턴은 '리틀' 때문에 '작은 도시', 또는 '작은 항구'를 연상하게 되는데 작은 것은 맞지만 'little'은 아니다. 원래 포트쿠퍼(Port Cooper), 포트빅토리아(Port Victoria) 등으로 불리다가 1850년경에 리틀턴으로 확정되었는데 리틀턴(George William Lyttelton)이라는 사람을 기리기 위해 붙여졌다. 리틀턴은 식민지 개척에 공헌한 인물로 당시 식민지 개척을 위해 영국인들이 조직했던 캔터베리연합(Canterbury Association)을 이끌던 사람이다.

리틀턴 시내에서 바라본 리틀턴항

## 중국계에게 당한 인종차별

돌아다니다 보니 두 시가 넘었다. 점심을 먹으려고 주위를 둘러보니 패스트푸드 음식점이 보인다. 영국에서 유명한 프랜차이즈 음식점이라는데 뉴질랜드가 영연방에 속한 나라여서 이곳에 있는 것이 그냥 자연스럽다. 영국에서는 못 먹어 봤으니 경험해 보는 것도 괜찮겠다 싶어서 망설이지 않고 들어갔다.

전형적인 메뉴라고 볼 수 있는 생선튀김과 감자칩, 그리고 콜라를 주문했다. 기다리는 사이에 화장실을 다녀오려고 주인에게 물었더니 알려주기는 하는데 좀 퉁명스럽다. 발음이 뉴질랜드스럽지 않은 중국계 할머니다. 안에서 일하는 사람들도 모두 중국계이다. 겨우 의사 소통이 될까 말까 한 실력에 뉘앙스를 느낀다는 것은 말이 안 되므로 원래 말투가 그러려니 생각하면서 화장실을 찾아 밖으로 나갔다. 그런데 화장실 문에 자물쇠가 채워져 있다. 이것도 뉴질랜드스럽지 않다. 이런 시골에서 행인들이 쓴다면 얼마나 쓴다고…. 돌아와서 말했더니 아니라고 한다. 잘못 봤나 싶어서 다시 나가서 확인해 봤지만 잠긴 것이 확실하다. 마침 옆에 동네 사람이 있어서 화장실이 다른 곳에 있느냐고 물었더니 없다고 한다. 다시 돌아와서 얘기했더니 자기는 모르겠다고 한다. '그럼 누가 아느냐', '손님에 대한 의무' 어쩌구 하면서 나름 항의를 했지만 아예 대꾸를 안 한다. 이건 무슨 상황인가? 그 사이에 주문한 음식이 나와서 박차고 나올 수도 없고 테이블에 앉아 그걸 먹자니 내 자신이 여간 초라한 것이 아니다. 그러는 중에 현지인 두어 명이 음식을 사러 왔다. 아마 주인과 잘 아는 사이인 듯 대화가 살갑다. 주인은 원래 퉁명스런 사람이 아니었다. 마치 우리 들으라고 하는 것처럼 과한 웃음까지 덕지덕지 발라서 떠들어 댄다. 무시당한 것이 아니고 무엇이겠는가? 정말 맛없는 점심을 먹었다.

예전에도 샌프란시스코 호텔에서 비슷한 경험을 한 적이 있다. 중국계가 운영하는 가족호텔이었는데 짜증을 마음껏 내면서 당신 영어를 못 알아듣겠다며 자존심을 팍팍 건드리는 말을 서슴지 않았던 아픈 기억이 있다. 새벽에 들어가서 그의 잠을 깨웠지만 체크인을 하는 데 무슨 못 알아들을 말이 있단 말인가? 그도 역시 소위 본토 발음을 하지는 않았었다.

과한 일반화지만 일종의 자격지심이 아닐까? 같은 동양인으로서 만나면 반가운 마음이 들기보다는 자신을 우위에 놓고 하대하고 싶은 본능 같은 것이 튀어나오는 모양이다. 정작 백인들한테서는 그런 대접을 받아 본 적이 없는데 유독 자존심이 상했던 두 번의 경험이 모두 중국계였다는 사실은 그냥 우연일까?

**리틀턴터널: 뉴질랜드 최고의 터널**

만의 끝으로 나가면 해안을 따라 크라이스트처치 시내로 돌아갈 수 있지 않을까 싶어서 부두를 따라 계속 만의 입구 쪽으로 가 봤다. 하지만 항구 끝에서 길이 끊어져 있고 이런저런 공사가 한창이다. 지진 피해를 복구하고 있는 현장도 지나왔기 때문에 지진으로 길이 끊긴 것이 아닐까 생각이 되었다. 다른 길을 찾아 부두를 두 번 왕복했지만 길을 찾을 수가 없다. 나중에 구글지도를 검색해 봤더니 길이 없었던 것은 아닌데 부두와 연결되는 길은 없고 시내에서 산 중턱으로 난 길을 타고 가야만 한다.
하는 수 없이 왔던 길로 되돌아 와야 하는데 시내를 벗어나자마자 터널이 보인다. 크라이스트처치 시내와 바로 연결되는 리틀턴터널이다. 그러니까 시내에서 리틀턴에 오려면 이 길이 지름길이다. 우리는 상당히 먼 거리를 외돌아서 온 것이다. 우리야 빨리 갈 일이 없는 사람들이고 깜깜한 터널 속보다는 아름다운 경치를 볼 수 있는 길이 더 좋지만 왔던 길을 똑같이 되짚어 가는 것보다는 빨리 가는 편이 낫다. 뉴질랜드에서는 매우 드문 시설이다. 적어도 우리 경험으로는 뉴질랜드에서 2주일 운전하면서 다니는 동안 터널이라고는 딱 두 번밖에 보질 못했다. 나중에 서던알프스산맥을 넘을 때 만났던 호머터널이 다른 하나이다. 그래도 그 터널에 비하면 이 터널은 시설이 매우 좋은 편이다.
지진이 나면 위험하지 않을까 걱정이 된다. 터널을 많이 만들지 않는 이유 중에는 지진의 위험도 있지 않을까 하는 생각이 든다.

### 우리나라가 생각보다 가까이 있다

시내로 돌아와서 웨스트필드(West field)라는 복합 쇼핑몰을 가 봤다. 자석을 모으는 아들 친구가 있어서 선물도 구입할 겸 해서다. '자석을 모은다'는 말을 나는 잘못 알아들었다. 자석이라면 어렸을 적부터 막대자석, 말굽자석 밖에 몰랐으니 그걸 모으는 '독특한' 취미라고 생각했다. 그렇게 생각하니 '그것을 어디서 구하나?'로 생각이 진전하고, 우리나라의 문방구 같은 곳이 떠오른다. 문방구에 가면 과연 막대자석, 말굽자석이 있을지 모르지만. 그런데 막대자석이든 말굽자석이든 여러 나라 것을 모아 보면 재미있을 것도 같다. 값이 비싸지 않으면서도 의미 있는 것은 선물하는 입장에서도 부담스럽지 않으면서 의미를 선물하는 것이니 참 좋은 아이디어라는 생각이 들었다.

웨스트필드는 크라이스트처치 시가지의 중심부에 있는 해글리 공원의 서쪽에 있어서 붙여진 이름이다. 쇼핑몰 이름으로 등장한 것이 아니고 그 일대를 부르는 지명에서 왔다. 특별히 눈길을 끄는 것은 없는 평범한 쇼핑몰인데 복도에 내놓은 현대자동차가 눈에 띈다. 6천 달러(NZD)를 깎아 준다고 보닛에 커다랗게 써 있다. 4백 몇십만 원이나 깎아 준다는 얘긴데 이건 그야말로 '폭탄세일'이다. 알고 보니 새차가 아니고 중고차 판매업소에서 광고를 하고 있는 중이다. 그러면 그렇지.

자석 파는 곳을 찾아 여기저기 기웃거리다가 잡화점 같은 곳을 찾았다. 그런데 매장 직원이 우리나라 사람이다. 우리나라 사람 가족이 운영하고 있는 매장이다. 친절하게 키위가 그려진 기념품 자석을 골라 주면서 이런 종류밖에 없다고 미안해 한다. 그런데 알고 보니 아들 친구가 모으는 것이 바로 이거라고 한다. 막대자석, 말굽자석이나 알았지 이런 기념품이 있는 것은 생각조차 못했다.

뉴질랜드가 우리나라와 생각보다 가까이 있다는 생각이 들었다. 중고로 거래되는 우리나라 차와 우리나라 출신 가족이 운영하는 매점을 한곳에서 보고 나니 그런 생각이 드는 것이다. 오클랜드에서도 교포를 여럿 만났었고 와이토모에서도 만났었다. 먼 나라라고 생각했고 난생 처음 온 나라인데 내가 생각했던 것보다 훨씬 가까이에 있는 나라가 뉴질랜드다.

웨스트필드에 전시 판매 중인 중고 현대자동차

## 생생한 지진의 상처: 크라이스트처치 대성당

크라이스트처치 대성당은 지진의 상처가 생생하게 남아 있는 대표적인 곳이다. 무너져 내린 처참한 모습이 임시로 설치해 놓은 가림 벽 너머로 그대로 방치되어 있다. 교회가 지진으로 부서진 모습은 좀 묘한 느낌이다. 어느 목사님이 '인도네시아 쓰나미는 예수를 믿지 않아서 생긴 재앙'이라고 했던 말이 생각난다.

불과 2주 전에 일어난 진도 7.8의 대지진의 상처라고 생각했는데 무너진 모습이나 방치된 상태, 그리고 가림 벽 등등이 이번 지진 때문이 아니라 2011년 지진 때문임을 알려준다. 2016년 대지진은 크라이스트처치 북동쪽 91km 지점에서 발생했다. 진도 7.8의 강진이었지만 진원의 거리가 크라이스트처치에서는 멀기 때문에 그 피해가 크지는 않았던 것 같다. 하지만 시내 곳곳에서 지진으로 부서진 건물들을 볼 수 있었다.

크라이스트처치 대성당은 오래된 건물인데다 석재로 지어서 더 피해를 입은 것 같다. 1881년 완성된 교회종탑은 20세기초까지 세 번이나 손상을 입었다고 한다. 이 성당은 성공회교회(The Anglican cathedral of Christchurch)로 1864년에 시작되어 1873년까지 부분적으로 완성이 되었고 이후로도 계속 공사가 진행되어 1904년에 완공되었다. 석재를 기본으로 하고 지붕 등은 목재를 사용하여 만들어졌는데 무너진 모습을 보면 주로 벽체가 무너져 내렸고 이에 따라 무너진 벽체 위의 지붕이 내려 앉은 형태이다.

2018년에나 복원 공사가 시작되었다는 소식이 들린다. 진행이 느린 이유는 복

지진으로 무너져 폐쇄된
크라이스트처치 대성당

원을 해야 하나 말아야 하나를 두고 오랜 논쟁을 벌였기 때문이다. 안전성 때문에 복원이 위험 요소를 유지할 수도 있다는 주장이 있을 법도 하다. 옛 모습이 그리울 수도 있지만 내진 설계를 완벽하게 적용한 건물로 새로 짓는 것이 나을지도 모른다.

### 아파트먼트 호텔이란?

크라이스트처치 대성당 바로 옆이 우리 숙소다. 예약할 때 값이 좀 비싸다 생각했는데 시내에서 가까운 좋은 위치라서 값이 비싼 모양이다. 널찍한 주차장이 딸려 있는데 호텔 전용은 아니고 공영 주차장이지만 하루 5달러(NZD)다. 오클랜드에서 주차비로 충격을 먹어서 주차장을 먼저 따져 보게 된다. 게다가 호텔에 들어가 보니 시설도 정말 좋다. 넓은 거실과 주방, 그리고 방, 냉장고와 세탁기에 거실에는 소파까지 갖춰져 있다. 그러니까 아파트를 리모델링해서 만든 호텔이다. 세탁을 해도 되는데 당장 세탁할 옷가지가 없어서 아쉽다. 취사 시설이 갖춰져 있을 거라고 생각하지 않았기 때문에 완성된 음식을 준비했는데 그것도 아쉽다.

퀘스트 크라이스트처치 서비스드 아파트먼트호텔.
트램역과 연결되어 있다.

아파트먼트호텔 내부

### 관광용 트램 타고 시내 구경

짐을 풀고 밖을 내다보다가 또 재미있는 사실을 발견했다. 우리 호텔이 트램이 출발하는 역과 연결되어 있다. 호텔 옆에 쇼핑몰이 있는데 두 건물 사이에 트램 역이 있고 두 건물을 투명한 아케이드로 연결해서 트램 역을 실내 공간으로 만들어 놨다. 아침에 오클랜드 공항에서 검색해서 우연히 잡았지만 꽤 재미있는 곳을 고른 것 같다. 일곱 시가 다 되었지만 아직 환하기 때문에 구경삼아 나가 봤다.

쇼핑몰을 어슬렁거리다가 마침 트램이 들어와서 기웃거려 봤다. 찻삯이 25달러(NZD)인데 흰 수염이 멋진 할아버지 기관사에게 카드가 되는지 물었더니 깎아줄 테니 타라고 한다. 어린이 요금 5달러로. 현금을 탈탈 털어서 둘이 10달러를 지불하고 관광전차 탑승! 전차를 운전하는 할아버지 기관사는 차장과 가이드를 겸직하고 있다.

트램은 크라이스트처치 대성당과 해글리 공원 사이의 중심가를 운행한다. 사실 트램에 앉아서 눈으로 보는 시내 경치는 크게 감동스러울 것이 없다. 간간히 지진의 흔적이 남아 있는 것 정도가 눈길을 끈다고 할까? 초여름에 보는 크리스마스도 볼거리라면 볼거리다. 크리스마스가 한 달 정도 남았는데 벌써 곳곳에 크리스마스 장식들이 설치되어 있다.

트램에서 바라본
크라이스트처치 시내

할아버지 가이드의 유창한 뉴질랜드 영어는 반도 못 알아듣겠다. 밖의 경치와 가이드의 설명이 연결되어야 그나마 재미가 있을 텐데 둘이 별개로 노니 지루하기만 하다. 아들은 일찌감치 딱딱한 나무 의자에 기대어 졸고 있다.

시내를 관통하는 에이번(Avon)강을 건너 해글리 공원까지 갔다가 다시 강을 건너 크라이스트처치 대성당으로 돌아와서 성당을 싸고 거의 한 바퀴를 돈다. 그 다음 동남쪽으로 방사선으로 뻗은 하이(High)스트리트를 따라가다가 리치필드(Richfield)스트리트와 만나는 교차로에서 되돌아 온다. 좁은 길이라서 트램을 회전시킬 수가 없는데 되돌아 오는 방법이 재미있다. 운전대를 뽑아서 반대쪽으로 옮기면 된다. 양쪽이 모두 운전석이다.

과거의 시설을 철거하지 않고 용도를 바꿔 사용하고 있는 경관이다. 이미 도시 규모는 전차가 감당할 수 있는 규모를 훨씬 넘어섰다. 즉 중심가를 운행하는 전차는 상주 인구가 중심가를 벗어난 현 시점에서는 아무 의미가 없다. 대부분 도시들이 이런 경우에는 한물간 교통수단을 새로운 교통수단으로 대체했지만 크라이스트처치는 이를 보존하여 변화한 상황에 맞춰 관광 용도로 활용하고

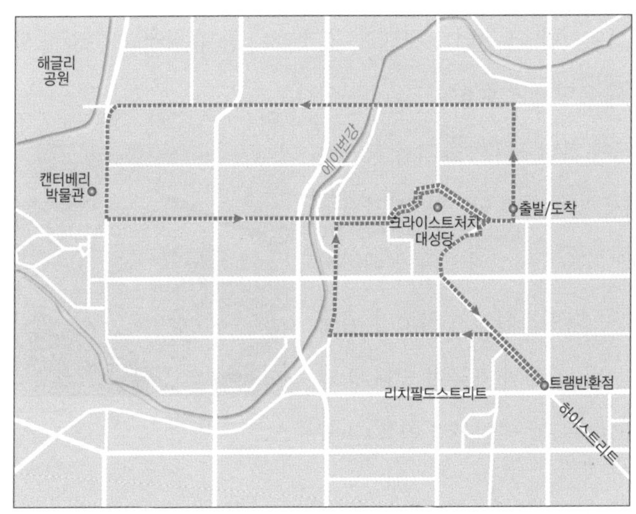

트램 운행 노선

레스토랑 트램

있다. 전차 운전사가 안내를 하는 일반 관광용과 열차 안에서 음식을 먹는 레스토랑 열차가 있다.

**페드로네 양고깃집**

맛집 검색도 된다. 아들이 크라이스트처치 맛집으로 찾아낸 곳이 '페드로네 양고깃집(Pedro's House of Lamb)'이라는 음식점이다. 뉴질랜드에 왔으니 양고기 맛을 안 볼 수는 없다. 찾아가 보니 '음식점'이라는 말은 좀 어폐가 있다. 달랑 컨테이너 박스 하나만 있는 테이크아웃 전문 양고기 요릿집이다. 그런데 보기에는 허접해 보였지만 이 집이 오클랜드, 퀸스타운 등 뉴질랜드 주요 도시에 분점이 있는 꽤 유명한 프랜차이즈 음식점이다.

페드로네 양고기

낮에 웨스트필드에 다녀오다가 들러서 사가지고 와서 숙소에서 저녁으로 먹었다. 감자칩을 곁들인 구이인데 독특한 양고기 냄새가 매력적이다. 우리 부자는 다행스럽게도 양고기 냄새를 싫어하지 않는다. 과일과 곁들여 맛나게 먹었다. 양도 많아서 다음날 아침까지 먹을 수 있었다.

밤에 시내 구경을 못해서 아쉽다. 시내에 숙소를 잡았으므로 밤거리를 좀 걸어 봤어도 좋았을 것을…. 뉴질랜드는 큰 도시가 많지 않기 때문에 밤거리를 걸어 볼 기회가 많지 않다. 그래서 크라이스트처치에서는 저녁 계획을 세워 두는 것이 좋다.

## 여행 경비로 정리하는 하루

| | 교통비 | 숙박비 | 음식 | 액티비티, 입장료 | 기타 | 합계 |
|---|---|---|---|---|---|---|
| 비용(원) | 1,130,572 | 182,607 | 49,388 | 8,462 | 2,829 | 1,373,858 |
| 세부 내역(NZD) | 왕복 항공료 552(좌석 선택5×4+카드 수수료 16), 주차료(숙소) 2 렌터카 554.34 | 퀘스트 크라이스트처치 서비스드 아파트먼트호텔 212 | 점심(리틀턴, 패스트푸드) 14.4 저녁(페드로네 양고깃집) 40 | 트램 10 | 편의점 4.5 | |

NEW ZEALAND

다섯째 날

# 캔터베리 평원과 매킨지 분지, 크라이스트처치에서 테카포로

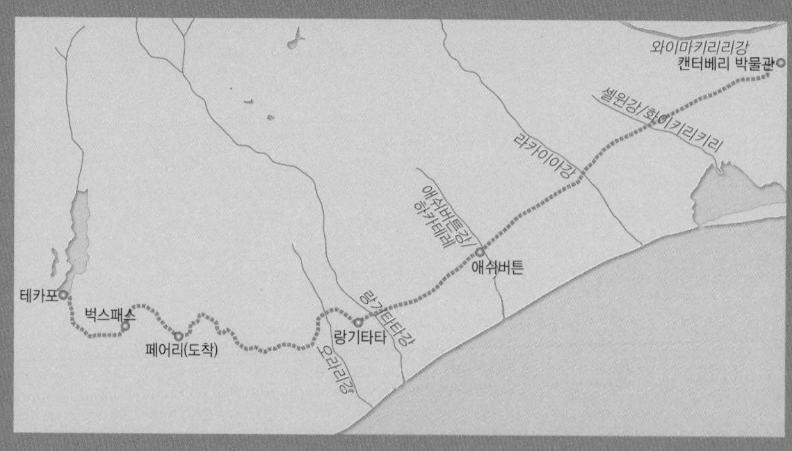

1 09:10 숙소 출발

2 09:50 캔터베리 박물관

3 12:30 애쉬버튼

4 14:00 랑기타타

5 15:30 페어리

6 16:00 벅스패스

7 16:20 테카포호·선한 양치기의 교회·바운더리개 동상

8 18:00 페어리

9 18:30 숙소 도착

### 양고기로 시작한 아침

아침부터 육식이다. 페드로네 양고기에다 꿀이 가미된 귀리빵으로 샌드위치를 만들어 먹었다. 치즈와 양고기에 딸려 온 감자를 곁들여서 먹으니 제법 먹을 만하다. 귀리빵은 '가위바위보'로 아들을 누르고 사 온 것이다. 아들은 부드러운 흰밀빵을 주장했지만 뉴질랜드스럽다는 명분으로 귀리빵을 무력으로 관철시켰다. 새카맣게 태운 귀리빵 가장자리를 떼어 내면서 '과연 뉴질랜드스러운 것이 뭐지?' 하는 질문을 해 본다. '뉴질랜드스럽다'는 둘로 나뉘어야 한다. '마오리스럽'거나 '영국스럽'거나.

그렇다면 귀리는 둘 중에 어디에 해당할까? 귀리는 유럽인들이 주로 먹으니 영국인들이 가지고 왔을 것이다. 마오리인들의 주식은 고구마같은 구근류이다. 그러므로 귀리빵은 '영국스러운' 것이다. 그렇게 생각하니 밀도 '영국스럽'기는 마찬가지다. 귀리빵은 뉴질랜드스럽다기보다는 유럽스럽다고 하는 것이 옳겠다. 우리나라도 귀리를 재배했지만 주로 벼를 재배하기 어려운 지역에서 재배했던 작물이어서 쌀과 보리 만큼의 곡물 대접을 받지 못했다. 하지만 의외로 귀리는 단백질이 풍부해서 영양상으로는 괜찮은 곡물이라고 한다. 쌀보다는 다이어트에 좋다고 해서 일부러 밥에 넣어서 먹어 보기도 하지만 까칠까칠하고 맛이 없다. 빵도 다를 것이 없다. 퍽퍽하고 맛이 없어서 아들은 안 먹겠다고 으름장을 놓는다. 그래도 맛난 양고기로 귀리의 질감을 억눌러서 잘 먹었다.

양고기와 귀리빵으로 만든 아침 식사

### 지진의 흔적

서두르지 않고 아홉 시가 약간 넘은 시간에 천천히 길을 나섰다. 크라이스트처

지진의 흔적. 동상의 주인공은 없어지고 좌대만 남아 있다.

치를 떠나기 전에 캔터베리 박물관에 들렀다 갈 예정이다. 시내 곳곳에 지진의 흔적이 선명하다. 폭삭 내려앉은 건물은 보지 못했지만 일부가 부서진 건물, 주인공은 사라지고 좌대만 남은 동상 등등이 2주일 전의 충격을 잘 전해 준다. 피해 시설 출입을 통제하는 바리케이트가 시내 곳곳에 설치되어 있다.

2011년 대지진 이후 많은 주민들이 크라이스트처치를 떠났다고 한다. 삶의 터전을 떠난다는 것이 생각보다 쉽지는 않다. 쓰나미로 파괴된 일본 원자로 주변 지역에도 잠시 떠났다가 돌아오는 사람들이 많다고 한다. 죽음의 땅인 줄 뻔히 알면서도 돌아오는 사람들의 심정은 어떤 것일까? 입장을 바꿔서 지금 당장 내 삶의 터전을 떠나야 한다면 어떨까 생각해 보니 정말 막막하다. 집도 직장도 다 새로 구해야 할 테니 그게 얼마나 어려운 일일까? 그런데도 많은 사람들이 크라이스트처치를 등졌다는 것은 지진의 충격이 그만큼 크고 공포스러웠다는 뜻이다.

**캔터베리 대학교**

박물관 옆에 캔터베리대학교(Christ's College Canterbury)가 있다. 대학교라면 널직한 캠퍼스가 연상되지만 이 대학은 길과 면해 있는 정문이 일반 건물 정문만 하다. 하지만 1850년에 건립된 매우 유서 깊은 대학이다. 그러고 보니 안에 있는 건물들은 나름 전통과 역사가 배어 있는 분위기를 풍긴다. 영국인들이 캔터베리 일대를 장악한 후 얼마 지나지 않아 대학을 세운 것이다. 우리나라는 19세기 말에 서양인들에 의해 전문대학이 설립되었는데 그에 비해 거의 40여 년이 빠르다. 무의식중에 유럽의 근대교육 기관은 우리보다 빨랐으므로 당연하다 생각했는데 여기는 식민지였던 나라 뉴질랜드다. 또 우리나라와 비교해 보면 식민지 시대 일제가 세운 최초의 종합대학인 경성제국대학은 1924년에 세워졌다. 이래저래 우리보다 일찍 근대교육기관이 설립된 것인데 일찌기 고등교육기관이 설립되었고 그것을 통해 영국식 지식이 재생산되었다. 우리나라와 다른 점이 있다면 근대교육의 혜택을 받은 영국인들이 지금 뉴질랜드의 주인이 되었다는 점이다. 그 인적 자원들이 오늘날 뉴질랜드를 있게 한 원동력이었으리라 싶다.

캔터베리대학 정문

**안타깝다 모아새: 캔터베리 박물관**

캔터베리 박물관은 정말 '박물(博物)관'이다. 박물관은 생동감이 없고 죽어 있는 느낌이 없지 않다. 그래도 '여기까지 왔는데…' 하는 마음과 '혹시나…' 하는 마음으로 박물관을 찾아 나섰다.

캔터베리 박물관은 이것저것 없는 것 빼고는 다 있는 종합 엔터테인먼트 전시장이다. 처음에는 마오리 역사 중심인 듯하더니 지질, 아시아 문화, 공룡, 바다생물, 심지어는 뉴질랜드 항공 역사까지 전시되어 있는 박람회장이다. 많아서 좋을 수도 있고 주제가 모호해서 안 좋을 수도 있겠다. 나는 후자이다. 특히 옛날 거리 모습을 재현해 놓은 공간은 구태의연하다. 그래도 이 박물관은 워낙 많은 주제로 전시되어 있어서 몇 가지 관심을 끄는 것이 있다.

가장 대표적인 것이 모아새 모형이다. 이 땅에서 인간에 의해 멸종을 당한 전설같은 새인 모아새의 실물 크기 골격 모형이다. 1838년 조엘 폴락(Joel Polack)이라는 사람이 한 이야기가 쓰여 있는데 당시에 많은 뼛조각들이 이곳저곳에서 출토되었던 모양이다. 먼 훗날 현재 인류의 삶터를 후손들이 발굴한다면 닭뼈가 나올 것이라고 했던가? 예전 마오리들의 삶터에서는 모아새 뼈가 많이 나왔던 모양이다. 마오리가 여기에 들어온 때가 10세기 이후인데 그때부터 숫자가 줄어들기 시작했고 유럽인이 들어왔을 때까지도 남아 있었다고 하니 화

모아새 골격

마오리 옥돌

석이 되기도 전에 출토가 된 것이다. 골격으로나마 모아새를 실제로 보니 정말로 크다. 다리뼈가 사람 뼈보다 굵으니 타고 다녀도 충분했을 것 같다.

사촌쯤 될 듯한 타조는 아프리카에 잘 살고 있는데 이 녀석들은 이 세상에서 사라졌으니 안타까울 뿐이다. 타조는 일찍부터 사람과 함께 살면서 자생력을 길렀던 것이 아닐까? 그에 비하면 모아새는 생전 처음 만난 사람에게 속수무책으로 당한 것이고. 맞다면 사람이 병도 주고 약도 주는 셈이다. 날지도 못하는 녀석들이었는데 가축으로 키워라도 봤더라면 멸종은 면했을 텐데….

'저 좀 만져 주세요' 돌이 눈에 띈다. '만지지 마시오'가 흔한 것이 박물관인데 만져달라니? 녹색의 옥돌인데 '마오리 돌, 또는 부적 옥돌로 남섬 서해안의 아라후라(Arahura)강에서 발견되었다'고 쓰여 있다. 마오리 전설에 의하면 처음 이 땅을 발견한 쿠페가 고향 하와이키로 돌아갈 때 옥돌들을 가지고 갔다고 한다. 옥돌은 연장, 장신구, 무기 등 다양한 용도로 사용되었다. '만져 주세요 돌'은 만지면 행운을 준다는 의미인 것 같다. 마오리의 신이 이방인에게도 똑같은 행운을 주려나?

남극관이 있는 것도 재미있다. 이 전시관을 보면서 뉴질랜드가 남극 가까이에 있는 나라라는 사실을 새삼 깨달았다. 칠레, 아르헨티나와 함께 뉴질랜드는 남극대륙에 가장 가까운 나라에 속한다. 탐사 장비들이 원시적인 듯하여 재미있다. 캐터필러가 달린 탐사자동차들은 마치 불도저나 트랙터처럼 생겨서 첨단 장비라고 하기에는 매우 투박한 느낌이다. 하지만 그 험악한 환경에서는 이렇게 생겨야만 견딜 수 있겠다.

남극 탐사차

도로변 주차 시설도 재미있다. 미리 주차할 시간을 계산해서 그에 맞춰 티켓을 끊는 방식이라서 알아서 계산을 잘 해야 한다. 박물관을 구경하고 나오는데 애초 예상보다 시간이 더 걸려서 시간을 초과했지만 어떻게 해야 할지를 모르겠다. 위반을 했는데도 추가 비용을 낼 방도가 없다. 카메라가 있어서 어기면 벌금을 물리기도 한다는데 카메라는 며칠 째 한 번도 보지 못했다. 어쨌든 참 부럽다. 시민의 양심을 믿어야만 시행이 가능한 시스템이기 때문이다. 공익성을 존중하는 사회적 공감대가 없다면 불가능하다. '공공시설을 내것처럼 아끼자'는 주제의 구호를 자주 볼 수 있는 우리 사회를 돌아보게 된다. 반대로 '내 것을 공공시설처럼 사용할 수 있다'면 정말 바람직한 사회다.

**역시 남섬! 마침내 만난 양떼**

크라이스트처치 시내를 벗어나면 바로 드넓은 캔터베리 평원이다. 신기습곡산지인 나라인데 이런 평원이 있다는 것이 놀랍다. 오래된 땅인 우리나라에도 이런 땅이 없는데 질투가 난다. 이 들판에서는 양떼를 만나야만 한다. 남섬이니까. 평원에 들어섰는데도 한동안 양떼가 보이지 않는 것이 이상하게 느껴졌다. 그리고 처음 양떼목장을 만났을 때 마침내 '제대로 보게 되는구나' 하는 생각이 들었다.

편서풍이 주로 부는 뉴질랜드는 산의 동쪽이 바람의지 쪽에 해당하여 강수량이 적다. 캔터베리 평원은 서던알프스의 동쪽에 있는 평원지대여서 강수량이 적다. 그래서 양을 사육하기에 적당한 곳이라고 알려져 있다. 아마도 세계 어떤 나라보다도 우리나라에 잘 알려진 사실일 것이다. 수능 시험에 출제가 되었기 때문이다.

뉴질랜드스러움의 모범 답 같은 양떼목장은 페어리에서 만났다. 캔터베리 평원을 벗어나서 서던알프스로 접어들어가는 위치이다. 멀리 눈 덮인 서던알프스의 연봉들을 배경으로 구릉지 사이의 저지대에 그림 같은 양떼목장이 있다.

캔터베리 평원의 양 방목지

페어리의 양떼목장

아하

## 빙하와 하천이 만든 캔터베리 평원

캔더베리 평원은 거의 대부분이 신생대 제4기 후빈에 만들어진 충직층(沖積層)과 붕적층(崩積層=麓屑層: 하천의 작용 없이 중력에 의해 흘러내리거나 얼었다 녹았다를 반복하면서 낮은 곳으로 흘러내려 쌓인 퇴적층)이다. 300만 년 전부터 1만 년 전까지 반복되었던 빙하기에 만들어진 빙하성·주(周)빙하성 퇴적물과 후빙기에 만들어진 하천 퇴적층으로 이루어져 있다.

빙하기에는 이 일대가 툰드라기후였으므로 동결과 융해가 반복되었다. 이 과정에서 서던 알프스 산기슭에서 많은 물질들이 흘러나왔다. 무너지기도 하고, 얼음쐐기에 의해 들썩거리면서 낮은 곳으로 이동하였다.

후빙기에 들어와서는 이 일대 하천의 유량이 증가하면서 하천 주변에 퇴적층이 만들어졌다. 와이마카리리(Waimakariri), 와이키리키리(Waikirikiri), 라카이아(Rakaia), 하카테레(Hakatere), 랑기타타(Rangitata), 오라리(Orari), 오피히(Opihi) 등 크고 작은 강들이 서던알프스에서 흘러나와 평원을 가로질러 동쪽 바다로 흘러 들어가는데 이 강들이 지금도 충적층을 만들고 있다. 상류의 산지와 평지가 만나는 부분에는 선상지가 많이 발달하고 있다. 캔터베리 평원 일대는 편서풍의 바람의지 쪽에 해당하기 때문에 강수량이 많지 않은 편이다. 캔터베리 평원 중심부에 있는 도시인 애쉬버튼(Ashburton)은 연평균 강수량이 696mm에 지나지 않는다. 평원은 대부분 농지로 개간되었고 인공 관개를 하기 때문에 푸른 풀밭을 볼 수 있지만 서던알프스의 동쪽 기슭에서는 건조기후와 비슷한 경관을 많이 볼 수 있다.

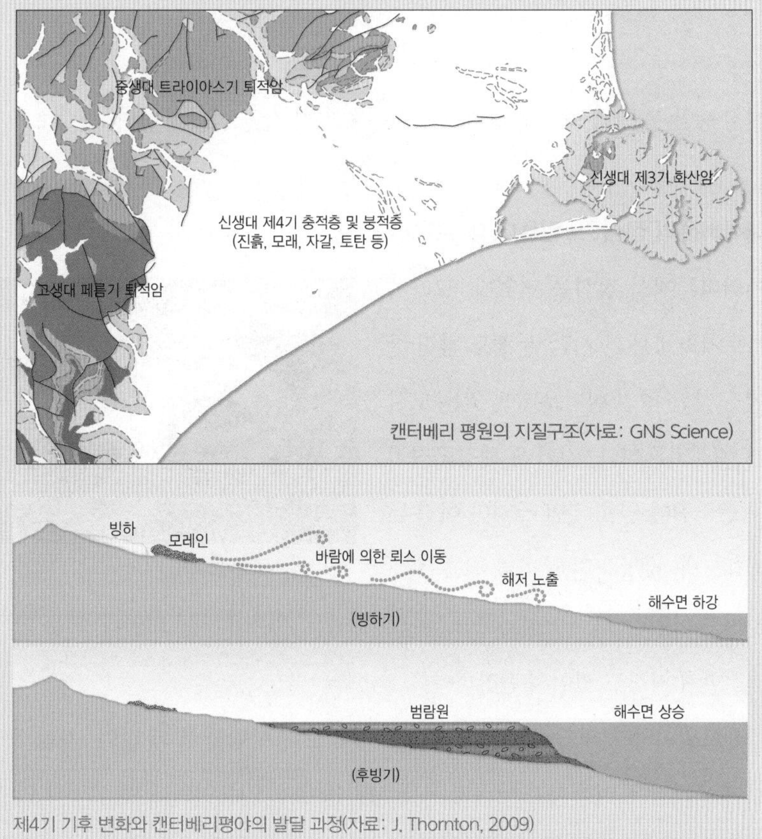


캔터베리 평원의 지질구조(자료: GNS Science)

제4기 기후 변화와 캔터베리평야의 발달 과정(자료: J. Thornton, 2009)

캔터베리 평원이 퇴적지형임을 보여 주는 자갈돌

며칠 동안 볼 만큼 봐서 익숙한 풍경인데도 가던 길을 멈추게 한다.

**애쉬버튼의 점심: 노인들이 대부분이다**

애쉬버튼에서 점심을 먹었다. 크라이스트처치에서 한 시간 반 정도 달린 끝에 도착한 평원 한가운데에 있는 도시가 애쉬버튼이다. 길가에 해장국집이나 중국집이 있을 것만 같지만 여긴 뉴질랜드다. 해장국집은 커녕 먹을 곳을 찾기도 어렵다. 베이커리카페(Bakery Cafe)라는 간판이 눈에 띄었다. 건물 옆에 널직한 주차장도 있어서 편안하다.

애쉬버튼 카페의 점심

햄샌드위치와 커피를 주문하고 주위를 둘러보니 사람들이 꽤 많다. 차림으로 보아 우리같은 여행자가 아니라 동네 사람들이다. 일요일인데 왜 이렇게 많은 동네 사람들이 카페에 나와서 점심 식사를 하는 것일까? 그런데 가만히 보니

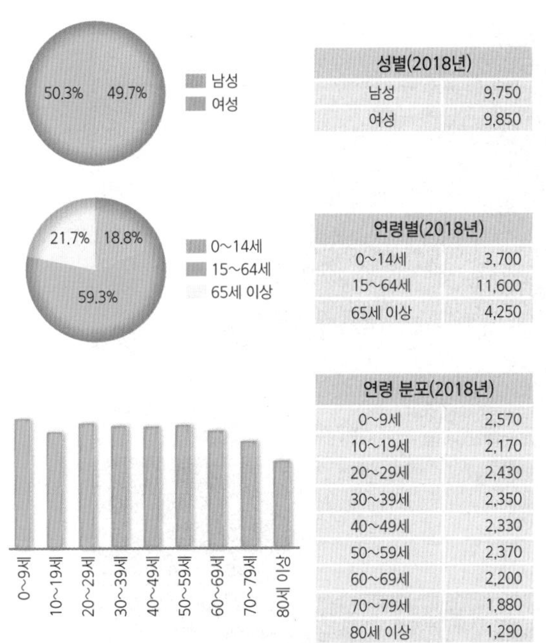


| 성별(2018년) | |
|---|---|
| 남성 | 9,750 |
| 여성 | 9,850 |

| 연령별(2018년) | |
|---|---|
| 0~14세 | 3,700 |
| 15~64세 | 11,600 |
| 65세 이상 | 4,250 |

| 연령 분포(2018년) | |
|---|---|
| 0~9세 | 2,570 |
| 10~19세 | 2,170 |
| 20~29세 | 2,430 |
| 30~39세 | 2,350 |
| 40~49세 | 2,330 |
| 50~59세 | 2,370 |
| 60~69세 | 2,200 |
| 70~79세 | 1,880 |
| 80세 이상 | 1,290 |

애쉬버튼 인구 구조(자료: City population), https://www.citypopulation.de

대부분 나이가 많은 노인들이다. 동네 노인들이 모두 나와서 식사를 하는 우리나라 마을회관이 떠오른다. '뉴질랜드에서는 마을회관 대신에 이렇게 카페에 나와서 함께 식사를 하나?'

인구가 1만 9천 명(2018)인 애쉬버튼은 캔터베리 평원에서는 큰 중심지에 해당하지만 전형적인 농촌 중심지라고 볼 수 있다. 우리나라로 치면 읍 단위 중심지 정도 되는 셈이다. 우리나라 만큼은 아니지만 뉴질랜드도 이촌향도 현상이 나타나고 있다는 것을 느낄 수 있다.

### 끝없이 펼쳐진 방목지, 그리고 가끔씩 눈에 띄는 채소밭과 목초지

끝없이 펼쳐진 땅은 대부분 방목지로 쓰인다. 곡물을 생산하는 농지는 거의 볼 수가 없다. 뉴질랜드의 밀 수확시기는 대략 이 즈음부터 시작되기 때문에 밀밭

↑ 목초지의 경계로 이용되는 미루나무
↓ 랑기타타의 감자밭

이 있다면 한창 열매가 익고 있어야 한다. 뉴질랜드의 밀은 주로 북섬의 동부 지역에서 생산된다.

쭉 뻗은 미루나무가 경지의 경계가 되는 곳이 많다. 그 안이 궁금한 나로서는 마음에 들지 않지만 울타리 기능뿐만 아니라 멋도 있고, 바람도 막아 주고, 또 사생활도 보장되는 일석사조다. 미루나무가 아니어도 나무 울타리가 많은데 미루나무가 아닌 것들은 네모반듯하게 다듬어 놨다. 보지는 못했지만 모양으로 보면 기계로 깎는 것 같다. 나무 담장이 매우 길게 이어지고, 높으며 모양이 일정하기 때문이다.

캔터베리 평원을 달리다가 밭을 발견했다. 끝없는 목초지가 지루할 지경인데 밭을 만나니 반갑다. 시금치 비슷한 채소인데 아무리 봐도 무슨 채소인지는 모르겠다. 밭이 자갈투성이 거친 밭인데 자갈들은 한결같이 둥글둥글하다. 이곳이 하천 작용으로 만들어진 충적지형임을 보여 준다. 농사를 짓기에는 약간 거칠어 보이는 땅이다. 엄청나게 넓어서 기계가 아니면 농사가 불가능할 것 같다. 목초지도 보이고 감자밭도 보인다. 물론 방목지에 비하면 아주 귀한 편이다.

## 남섬엔 소가 적다?

양이 뛰노는 방목지를 보면서 안도감 같은 것을 느꼈지만 금세 더 많은 소들이 뛰노는 목장을 만났다. 랑기타타강에 가까운 들판이다. 캔터베리 평원을 둘로 나누면 평원의 서쪽 부분이지만 전체적으로 보면 여전히 평원 한가운데다. 평원 전체를 샅샅이 돌아보지는 못했지만 소가 적다는 남섬인데 의외로 소가 많다. 캔터베리를 지나는 동안 소 방목지를 많이 볼 수 있다.

관개농업이 덕분이다. 레이너(Rainner)라는 기계를 처음 봤다. 스프링클러의 큰형님뻘은 됨직한 거대한 크기의 물 뿌리는 기계이다. 물을 뿌리는 것이 아니라 이름처럼 비를 만드는 기계라고 해야 맞을 것 같다. 이런 기계 장비가 강수량이 적은 남섬에 소를 키울 수 있는 조건을 만들어 줬다.

통계상으로 분명히 남섬에는 양이 더 많겠지만 '북섬은 소, 남섬은 양'이라는 이분법은 탈피할 필요가 있을 것 같다. 우린 지나치게 규정하고 분류하는 습성이 있다. 그래야 시험을 칠 수 있으니까. '북섬은 소, 남섬은 양'을 가르치면서 스스로 세뇌가 되어 그 잣대로 뉴질랜드의 복잡한 현상을 단순화시켜 해석하고자 하는 나를 본다. 분류를 하는 이유는 보다 정확한 지식을 얻기 위한 수단일 뿐이므로 그로 인해 다른 것을 못보게 되는 오류를 범해서는 곤란하다.

캔터베리 평원의 레이너

캔터베리 평원의 소 방목지

## 불쌍하고 이상하다 뉴질랜드 알파카

알파카(Alpaca)는 남아메리카가 원산지인 가축이다. 야마(Lliama)와 함께 남아메리카 원주민들이 키워 온 전형적인 남아메리카 가축으로 야마가 주로 수송용으로 활용되었다면 알파카는 직물용으로 사육되었다. 알파카 모직물은 안데스 고산지의 싸늘한 겨울 바람을 막아 주는 귀중한 전통 옷감이다. 남아메리카 원주민들은 방한용 모자나 숄, 망토같은 것을 알파카로 만드는데, 가벼우면서도 따뜻하다. 알파카 모직물은 안데스 원주민들이나 애용하던 것이었고 관광객들이 기념품으로 사 가는 정도였다. 그런데 알파카 모직물이 근래에 와서

좁은 우리에 갇혀 사는 뉴질랜드 알파카

전 세계적으로 많은 인기를 얻고 있다. 양모가 독점하던 모직물 시장에 알파카가 묵직한 도전장을 내민 것이다.

양모의 나라 뉴질랜드가 도전에 직면하게 되었다. 그런데 뉴질랜드의 전략이 기상천외하다. 남미에서 알파카를 들여와서 사육을 하는 것이다. 적의 무기를 받아들임으로써 적의 공격을 피하는 전략이다. 대규모 상업적 목축으로는 이미 남아메리카 대부분 나라에 비해 많은 노하우를 갖고 있으므로 해 볼 만한 전략이다. 외래 생물 유입에 그렇게 엄격한 뉴질랜드에서 알파카를 받아들였다는 것이 놀랍다.

길을 지나가다가 우연히 알파카 농장을 발견했다. 로토루아 아그로돔에서 몇 마리 알파카를 보기는 했지만 대규모로 사육되는 현장을 본 것은 페어리가 처음이었다. 그런데 페어리의 알파카 농장, 뉴질랜드스럽지 못하다. 알파카들이 넓은 방목장이 아니라 좁은 울타리에 갖혀 살고 있다. 안데스 산지의 귀요미 알파카가 먼 객지에 나와서 고생깨나 하는 신세다.

귀여운 모습의 알파카를 뉴질랜드에서 보는 또다른 느낌은 '환경 파괴'이다. 생물들이 고유의 터전을 넘어 글로벌 스케일로 이동하는 것은 이제 일반적인 현상이 되었지만 토착화되기까지는 크고 작은 진통을 겪기 마련이다. 알파카가 야생으로 탈출하여 생태계에 악영향을 미칠 가능성은 거의 없어 보이기는 하지만 고향이 아닌 곳에서 만나는 생명체는 막연한 걱정을 불러일으킨다.

뉴질랜드 알파카, 불쌍하고 이상하다.

**뉴질랜드에 반건조기후가 있다**

뉴질랜드의 기후를 서안해양성기후라고 쾨펜은 구분했다. 한마디로 단순화하면 '온난다습'한 기후다. 하지만 남섬은 그렇지 않은 곳이 많다. 특히 황량한 느낌마저 드는 반건조기후 같은 경관이 꽤 많이 나타난다. 테카포호로 가는 고갯길에서는 거의 스텝에 가까운 경관을 만났다. 터속과 키 작은 노란 꽃이 끝없이 펼쳐진 곳이다.

이런 식생 경관은 서던알프스 동쪽 구릉지대에 많이 나타난다. 페어리에서 테카포호로 가려면 산을 하나 넘어야 하는데 이 산줄기는 서던알프스에서 뻗어

벅스패스(Burkes Pass) 일대에 나타나는 반건조 식생 경관

나온 산줄기로 테카포호의 동쪽에 발달한 산지이다. 테카포호의 서쪽에는 서던알프스가, 동쪽에는 이 산줄기가 있다. 끝없이 펼쳐진 황량한 반건조 초원은 이곳이 뉴질랜드인가 하는 생각이 들도록 한다. 서안해양성기후로 단순하게 규정하고 연중 온난습윤하다고 생각하면 큰 오산이다.

### 테카포의 화룡점정 루피너스

황량한 구릉지대를 지나 야트막한 고개 하나를 넘으면 옥색의 호수가 도로 끝으로 보이기 시작한다. 테카포호다. 테카포호는 뉴질랜드에서 처음으로 만나는 빙하호다. 서던알프스에서 발원하는 고들리(Godley)강이 흘러들어 호수를 이루고 남쪽으로 빠져나가 와이타키(Waitaki)강을 이루어 바다로 빠져나간다. 지금은 빙하 작용을 받지 않지만 마지막 빙하기에는 서던알프스에서 흘러나온 거대한 곡빙하가 이 호수를 가득 채우고 있었다. 빙하기가 끝나면서 계곡을 가득 채우고 있던 빙하가 녹아 호수가 된 것이다.

테카포호와 루피너스

이렇게 만들어진 빙하호가 서던알프스의 동쪽 사면에 많이 발달하고 있다. 테카포를 비롯하여 푸카키, 하웨아, 와나카, 와카티푸, 테아나우 등등. 서쪽에는 빙하호가 발달하지 않는데 동쪽에만 많이 발달하는 이유는 무엇일까? 서던알프스가 서쪽에 치우쳐 있기 때문이다. 마지막 빙하기에 서던알프스는 북쪽 일부를 제외하고는 대부분 얼음에 덮여 있었다. 동서 방향으로 갈빗살처럼 뻗은 계곡을 따라 빙하가 흘러내렸다. 산 아래까지 내려오면 기온이 올라가므로 빙하가 녹아서 강이 되었다.

그런데 서쪽은 빙하가 끝나는 부분이 바로 바다였다. 계곡을 통해 흘러내린 곡빙하가 바로 바다로 빠져나가 빙산이 되었다. 빙하기가 끝나면서 빙하가 녹아버린 계곡으로 바닷물이 들어와 피오르(Fjord)가 되었다. 반면에 서던알프스의 동쪽은 여유 공간이 넓었으므로 빙하가 계속 이동하여 융설선까지 도달한 후에야 녹아서 하천으로 빠져나갔다. 빙하기가 끝나면서 이 부분에 많은 빙하호가 만들어진 것이다.

하얀 만년설을 머리에 이고 있는 서던알프스의 연봉들을 배경으로 비취색 호수가 아름답다. 빙하호는 대개 비취색을 띠는데 빙하가 이동하면서 침식한 물질들이 섞여 있기 때문이다. 호숫가에는 동글동글한 자갈들이 쌓여 있는데 그 사이사이에 자주색, 분홍색의 꽃들이 어울리게 피었다. 파란 호수, 흰 눈으로 덮인 산, 그리고 루피너스, 호숫가에 하늘하늘 꽃을 피운 루피너스는 화려하지는 않지만 이 멋진 그림을 완성하는 화룡점정이다.

**귀하게 여기면 귀해진다: 테카포의 선한 양치기의 교회와 양몰이 개 동상**

'선한 양치기의 교회(Church of the Good Shepherd)'.

참 잘 만들어 놓은 상품이다. 만들어 놨다기 보다는 외지 사람들에 의해 만들어졌다고 하는 편이 옳겠다. 엄청난 스토리가 있는 것도 아니고, 굉장한 볼거

선한 양치기의 교회와 관광객들

리가 되지도 못한다. 1935년에 세워졌으니 유구한 역사를 자랑하는 것도 아니다. 하지만 사진발이 잘 받는 아름다운 경치 때문에 입소문이 나기 시작했고, 지금은 인터넷에 넘쳐나는 이야기 때문에 오지 않을 수가 없는 곳이 되었다.

'양몰이 개' 동상도 마찬가지다. 1968년 이 지역(Mackenzie county)의 목양업자들이 양몰이 개에 감사하는 의미로 세웠다. 콜리종의 양몰이 개들은 거칠고 넓은 이 지역의 목축에서 없어서는 안 될 존재이다. 뭔가 주인에게 충성을 다한 스토리가 있음직하지만 특별한 사건과 관련이 있는 동상은 아니다. '바운더리 개'라고 많이 소개되어 있는데 어디에서 나온 이름인지, 무슨 의미인지는 아무리 생각해도 모르겠다. 양 무리의 '경계(boundary)'를 지키는 개라는 뜻인가?

교회에 의미를 부여하자면 성공회, 가톨릭, 장로교회가 협력하여 세운 교회라고 한다. 거친 환경에 적응하고자 하는 공통의 목표를 가지고 있던 이들이 함께 뜻을 모았다는 면에서 아름다운 화합의 표상이 될 만도 하다.

주인이 귀하게 여기지 않으면 객들도 귀하게 여기지 않는다. 하지만 주인이 소중하게 여기면 객들도 소중하게 여길 수밖에 없다. 객관적으로 보면 작은 교회일 뿐이고, 특별한 사연을 갖고 있지도 않은 양몰이 개 동상이다. 하지만 주민들이 의미를 부여하고 소중하게 여김으로써 세계적인 명소가 되었다. 덕분에 한적한 마을 분위기에 비해 관광객은 매우 많다. 교회에 들어가기 어려울 지경이고 사진을 찍으려니 사람들이 너무 많이 화면에 들어와서 그림이 예쁘질 않다.

### 작은 중심지에 있는 큰 슈퍼마켓

호수가 내려다 보이는 테카포 마을에서 하루를 묵는 것도 좋을 것 같은데 안타깝게도 우리가 예약한 숙소는 페어리에 있다. 페어리까지 40km가 넘는 거리를 되돌아 가야 한다. 계획은 테카포까지 가지 않고 페어리에서 묵을 생각이었다. 그런데 페어리에 도착한 시각이 오후 4시가 채 안 된 시간이었다. 거리를 잘못 어림한 것이다. 그냥 여장을 풀기에는 시간이 아까워서 테카포까지 갔다 오기로 했었다. 왕복 80km를 더 움직여야 하는 부담이 따랐지만 다음날 일정이 조금은 여유가 있겠다는 판단이었다.

페어리에 돌아와서 저녁 거리 마련을 위해 시내에 있는 '4스퀘어(4Square)'라는 슈퍼마켓에 들렀다. 마침 세일 중인 7.99달러(NZD) 짜리 싼 와인이 있어서 한 병 샀다. 메를레(Merlet)와 까베르네쇼비뇽(Carbernet chavinion)이 함께 써 있는 묘한 와인이다. 맛도 모르면서 비싼 것을 마실 필요가 없다는 것이 내 지론이다. 결론은? 훌륭한 선택!

그런데 집이라고는 몇 채 없는 시골인데 마을 규모에 비하면 슈퍼마켓이 상당히 큰 편이다. 우리나라로 치면 면 단위 중심지 정도 밖에 안되는 곳이다. 길을 따라서는 몇 개의 서비스 기능들이 입지하고 있다. 주로 음식점이나 기념품 가게다. 해밀턴에서도 느꼈지만 이곳 페어리는 주요 도로가 시내를 관통함으로써 작은 중심지가 유지되고 있는 좋은 사례라고 해도 될 것 같다. 시원한 외곽도로를 갖춘 우리나라의 면 단위 중심지와는 많이 다른 느낌이다. 기본적인 기능만을 갖춘 작은 중심지지만 궁벽한 시골 느낌이 아니라 정갈한 전원의 느낌이다. 외국을 무조건 좋게만 보는 주체성이 결여된 사대주의자가 아닌가 나를 돌아보기도 하지만 어쨌든 내 솔직한 느낌은 그렇다. 사람들의 표정에서 그것이 읽힌다. 편의점과 마트에는 밝은 표정의 젊은이들이 일을 한다. 중국음식점의 중국인들은 촌구석 음식점 같지 않게 손길이 매우 바쁘다. 사람이 와글와글 많은 것은 아니지만 계속 손님이 끄느름하게 끊이지 않는 느낌이다. 주민들뿐만 아니라 우리 같은 여행자들이 들르는 것이다. 외곽에 빵빵한 길이 뚫려 있다면 불가능한 일이다.

**부각되고 있는 중국인들**

중국인들이 이 나라의 바닥 경제를 장악해 가고 있다는 것을 여실히 느낄 수 있다. 많은 음식점들이 중국인들이 운영하는 곳이다. 거리에서도 관광객이 아닌 현지인 중국인을 많이 볼 수 있다. 우리나라 사람도 심심찮게 보이지만 중국인에 비하면 새발의 피다. 중국인들의 경제적 능력은 이미 전세계적으로 정평이 나 있다. 도대체 그 비결이 무엇일까? 그들의 피 속에 경제적 손익 계산 능력이 들어 있기라도 하단 말인가? 어쨌든 일본과 우리나라를 제외한 동남아시아 국가들은 이미 경제권도 중국인들에게 넘겨줬다. 필리핀은 정치권력까지도 이미 중국계들에게 넘겨주고 말았다. 두테르테가 파격적인 행보를 하는 것도 어쩌면 중국계에 대한 반발 때문에 가능한지도 모른다. 페어리에도 중국음식점이 있

페어리의 중국음식점

고 성업 중이다. 들러서 볶음밥(Mixed fried rice)을 샀다. 테이크아웃으로 가져왔는데 맛이 우리나라에서 먹는 그 볶음밥 맛이다. 14달러로 약간 비싸지만 둘이 먹어도 될 만큼이기 때문에 결과적으로는 비싼 것은 아니다. 대부분 그렇다. 음식값이 우리나라에 비해 좀 비싼 편이지만 대부분 둘이 각각 하나씩 주문을 하면 남을 만큼 양이 많다. 더욱이 테이크아웃을 할 경우에는 1인분이면 충분하다. 혹시 부족하다 싶으면 다른 것들을 조금만 곁들이면 된다.

**제임스 매킨지: 도둑인가, 개척자인가?**

시내에 사람과 개를 역동적으로 표현한 동상이 하나 서 있다. 테카포에서 '선한 양치기의 교회'나 '양몰이 개'를 보고 왔기 때문에 자연스럽게 연관성을 찾게 되는데 이 마을도 '양치기', '개' 등이 유명한 곳인 모양이다.

동상의 주인공인 제임스 매킨지(James Mackenzie)는 1855년에 이곳 매킨지분지에 처음으로 들어온 백인이다. 그는 양 1,000마리를 훔쳤다는 죄목으로 체포되어 5년의 노역형을 선고받았으나 9개월 만에 사면되었다. 그후 오스트레일리아로 건너갔는데 이후의 행적은 알려진 것이 없다고 한다.

페어리 매킨지스트리트의 매킨지 동상

그가 전설적인 인물인 이유는 이곳 페어리~테카포 일대에 처음 들어온 백인이라는 점 외에도 여러 가지 전설적인 행동 때문이다. 그는 매우 진취적인 성격으로 양 방목지를 찾아 다닌 끝에 해안지역 사람들에게 전혀 알려져 있지 않았던 이곳 산간 분지를 발견했다. 하지만 그의 뛰어난 재능 때문에 무고를 당하여 양을 훔친 혐의로 체포되었다. 억울했던 그는 압송되기 전 탈출하여 이곳에서 리틀턴까지 무려 160km를 걸어서 달아났지만 리틀턴에서 결국 체포되고 말았다. 이후로도 두 차례에 걸쳐 탈옥을 시도하였고 끝내 사면을 받았다. 그의 전설적인 행적 덕분에 이 일대에는 'Mackenzie stream', 'Mackenzie Pass', 'Mackenzie basin', 'Mackenzie Street' 등 그의 이름을 따서 지은 이름이 많다. 안락한 삶과는 거리가 먼 삶이었지만 그는 영원히 이름을 남겼다. '사람은 죽어서 이름을 남긴다'고 했으니 잘 산 삶일까? 도전적인 자세를 취하고 있는 그의 동상 앞에서 생각이 많아진다.

### 양치기들의 합숙소

'산꼭대기 마을 목동 합숙소(Musterers High Country Accommodation)'라는 긴 이름의 숙소인데 나름 분위기가 있다. 넓은 풀밭에 객실이 모두 독립된 방갈로로 적당히 떨어져 자리를 잡았다. 내부 시설이 좋다고 할 수는 없지만 분위기만큼은 괜찮다. 마당에는 여러 가축들이 풀을 뜯고 있는데 알파카도 있어서 눈길을 끈다. 날씨가 맑고 불빛이 별로 없는 시골이어서 아들은 별을 볼 수 있겠다는 기대감에 차 있다. 이곳은 다 좋은데 화장실이 공용이라서 불편하다. 거울이 방에도 욕실에도 없다는 점도 불편한 점이다. 덕분에 세수도 안하고 편하게 자기는 했지만.

이 일대가 모두 고도가 높은 지역(high country)이고 목동들이 머물던 숙소가 필요했을 테니 그런 느낌의 숙박시설을 지은 모양이다. 테카포에 못 간 우리

산꼭대기 마을 목동 합숙소(Musterers High Country Accomodation)

같은 사람들을 주 고객으로 할 것 같다. 어쨌든 부스러기 손님들만으로도 짭짤한 수입을 올리는 듯 예약한 서류 출력본이 두툼하다.

체크인을 하려고 사무실을 찾아가니 우리를 안에서 보고 있었던 듯 정확히 우리 예약 서류를 들고 마중을 나온다. 신기했는데 잠깐 생각해 보니 서류에 써 있는 내용과 우리 모습을 비교해 보면 맞출 수도 있겠다 싶다. 객실이 그다지 많은 것도 아니니까.

다른 방에는 중국인들이 들었다. 중국인들은 정말 많다. 요우커들이 전 세계 관광의 판도를 바꿔놓을 것이라는 전망은 틀림이 없다. 이센 떼로 몰려 다니던 모습을 넘어서 가족 단위로, 커플로 다니는 사람들도 꽤 많다. 중국인들의 여행 문화가 급격하게 바뀌고 있는 느낌이다. 관광뿐만이 아니라 세계 경제에서 중국은 이미 미국을 능가하는 큰 손이 되었다.

숙소를 테카포에 잡는 것이 좋다. 페어리에 숙소를 구했는데 시간이 남아서 테카포까지 갔다가 되돌아왔다. 빠듯한 일정에 같은 구간을 왕복하고, 다음 날 한 번 더 지나갔으니 상당히 많은 시간을 낭비했다. 시간 낭비도 낭비지만 같은 곳을 본다는 것은 바쁜 일정의 여행에서는 바람직하지 않다.

## 여행 경비로 정리하는 하루

| | 교통비 | 숙박비 | 음식 | 액티비티, 입장료 | 기타 | 합계 |
|---|---|---|---|---|---|---|
| 비용 (원) | 46,894 | 100,620 | 29,336 | | 7,000 | 183,850 |
| 세부 내역 (NZD) | 주차(캔터베리 박물관) 2.05 기름(페어리) 53.16 | 산꼭대기 마을 목동 합숙소 120 | 점심(애쉬버튼, 베이커리카페) 24 저녁(중국음식점) 14 | | 슈퍼마켓 7.99 | |

NEW ZEALAND

## 여섯째 날

# 눈도 마음도 호강하는 후커밸리 빙하 트레킹, 아오라키 마운트쿡

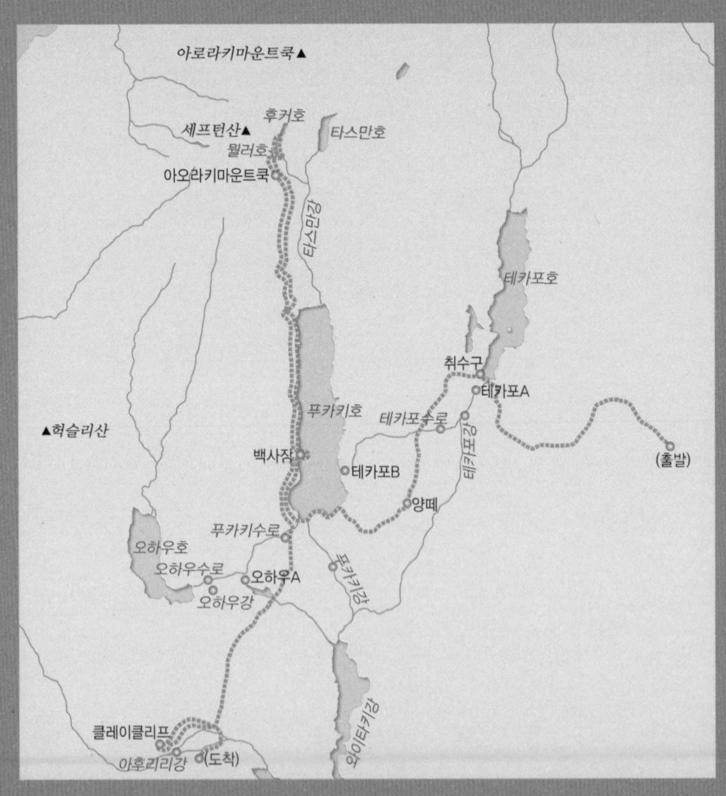

1 07:00
페어리 출발

2 08:00
테카포호(경유)

3 08:40
푸카키호(경유)

4 09:30
아오라키/마운트쿡 트레킹

5 13:20
점심

6 15:10
푸카키호

7 16:30
클레이 클리프

8 18:30
오마라마

### 남반구 별자리 관찰

아들이 새벽 두 시에 일어나 별 구경을 하는 바람에 덩달아 일어나 남반구의 별자리를 구경했다. 오리온이 북녘에 낮게 뜬 것이 확연하게 북반구와 다른 점이다. 북반구에서는 북극성이라면 남반구에서는 오리온이다. 저속셔터로 찍어보긴 했지만 제대로 찍히질 않는다.

히터를 틀고 잤더니 따뜻해서 좋다. 중간에 별을 보려고 잠이 토막이 났지만 그래도 몸이 가뿐한 느낌이다.

하늘이 맑아서 별이 정말 잘 보인다.

아침을 맛있게 먹었다. 어제 사 놓았던 빵을 토스터에 굽고, 며칠 전 로토루아에서 사 놓았던 치즈를 곁들여서 배와 함께 먹었다. 커피와 코코아는 거의 모든 숙소에서 제공이 된다. 신선한 우유(meadow flesh)가 한 병 냉장고에 들어 있어서 더 풍성한 아침이 되었다. 'Meadow flesh'는 뉴질랜드에서 가장 널리 애용되는 국민 우유쯤 되는 모양이다.

오늘도 갈 길이 멀어서 좀 서둘렀더니 일곱 시 삼십 분 출발에 성공했다. 오늘은 아오라키마운트쿡 빙하 트레킹이다. 세 시간 정도 가벼운 트레킹이라고 하지만 시간이 꽤 필요한 일정이라서 좀 서둘렀다.

### 테카포호에는 발전소가 있다

테카포호까지는 어제 갔다 온 길을 또 가는 세 번째 길이기 때문에 특별한 감흥이 없다. 오늘 경로상에는 커다란 빙하호가 두 개 있다. 테카포호를 지나면 푸카키호가 나오는데 푸카키호는 테카포호보다 더 크다. 오늘의 목적지인 아오라키마운트쿡빙하에서 흘러나오는 물은 모두 푸카키호로 흘러든다. 푸카키

테카포호에서 테카포강이 빠져나오고 있다.

호에서 빠져나가는 푸카키강은 호수 남쪽 15km 지점에서 테카포강과 합류하여 와이타키(Waitaki)강으로 이어진다.

테카포호의 물이 강물로 빠져나가는 곳에 다리가 있어서 호수 경치를 감상할 수 있다. 다리에서는 그 유명한 '선한 양치기의 교회'가 보인다. 이곳에 오는 이유가 대개는 교회와 양몰이 개 동상을 보러 오는 것이어서 다리의 서쪽에 있는 마을 아래로 터널이 뚫려 있다는 사실을 놓치기 쉽다. 이 터널은 테카포호의 물을 낙차가 큰 곳으로 이동시켜서 전기를 일으키기 위한 수로이다. 이 발전소는 와이타키 수력 개발 계획(Waitaki Power Scheme)에 의해 건설되었다.

와이타키 수력 개발 계획

**빙하지형과 수력발전의 상관관계**

뉴질랜드, 노르웨이 등은 빙하지형이 발달하여 수력발전에 유리하다고 한다.

아하!

## 와이타키 수력 개발 계획: 세계 최초의 공공복지 사업

테카포호의 물을 이용하는 발전소는 테카포A와 테카포B 두 개다. 낙차를 얻기 위해 테카포 마을 지하로 1.5km의 터널을 뚫어서 테카포A 발전소로 물을 유도하여 전기를 일으킨 다음 일부는 테카포강으로 돌려보내고 일부는 테카포수로를 통해 푸카키호로 보낸다. 약 26km의 이 수로(테카포수로)를 통해 유도된 물은 테카포B 발전소에서 전기를 일으킨 다음 푸카키호로 흘러들어 간다.

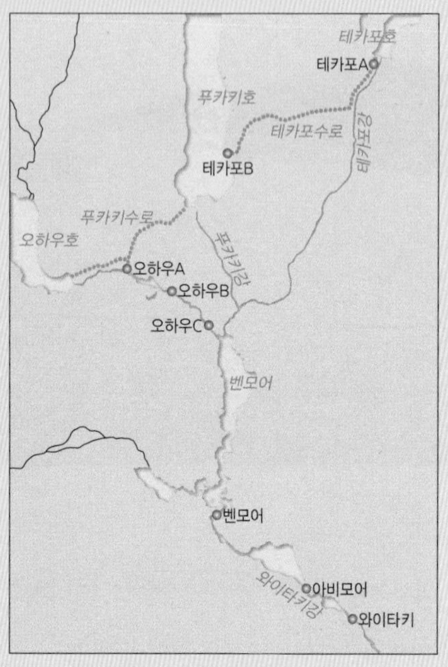

와이타키 수력 개발 계획(Waitaki Power Scheme)

푸카키호에는 댐을 쌓아 수위를 높였으며 이를 이용해 13km에 달하는 수로를 통해 물을 오하우호 쪽으로 이동시킨다. 오하우호에서도 수로를 가설하여 푸카키수로와 합류시킨 다음 오하우수력발전소에서 전기를 일으킨다. 이 물은 오하우강으로 합류하여 벤모어로 흘러든다. 벤모어로 유입하기 전에도 오하우강에는 두 개의 발전소가 더 있다.

이처럼 테카포, 푸카키, 오하우호의 수력발전 망은 모두 연결되어 있다. 세 호수의 물이 모두 벤모어에서 하나로 모이는 일종의 수로식 발전 방식으로 벤모어까지 모두 5개의 수력 발전소가 있다.

벤모어의 물은 와이타키(Waitaki)강으로 이어져 글레네이비(Glenavy) 인근의 태평양으로 빠져나가는데 벤모어의 하류에도 세 개의 댐이 건설되어 전기를 생산하고 있으며 지금도 계획이 진행 중이어서 앞으로 최소한 2개의 발전소를 더 세울 계획이라고 한다. 빙하에서 공급되는 풍부하고 안정된 물과 빙하 침식으로 만들어진 좁고 깊은 협곡을 이용한 발전으로 뉴질랜드는 수력자원을 잘 활용하고 있다.

이 전력 개발사업은 1904년에 입안된 사업으로 당시 바로 시행이 되지는 못했으나 1930년대 대공황을 탈출하고자 시행한 일자리 창출 사업으로 세계 최초의 정부 주도 복지정책이라고 한다. 미국의 뉴딜정책 중 하나였던 테네시강 유역 종합개발(Tennessee Valley Authority/TVA)보다 더 앞선 것이다.

이를 설명할 때 협곡(U자곡)과 현곡(懸谷, hanging valley)을 활용했었다. 솔직히 직접 본 적이 없었으므로 지리적 상상력을 동원한 것이다. 실제로 보니 느낌이 매우 큰데 중요한 요소 하나를 빠뜨렸음을 알게 되었다. 바로 빙하호다. 빙하호가 천연의 댐 역할을 한다는 사실을 처음 알았다.

와이타키 수력 개발 계획은 세 개의 빙하호가 배경이 되었다. 그런데 푸카키호와 오하우호는 완전 천연호는 아니고 댐을 막아서 수위를 올린 인공이 가해진 호수이다. 그리고 기복이 심한 지형 특성을 이용하여 물을 낙차가 큰 곳으로 유도하여 전기를 일으킨다. 만년설은 안정적 수위 유지에 중요한 역할을 한다. 그런데 빙하지형을 이용한 수력발전에서 빼놓으면 안 되는 또 하나가 서안해양성기후이다. 노르웨이와 뉴질랜드는 공통적으로 서안해양성기후가 발달한다. 서안해양성기후는 연중 강수 분포가 고르기 때문에 수력발전에 매우 유리하다. 따라서 노르웨이나 뉴질랜드의 수력발전을 설명할 때 빙하지형 만으로는 완전한 설명이 불가능하다. 예를 들어 북섬의 통가리로 전력 개발 계획은

수력발전에 유리한 만년설과 협곡

빙하지형과는 관련이 없다. 하지만 통가리로산의 만년설과 서안해양성기후가 배경이 되어 많은 전기를 생산하고 있다.

### 아직도 잘 모르겠다. 목동에게 욕을 먹은 이유

테카포호를 지나 푸카키호로 가는 길은 너른 들판이다. 여름으로 접어 들어가는 계절인데도 이 일대는 거친 스텝 같은 식생 경관을 보여 준다. 이런 곳은 양을 방목하는 것 말고는 농목업이 불가능해 보인다. '남섬은 양'이라는 규정이 이 지역에서는 잘 맞는다. 짐칸 케이지에 개를 여러 마리 실은 픽업트럭이 우릴 추월해서 달려간다. 양몰이 개인 모양인데 케이지에 갇혀 있어서 왠지 개장수에게 팔려가는 개와 비슷하게 느껴진다. 그런데 얼마 안 가서 그 트럭을 발견했다. 트럭 주인이 길 옆에 차를 세우고 양떼를 몰고 있었다. 양떼가 이동하는 모습은 처음이어서 얼른 차를 세우고 사진을 찍었다. 그런데 두 장, 딱 두 장 찍었는데 차를 타고 지켜보고 있던 목동이 다가와서 가라고 한다. 양들이 이동해야 할 방향에 우리가 서 있는 것인가 하는 생각이 들었다. 그러고 보니 양

이동 중인 양떼

들이 쭈뼛쭈뼛 움직이질 않고 있다. 얼른 미안하다고 인사를 하고 서둘러 차를 움직였다.

작은 하천을 건너 100여m 정도 이동했더니 길옆으로 공터가 있어서 다시 차를 세웠다. 야트막한 언덕이어서 양떼를 내려다 볼 수 있고, 이 정도 거리라면 양들의 이동을 방해하지 않겠다는 생각이 들었기 때문이다. 잠깐 내려서 사진을 찍었다. 이번에도 딱 두 장을 찍었는데 멀리서 목동이 소리를 지르고 난리가 났다. 'Fuck you' 소리가 선명하게 들린다.

왜 그럴까? 양떼가 도로를 따라 우리가 있는 곳까지 오기라도 한단 말인가? 그래도 그렇지 상당한 거리에서 사진을 찍고 있는데 그렇게 방해가 된단 말인가? 사유재산도 아니고 도로에서…. 이유도 모르고 욕을 얻어먹으니 기분이 별로다. 기분도 기분이지만 너무 궁금하다. 왜 그렇게 화를 냈을까? 둘이서 이런 저런 가능성을 얘기해 봤지만 그럴싸한 이유를 추측하기가 어렵다. 어쨌든 사진을 찍기는 했으니 다행이다 생각했는데, 나중에 보니 네 장의 사진이 모두 노출이 초과되어 사진도 망했다. 마음이 급해서 카메라를 살펴보지 못했던 것이다.

### 아오라키 마운트쿡 빙하 트레킹: 한 걸음 한 걸음 설렘의 연속

#### ▶ 두만강과 비슷한 위도에 발달한 빙하

푸카키호를 오른쪽으로 끼고 북쪽으로 달린다. 호수 위쪽으로 갈수록 점점 설선(雪線)이 가까이 보인다. 우리가 달리고 있는 도로도 해발고도가 상당하다는 얘기가 되는데 전체적으로 지형이 평탄해서 고지대라는 느낌이 들지 않는다. 실제로 푸카키호 호안의 해발고도는 최저 518m 정도이다. 설선이 선명하게 보이는 산 정상은 뾰족한 첨봉들이 연속된다. 2천m급의 산들인데도 눈을 머리에 이고 있다. 위도 43°S 부근까지 만년설이 분포하는데 한반도로 치면 최북

단 두만강 연안 일대가 된다. 두만강 부근에는 만년설이 없으므로 뉴질랜드 만년설은 매우 저위도 지역까지 분포한다고 볼 수 있다. 남반구든 북반구든 위도가 미치는 영향이 비슷하므로 뉴질랜드는 강설량이 많고 여름 기온이 낮기 때문에 상대적으로 만년설이 좀 더 저위도까지 분포하는 것이다.

### ▶ 멀리 보이는 뉴질랜드 최고봉 아오라키마운트쿡

아오라키마운트쿡(Aoraki Mount Cook)은 해발 3724m로 뉴질랜드 최고봉이다. 마운트쿡에서는 두 개의 계곡에 빙하가 발달하는데 후커(Hooker)밸리와 태즈먼(Tasman)밸리이다. 보통 '마운트쿡 빙하'라고 하면 후커밸리의 빙하를 말한다. 빙하가 끝나는 부분에 만들어진 호수의 이름도 후커호이다. 산 정상에서 후커밸리 빙하 끝까지의 거리는 10km가 약간 못 되며 폭은 넓은 부분이 700m 정도 되는 비교적 아담한 곡빙하다. 빙하 말단부의 해발고도는 900~1000m 정도이다. 편서풍의 영향으로 강수량이 매우 많아서 바람을 직접 받는 서쪽 사면은 10,000mm에 육박하는 곳도 있다. 따라서 많은 양의 눈이 내려서 빙하가 발달하는 데 유리한 조건이 되고 있다.

푸카키호 주변에서 보이는 아오라키마운트쿡(왼쪽 구름 위로 보이는 산)

### ▶ 교실 안 지리의 장점일까?

빙하지형이 본격적으로 나타나기 전에 주(周)빙하 지형이 마중을 나왔다. 설선 아래 산비탈에 발달한 퇴적지형은 겨울철에는 눈과 얼음에 덮일 수 있는 위치이므로 주빙하 환경인 것은 틀림이 없는데 암괴류라고 해야 할지, 선상지의 일종이라고 해야 할지 판단이 잘 서지 않는다. 계곡을 따라 발달하므로 애추는 아닌 것 같다. 동파(凍破)로 만들어진 바위 부스러기들이 중력 작용과 물의 작용으로 흘러내려 온 것이다. 진행 중인 암괴류로 보는 것이 가장 옳을 것 같다. 만약 윗부분에 있는 만년설이 사라진다면 물질 공급이 중단되고 물의 침식 작용만 남게 되므로 입자가 작은 물질들은 쓸려 내려가고 굵은 물질만 남게 될 것이다. 그런데 멀리서 볼 때 퇴적물들의 입자가 대체로 얇은 편이다. 이 일대는 중생대 초반(트라이아스기)에 만들어진 퇴적암이 대부분이어서 우리나라에서 많이 볼 수 있는 화강암에 비해 크기가 작은 암석 파편이 많이 만들어지기 때문으로 보인다.

설선 아래로 발달한 퇴적지형은 그냥 보는 것만으로도 왜 생겼는지 반은 이해가 된다. 운전하는 아들에게 물었더니 흘낏 보고는 "눈 때문에 깎였겠죠."라고

트라이아스기 퇴적암

답한다. 그 정도면 반은 맞힌 거나 다름없다. 우리나라에서는 블록스트림이나 빙하성 퇴적지형, 또는 애추가 왜 생겼는지 짐작하기가 쉽지 않다. 우리나라에 있는 것들은 모두 현재 진행이 멈춘 화석지형으로 1만 년 전 마지막 빙하기 기

아하♥

### 주빙하 지형이란?

빙하 주변(周邊), 그러니까 툰드라 지역에 발달하는 지형을 말한다. 툰드라란 1년 중 가장 따뜻한 달의 평균 기온이 0~10℃인 기후이다. 그래서 이 지역에서는 짧은 여름 동안 표층의 얼음이 녹았다가 여름이 지나면 다시 어는 과정을 반복하기 때문에 독특한 지형이 만들어진다. 얼어서 깨진 바위 부스러기가 순수한 중력 작용으로 절벽 아래로 떨어져 쌓인 지형을 애추(崖錐, Talus)라고 한다. 깨진 돌들이 들썩거리면서 계곡으로 이동하여 쌓인 것은 암괴류(巖塊流, block stream)라고 한다. 토양층이 얼었다 녹았다를 반복하면 얼음 쐐기 작용으로 들썩거려지면서 낮은 쪽으로 이동하게 된다. 암괴류는 시간이 지나면 물의 작용으로 입자가 작은 물질들이 씻겨 나가기 때문에 나중에는 큰 돌들만 남게 된다. 경사가 완만한 산기슭에는 산지에서 동파로 공급된 물질이 선상지처럼 쌓이는 경우도 있다. 모양이 선상지와 비슷하지만 대개 여름철에 갑작스런 강수로 물질의 이동이 일어나기 때문에 굵은 물질과 얇은 물질이 구별되지 않고 쌓여 있는 경우가 많다.

설선 아래로 밀려나온 바위 부스러기들

후를 고려하지 않으면 그 원인을 설명할 수 없기 때문이다. 그럼에도 좀 어이가 없는 것이 우리나라라면 더 쉽게 구별을 했을 것 같다는 것이다. 교실 지리의 맹점인가 장점인가?

### ▶ 후커빙하를 방해한 훼방꾼 뮐러빙하

국립공원 주차장에서 트레킹을 시작한다. 빙하라서 엄청 추운 날씨를 생각하기 쉽지만 여름철 빙하 주변은 생각보다 춥지는 않다. 그래도 바람막이와 따뜻한 옷을 갖춰 입는 것이 안전하다. 맑은 물이 돌돌돌 흐르는 도랑을 건너 본격적으로 빙하트레킹에 들어선다. 맨 먼저 반기는 것은 모레인(moraine)이다. 굵직한 바윗덩이로 이루어진 거대한 둑이 앞을 가로막고 있는데 이것이 바로 모레인이다. 이 모레인은 좀 특이하다. 후커밸리를 흘러내려오던 빙하가 만든 것이 분명한데 계곡을 사선으로 막았다. 특별한 이유가 없다면 모레인은 계곡 가운데가 가장 하류쪽으로 돌출한 U자형이 되어야 한다.

의문은 조금 더 가다 보면 풀린다. 모레인 아래로 난 트레킹로를 따라 계속 걸어가면 모레인 위로 올라가게 된다. 후커밸리에서 흘러나오는 하천이 모레인을 잘랐는데 그 잘린 부분에 구름다리가 설치되어 있다. 구름다리를 건너기 전

마운트세프톤에서 내려온 빙하가 만든 모레인

뮐러호 주변의 지형. 사진을 찍은 곳이 모레인 위이다. 사진 왼쪽 계곡이 뮐러빙하, 오른쪽 계곡은 후커밸리이다.

에 조망할 수 있는 곳이 있어서 모레인의 전체적인 형태를 짐작해 볼 수 있다. 이 모레인은 후커빙하가 만든 것이 아니라 뮐러호 서북쪽으로 인접한 마운트세프톤(Mount Sefton, 3171m)에서 흘러내린 빙하가 만들었음을 알 수 있다. 뮐러빙하라고 불리는 이 빙하는 길이가 짧아서 최근 온난화로 안타깝게도 거의 사라졌다. 뮐러호는 마운트세프톤을 축으로 U자형을 하고 있다.

**▶ 후커빙하와 태즈먼빙하가 만든 U자곡과 빙하호**

뮐러빙하가 만든 모레인 꼭대기인 조망점에서 하류 쪽을 내려다보면 거대한 U자곡을 볼 수 있다. 후커밸리에서 흘러나간 물을 합친 태즈먼강이 푸카키호로 흘러들어가는 들판이다. 빙하가 후퇴한 후 바닥은 하천 작용으로 퇴적되어 평평해졌지만 하천 양쪽의 수직에 가까운 절벽들은 빙하기에는 이곳을 빙하가 가득 채우고 푸카키호까지 흘러내렸음을 말해 준다. 아오라키마운트쿡에서 시작된 빙하의 끝은 바로 푸카키호였다. 푸카키호의 남쪽 끝에 거대한 모레인이 있어서 빙하기가 끝난 후 하천을 막아 푸카키호가 만들어졌다.

▶ 빙하에서 흘러나온 탁한 옥색의 물

활동 중인 빙하에서 흘러내린 물은 많은 양의 미립질(微粒質)을 함유하고 있어서 물의 색이 매우 탁하다. 하지만 우리나라에서 홍수 때 볼 수 있는 시뻘건 색이 아니라 탁한 옥색이다. 우리나라 홍수처럼 갑자기 물이 불어나서 흙을 침식하는 것이 아니라 빙하가 이동하면서 바닥과 옆과 마찰하면서 만들어진 미세한 물질들이 빙하가 녹을 때 물에 섞이기 때문이다.

모레인에서 하류 쪽을 바라보면 거대한 U자곡을 볼 수 있다.

탁한 옥색의 물이 흐르는 후커밸리

▶ **후커호 모레인**

수많은 블록스트림을 옆에 두고 옥색의 물을 건너고 습지를 지나면 거대한 모레인이 앞을 가로막는다. 후커호를 만든 모레인이다. 각진 바윗덩어리와 자잘한 자갈까지 마구 섞여 있는 돌무더기는 이것이 빙하가 작용한 결과물임을 나타낸다. 하천은 흐르는 속도에 따라 운반할 수 있는 입자의 크기가 달라지기 때문에 특정 지점에 쌓이는 물질의 크기가 비교적 고르며 물에 의해 구르며 이동하기 때문에 모양이 대개 둥글다.

모레인을 넘으면 후커밸리트랙의 종착점인 후커호를 만날 수 있다. 지금의 모

후커호를 만든 모레인

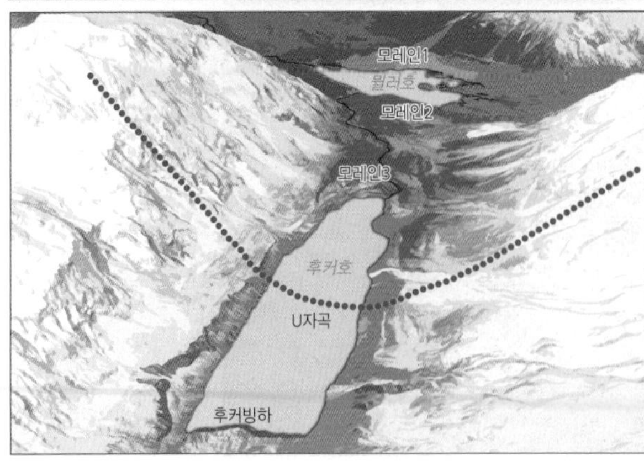


후커밸리의 빙하지형. 모레인1과 모레인2는 뮐러빙하가 만든 모레인으로 원래 이어져 있었다. 후커빙하에서 흘러나온 물이 모레인2를 자르고 뮐러호로 흘러든 다음 뮐러빙하 모레인을 자르고 하류로 빠져나간다.

레인까지 빙하가 내려왔었고 점차 후퇴하여 호수를 남겼다. 전 세계적으로 온난화의 영향으로 빙하가 후퇴하는 현상이 나타나고 있으며 후커빙하 역시 최근 크게 후퇴하고 있다.

#### ▶ 후커호와 후커빙하

여름이기는 하지만 빙하 코앞까지 갔는데도 그다지 춥지는 않다. 당연히 겨울에는 훨씬 더 춥겠지만 얼핏 생각에 만년설이 유지되려면 더 추워야 하는 것이 아닌가 싶다. 사실 빙하 끝부분의 여름철 기온은 빙점 이상이다. 워낙 두껍게

후커호의 유빙

후커빙하의 끝.
암설이 쌓여 있다.

얼음이 쌓여 있어서 빙점 이상으로 온도가 올라간다 해도 여름 동안에 완전히 사라지는 범위는 매우 일부분에 지나지 않는다. 물론 겨울에는 기온이 내려가서 녹았던 부분이 다시 얼음으로 덮이게 된다.

서안해양성기후도 빙하가 유지되는 데 도움을 준다. 여름 온도가 높지 않은 것도(이론상 서안해양성기후는 가장 더운 달 평균 기온이 22℃를 넘지 않는다. 하지만 마운트쿡빙하 말단부의 연간 일평균 기온 분포는 −13~32℃ 정도이다) 빙하가 유지되는 데 도움을 주고 있다.

빙하의 후퇴가 빠르게 진행될수록 호수는 더 확대될 것이다. 호수에는 빙하에서 떨어져 나온 얼음덩이가 떠 있다. 북극에서 떨어져 나온 새하얀 유빙을 사진에서 많이 봤지만 후커호의 유빙은 거무튀튀하다. 북극해의 유빙은 육지에서 떨어져 나온 것이 아니고 바다 위의 물이 언 해빙(海氷)이지만 후커빙하는 엄청난 무게로 바닥과 옆의 바위와 흙을 깎기 때문에 그 과정에서 많은 물질을 함유할 수밖에 없다.

후커빙하의 끝부분도 마찬가지다. 거무튀튀한 색으로 지저분한 느낌이다. 빙하 말단부가 거무튀튀한 것은 주변에서 공급된 돌과 흙들이 빙하 위를 덮고 있

아하

### 지금도 솟아오르고 있는 아오라키마운트쿡

3724m, 뉴질랜드 최고봉 아오라키마운트쿡은 지금도 매년 평균 7mm씩 솟아오르고 있다. 100년이면 70cm나 되는 엄청난 속도이다. 머지않아 3724m가 3725m로 바뀌어야 할지도 모른다. 하지만 실제로는 거의 높이가 증가하지 않는다.

어인 조화일까?

솟아오르는 속도만큼 침식이 진행되기 때문이다. 빙하에 의한 침식이 솟아오르는 속도를 상쇄한다. 실제로 19세기에 이루어진 관측 자료에 의하면 당시 아오라키마운트쿡의 높이는 3764m였다. 그러나 1991년 정상에서 얼음덩어리와 바위가 무너져 내려 3724m가 되었다. 유지하기는커녕 무려 40m나 줄어든 것이다.

기 때문이다. 만약 지구 온난화가 더 이상 진행되지 않는다면 지금의 빙하 끝 부분에 또 다시 모레인이 만들어질 것이다.

현이의 Tips &

후커밸리 트레킹에서 후커호 배수구의 반대쪽으로 올라가는 코스도 괜찮을 것 같다. 후커호 모레인 아래에서 트레킹 코스가 양쪽으로 갈라지는데 대부분의 트래커들이 오른쪽 경로를 선택한다. 부지런을 떤다면 양쪽을 모두 가 볼 수 있다.

### 아오라키마운트쿡의 점심

마을에서 점심을 먹었다. '산악인의 카페&음식점(Mountainers Café & Restaurant)'이라는 곳인데 창문으로 눈 덮인 산봉우리가 보이는 그림 같은 풍경이 펼쳐진다. 벽에 옛날 스키와 배낭 등이 전시되어 있다. 옛날 물건들을 장식으로 쓰는 음식점을 우리나라에서도 심심찮게 보지만 내용은 많이 차이가 난다. 스키가 이 사람들에게는 매우 중요한 일상 생활용품이라는 뜻으로 읽힌다.

마을은 작은데 관광객은 무척 많아서 음식점이 매우 붐빈다. 아무래도 우리가 특이하게 보이는 모양이다. 자리에 앉기까지 주변의 눈길이 약간 부담스럽다. 연어 베이글 샌드위치와 햄버거를 주문했다. 산속이라서 그런지 값은 좀 비싼 느낌이다. 중국계로 보이는 무표정한 서빙맨과 의사소통이 잘 안 돼서 물 컵을 찾아오느라 애를 먹었다.

화장실이 좀 인심 사납다. 자물쇠가 잠겨 있어서 외부인은 들어갈 수가 없다. 어차피 실내에 있어서 누가 함부로 들어올 것 같지도 않은데 왜 이렇게 인심 사나운 일이 벌어졌을까? 리틀턴의 아픈 기억이 갑자기 떠오른다.

아오라키 마운트쿡의 점심

## 푸카키호: 댐으로 더 넓어진 빙하호

아오라키마운트쿡에서 물이 흘러내려 오는 푸카키호는 길이가 30km, 폭이 5~7km 정도 되는 전형적인 빙하호다. 빙하가 만든 U자곡에 물이 고였기 때문에 길이가 긴 모양을 하고 있다. 푸카키호는 색깔이 하늘색에 가까운 독특한

호수 연안의 백사장

푸카키호와 서던알프스

색이다. 푸카키호 상류에는 후커빙하와 태즈먼빙하 등의 빙하가 활동 중이기 때문에 지금도 많은 양의 침식물이 공급되고 있어서 물색이 탁한 것이다. 마오리 말로 '무리지어 올라온 물'이라는 뜻인데 해발고도가 500m를 넘는 고지대에 있는 호수를 잘 표현한 이름이다.

호수의 규모가 상당히 크기 때문에 호안에 바닷가처럼 백사장이 발달한다. 대부분 출입을 못하도록 되어 있는데 백사장이 잘 발달한 곳을 개방해 놓았다. 내려가 보니 고운 모래로 이루어진 백사장이 아니라 굵은 모래와 자갈로 되어 있다. 서던알프스 산지를 벗어나지 않은 곳에 있는 호수이기 때문에 하천의 속도가 빨라서 퇴적된 물질들이 굵다. 호수에 인접한 곳은 자갈이 주로 쌓여 있고 호안에서 멀어질수록 모래로 바뀐다. 파도 에너지가 강하게 미칠수록 퇴적 물질의 굵기가 굵어지기 때문이다. 호수 건너로 보이는 서던알프스의 눈 덮인 봉우리들이 비취색 호수와 어울려 절경을 연출한다. 정상은 구름에 가렸지만 아오라키마운트쿡도 보인다. 아오라키(구름을 뚫는 산)를 제대로 본 셈이다.

### 발전용 인공 수로에는 물고기가 살까?

푸카키호의 물은 푸카키강으로 빠져나가서 테카포강물과 합류한다. 그런데 푸카키강과는 별도로 인공 수로를 만들어서 전기를 일으키고 있다. 푸카키강이 시작되는 곳에 댐을 쌓아서 호수의 수위를 높였고 댐 옆으로 수로를 만들어 낙차가 큰 곳으로 물을 이동시켜서 전기를 얻는다. 댐의 수위 조절 범위는 13.8m이다.

지나가다 보니 인공수로에서 낚시를 하는 사람이 있다. 그런데 어째 풍경이 어색하다. 좁은 수문으로 물이 빠져나오는데 과연 휩쓸려 나오는 물고기가 얼마나 있을까? 혹시 있다고 하더라도 휩쓸려 나와 정신이 없을 텐데 미끼를 물 정신이 있을까? 물살도 상당히 빨라서 호수에 살던 물고기가 감당을 할 수 있을

푸카키수로

황량한 아후리리강 유역 평야

까? 참, 별걱정을 다 한다 싶다. 미끼로 달려드는 물고기가 있으니 낚시를 하겠지….

### 루피너스가 곱게 핀 아후리리강

도로 표지판에 '클레이 클리프(Clay cliff)'라는 표지판이 있어서 따라가 봤다. 비포장을 한참 달려가면 입구가 나온다. 입구라고 해도 그곳에서 4km를 더 들어가야 한다. 사유지라서 땅 주인이 입장료를 징수하는데 승용차 한 대당 5달러(NZD)다. 관리인이 없기 때문에 문을 스스로 열고 들어가서 입장료를 알아서 통에 넣으면 된다. 물론 문도 알아서 닫고 들어가야 한다.

입구를 지나면 아후리리(Ahuriri) 강변을 따라 비포장 길이 나 있다. 헉슬리산(Mount Huxley)에서 시작된 아후리리강은 빙하기의 유산인 전형적인 빙식곡(U자곡)을 흘러 오마라마(Omarama) 일대에서 너른 들판을 만난다. 너른 들판을 지나면 벤모어호에서 오하우강, 푸카키강, 테카포강과 합류한다. 오늘 많은 거리를 이동했지만 내내 벤모어호 품안에서 논 셈이다.

올라가다 보니 루피너스가 강가에 활짝 피었다. 먹구름이 끼었는데 온 하늘을 가득 덮은 것이 아니라서 오후 석양과 어울려 환상적인 분위기를 연출한다. 빙

루피너스가 곱게 핀 아후리리강

하성 퇴적물을 머금은 비취색 강물, 군데군데 떠 있는 먹구름과 그 사이를 비추는 석양, 그리고 루피너스, 몽환적인 느낌도 들고 어떻게 보면 황량한 느낌도 든다. 이 일대는 하천을 낀 넓은 분지로서 방목지로 활용되고 있는데도 황량한 느낌이 드는 것은 강가의 흙이 자갈과 모래가 뒤섞인 빙하성 퇴적물이어서 그렇다. 우리나라에서 이 정도 규모의 강가라면 고운 모래나 진흙으로 이루어져 있으며 대부분 푸른 논으로 이용된다.

**클레이 클리프: 악지**

클레이 클리프는 이름처럼 진흙으로 이루어진 절벽은 아니다. 얼핏 진흙처럼 보이지만 사질역암과 사암으로 이루어져 있다. 침식 속도가 빨라서 식생이 정착하지 못하는 독특한 지형이다. 자갈, 사암, 점토 등 침식에 저항하는 정도가 많은 차이가 있는 물질들로 구성되어 있어서 특정 부위만 집중적으로 침식되어 만들어진다.

악지(惡地, badland)라고 하는 지형이다. 식물이 착생을 못할 정도로 지형 형성작용이 빠르다면 이 지형은 과거 지질시대에 완성된 지형이 아니라 지금도 빠르게 진행 중인 지형이라는 뜻이다. 실제로 암석화가 덜 진행되어 지층에 끼어 있는 자갈들이 쉽게 떨어져 나온다. 그렇다면 봉우리가 침식되어 평탄화되는 속도도 눈에 뜨일 정도일 것이다. 하지만 이곳은 신생대 제3기 마이오세 후반에서 플라이오세 중반(1,160만 년 전~260만 년 전)에 걸쳐 형성된 땅이다. 지질시대로 보면 최근이지만 절대 연대로 보면 상당히 긴 시간이다. 그럼에도 불구하고 지형이 그냥 유지되고 있는 비밀은 무엇일까? 이곳은 그래도 강수량이 적기 때문에 조금 일리가 있어 보이기도 하지만 강수량이 많은 지역[예를 들면 타이완의 강산(岡山)]에서도 오랜 세월 평탄화되지 않고 잘 유지되는 이유가 궁금하다. 생성 초기에는 훨씬 더 높았으리라 짐작은 하지만 실제 지형 형성 과정

클레이 클리프

은 머릿속 관념으로 이해되지 않는 것이 너무 많다.

봉우리에 올라보면 전체를 조망할 수 있고 아후리리강 유역의 너른 평야도 볼 수 있을 것 같아서 만만한 경사면을 골라 올라가 봤다. 하지만 떨어져 나온 자갈과 굵은 모래 때문에 도저히 올라갈 수가 없다. 한참 올라가다가 포기하고 되돌아 내려오려니 올라가기보다 훨씬 어렵다. 미끄러지기라도 하면 크게 다칠 것 같은 경사면을 엉금엉금 기어 내려오느라 무척 고생을 했다. 하지만 발을 들여놓은 것만으로도 지리학도는 뿌듯하다.

뜻하지 않게 진귀한 구경을 했다. 10년이 넘고 20만km가 넘게 주행한 차로 한동안 비포장도로를 달리느라 내내 조마조마했지만 악지를 제대로 체험할 수 있는 좋은 경험이었다.

### 아들은 아직도 술 마시면 안 되는 나이

페어리에 이어서 이날도 4스퀘어에 가서 장을 봤다. 오늘 묵을 헤리티지게이트웨이(Heritage gateway) 호텔은 대규모 관광객을 대상으로 하는 대형 숙박업소라서 큰 음식점이 딸려 있다. 그래서 그런지 객실에는 조리를 할 수 있는 도구가 갖춰져 있지 않다. 전자레인지나 토스터조차도 없으니 완성된 음식을 사올 수 밖에 없다. 시가지가 작아서 호텔 식당 외에는 마땅한 음식점도 없기 때문이다. 대형 마트는 아니고 중규모의 슈퍼라고 해야 할 것 같다. 가격이 싸지는 않은데 그래도 이것저것 먹을거리가 많다. 치즈와 베이컨, 토마토와 포도, 비스켓, 그리고 어제와 같이 세일하는 7.99달러(NZD)짜리 레드와인 한 병을 샀다.

와인과 함께한 오마라마의 조촐한 저녁

그런데 계산대 점원이 와인을 둘이 마실 거냐고 묻는다. 아무 생각없이 그렇다고 했더니 아들이 몇 살이냐고 묻는다. 24살이랬더니 여권을 보여 달란다. 군대까지 다녀온 아들이 미성년으로 보인다는 뜻이다. 여권을 마침 호텔에 두고 나와서 주민등록증을 보여 줬더니 안 된다면서 와인을 빼 놓는다. 할 수 없이 나 혼자 마시겠다고 했더니 정말이냐고 몇 번을 묻더니 그제서야 빼 놨던 와인을 돌려준다. 마치 판매자가 처벌을 받기라도 하는 것처럼. 운전을 하면 절대로 안 된다는 주의 사항도 덧붙인다. 청소년에게 술을 판매하는 것과 음주운전에 대한 경계가 철저하다는 것을 알 수 있다.

저녁에 와인 한 병 정도는 꼭 마셔야 하는 것이 우리 부자의 일상이 되었다. 와인 한 병 해치우고 눈을 찡긋하면 기다렸다는 듯이 챙겨온 소주를 꺼내온다. 이제 일정의 반이 지났는데 소주와 라면은 벌써 반을 훨씬 넘었다.

## 여행 경비로 정리하는 하루

| | 교통비 | 숙박비 | 음식 | 액티비티, 입장료 | 기타 | 합계 |
|---|---|---|---|---|---|---|
| 비용(원) | | 138,755 | 26,230 | 4,193 | 24,868 | 194,046 |
| 세부 내역 (NZD) | | 헤리티지 게이트웨이 호텔 160 | 점심(마운트쿡, 산악인의 카페& 음식점) 31 | 클레이 클리프 5 | 슈퍼마켓 29.39 | |

NEW ZEALAND

## 일곱째 날

# 달리기만 해도 즐겁다, 테아나우를 향하여

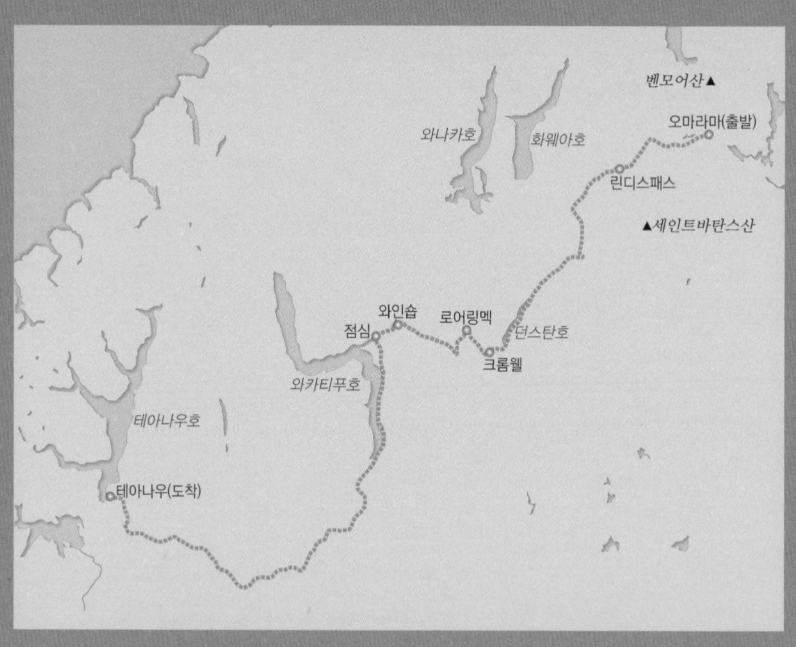

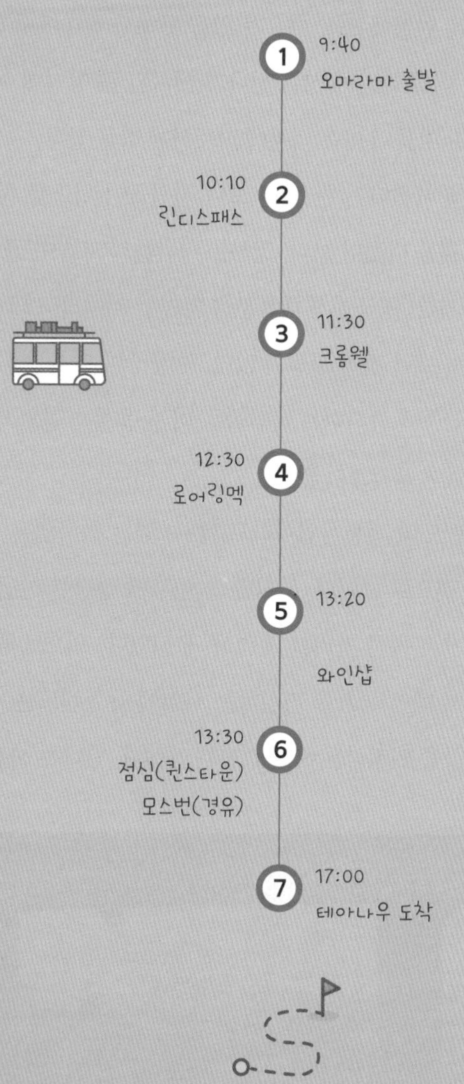
1
9:40
오마라마 출발
2
10:10
린디스패스
3
11:30
크롬웰
4
12:30
로어링멕
5
13:20
와인샵
6
13:30
점심(퀸스타운)
모스번(경유)
7
17:00
테아나우 도착

### 다민족국가 뉴질랜드

오늘은 일정에 조금 여유가 있을 듯해서 침대에서 일어나지 않고 늦잠을 청해 봤다. 더블 하나에 싱글 하나가 배치된 큰 방인데 아들은 내 옆에서 자겠단다. 기특한 아들의 마음 덕분에 따뜻하게 잠을 잤다.

늦잠에 빠졌다가 눈을 떠 보니 직원들이 청소를 하고 있다. 단체 여행객들이 벌써 길을 나섰나 보다. 일하는 사람들의 모습이 글로벌하다. 뉴질랜드는 다민족 국가다. 영국계가 대부분을 차지할 것이라고 막연히 생각했었는데 며칠 다니면서 보니 전혀 그렇지 않다. 여행 중에 만나는 사람들, 그러니까 음식점, 서비스업종에 종사하는 사람들은 비 유럽계가 훨씬 더 많은 느낌이 드는데 마오리인들이 생각보다 많다.

뉴질랜드의 전통산업이라고 할 수 있는 목축업은 여전히 유럽계가 장악하고 있는 것으로 보인다. 하지만 그 이후에 성장한 산업인 상업, 서비스업은 비 유럽계가 부족한 자리를 메워 주게 되었다. 오스트레일리아가 백호주의를 고집하면서 백인 국가를 건설하는 사이에 뉴질랜드는 바로 옆에 있으면서도 이런 다양성을 인정하는 사회를 만든 것이다. 만나는 사람들이 대개 친절한 것도 바

객실에서 벤모어산(1894m)이 보인다.

로 이런 사회적 분위기와 관련이 있을 것이다. 많은 중국인들이 이 사회에 뿌리를 내릴 수 있었던 것도 이런 사회적 배경 때문이리라.

### 기계도 중요한 농업 경관

아홉 시 사십 분경 호텔을 출발했다. 지금까지 일정 중에서 가장 여유 있게 출발한 날이다. 오늘 여정은 테아나우까지 '가는 것'이 주요 내용이다. 밀퍼드사운드를 가기 위해서인데 자동차로 밀퍼드사운드에 가기 위해서는 테아나우를 가야만 한다. 오마라마에서 남쪽으로 가는 여행이라면 퀸스타운을 목표로 가는 일정이 대부분이다. 하지만 우리는 가는 길에는 퀸스타운을 경유하고 돌아오는 길에 들를 예정이다.

남쪽의 더니든(Dunedin)과 인버카길(Invercargill)을 일정에 넣기 위해 여러 번 지도를 들었다 놨다 했지만 어떻게 해도 두 도시는 일정에 넣을 수가 없었다. 그 결과 오늘 코스가 나오게 되었다. 도중에 특별한 볼거리가 많지 않은 코스인데다 퀸스타운에서 테아나우까지 돌아오는 길에 겹치기 때문에 더 아쉽다.

아후리리강 유역의 너른 평야를 지나면 산길로 접어든다. 서던알프스에서 남쪽으로 갈라져 나온 산줄기를 넘는 길이다. 린디스패스(Lindis Pass)라는 이 고갯길은 아후리리강 발원지에 있는 마운트헉슬리(2505m)에서 갈라져 내려와

풀 베는 기계

풀을 트럭에 싣는 기계

서 마운트세인트바탄스(Mount Saint Bathans, 2090)로 이어지는 산줄기 중간에 있다.

고갯마루로 올라서기까지 길 양쪽에는 좁은 하곡분지가 펼쳐지는데 지형은 우리나라에서 많이 볼 수 있는 모양과 비슷하다. 특이하게 목초를 생산하는 곳이 있어 눈길을 끈다. '특이'하게 느낀 이유는 너른 들판은 대부분 방목지로 쓰이고 있기 때문이다. 캔터베리 평원에서도 목초지는 많이 보지 못했다. 마침 목초를 수확하고 있는 중인데 우리나라에서는 본 적이 없는 여러 종류의 기계들이 활용된다. 풀 베는 기계, 벤 풀을 트럭에 실어 주는 기계, 그리고 풀을 실어 나르는 대형 트럭 등등 목축을 위한 기계 장비들이다. 비슷한 기능을 가진 기계로 우리나라에서는 벼를 베는 콤바인과 볏단을 묶는 기계를 많이 볼 수 있다. 농업의 특징이 경지 형태나 농부들의 모습이 아닌 기계에서도 드러난다.

### 뉴질랜드의 건조기후

산 모습이 황량하다. 고갯마루에 올라서기 전에는 그래도 목초지와 하천 주변에서 자라는 나무들을 볼 수 있었는데 고갯마루에 올라서면서부터는 나무라고는 없는 건조 초원 경관이 나타난다. 북섬에서는 구릉성산지의 식생을 일부러 제거하고 초지를 만든 경관을 볼 수 있었지만 이곳은 천연 경관으로 보인다. 풀들이 마음껏 자랄 수 있는 여름철인데도 사막 주변에서나 볼 수 있는 터속(Tussock)들 천지다.

'뉴질랜드는 서안해양성기후'라는 고정 관념을 확실하게 깨 주는 경관이다. 연중 강수량이 적어서 나무 대신 풀이 자라는 스텝기후이거나 조금 더 후하게 쳐준다면 여름철이 건조한 지중해성기후에 가까운 기후환경이라고 볼 수 있다. 실제로 강수량을 보면 건조기후에 가깝다. 최근에는 연 강수량이 500mm 이하인 해가 계속되고 있다. 해발 971m로 우리나라 대관령보다도 높고 바람이

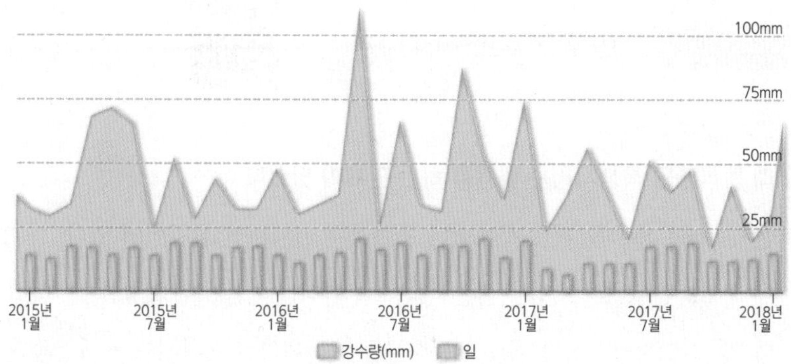


린디스패스의 강수 추이(자료: World weather online)

린디스패스의 스노우터속

많이 부는 환경도 이러한 식생이 발달하게 된 원인으로 보인다.

황량해 보이는 이 풍경은 뉴질랜드에서는 보기 드문 풍경이기 때문에 보존하고자 하는 운동도 벌어지고 있다. 린디스패스 주변의 여러 지역에서 자원봉사자들이 모여서 보존활동을 하고 있다고 한다. 이들의 활동 중에는 이곳 자생종인 스노우터속(snow tussock)을 보존하는 활동이 중요한 내용이다.

**외래 동식물을 착생시키는 활동을 하는 단체가 있었다**

붉은사슴(red deer)을 처음 사육했던 곳이라는 기념비가 설치되어 있다. 1871년에 스코틀랜드에서 도입된 붉은사슴 일곱 마리를 처음으로 방생한 곳이라고 한다. 당시에는 영국에서 새로운 동식물들을 들여와서 정착시키는 사업을 활발하게 했던 모양이다. 식민(植民)뿐만이 아니라 식동식물(植動植物)이 함께 이루어졌던 것이다. '오타고 착생회(The Otago Acclimatisation Society)'라는 조직이 있었다는 내용이 흥미롭다. 지금의 시각으로 보면 굉장히 위험한 행동이지만 당시에는 매우 의미 있는 사업으로 추진이 되었을 것이다.

기념비를 세운 사람들은 '뉴질랜드 사슴사냥꾼협회(NZ Deerstalkers Assn)'라는 조직이다. 이런 조직이 있다는 것만으로도 재미있지만 외래종인 사슴이 퍼져나가서 전문 사냥꾼이 있을 정도가 되었다니 놀랍다. 처음 도입된 지 150여 년 동안 기존 생태계에 외래종이 완전히 적응을 했다는 뜻이다.

혹시 한 마리쯤 눈앞에 나타나는 행운이 있을까 하여 사방을 둘러봤지만 사슴

붉은사슴 기념비와 스노우터속

은 보이지 않는다. 나무라고는 찾아볼 수 없는 거친 풀밭과 서쪽 멀리 서던알프스 설산만이 살짝 보인다.

### 중국인 관광객들

바람 부는 전망대에서 주변을 둘러보고 있는데 중형 버스에서 중국인 관광객들이 내린다. 캐리어를 싣는 트레일러가 딸린 버스로 대개 이런 규모로 여행하는 사람들은 거의 대부분 중국인들이라고 보면 틀림이 없다. 시끌벅적한 것도 이 사람들의 특징이다. 부리나케 내려서 휘 둘러보고는 바람을 몰고 사라진다. 우리도 매우 바쁘게 움직이는 중인데도 우리보다 늦게 와서 우리보다 먼저 가 버렸다. 엄청 시간을 집약적으로 쓰는 사람들이다.

테카포 선한 양치기의 교회에서도 관광객 중에 중국인 관광객들이 절반도 넘었다. 테아나우호 크루즈에서도 중국인들이 많았다. 크루즈 선을 가득 채운 사람들 중 대부분 중국 사람들인데 얼마나 많은지 출발하면서 방송하는 안전 주의 모델도 중국인이고, 중국말로 설명한다. 이제 전 세계 어디를 가나 중국인 관광객들이 대세인데 뉴질랜드도 예외가 아니다. 요우커들이 멀리 이곳 뉴질랜드의 관광산업에도 대표 고객이 되었다. 엄청난 중국인들이다. 전 세계 어떤

중국인 관광객들
(테카포호)

나라도 이젠 이들과 관계를 잘 맺지 않으면 안 된다는 생각이 절로 든다.

### 이사 갈 때는 집과 함께

린디스패스를 내려와서 갑자기 차가 밀리는 진귀한 현상을 만났다. 뉴질랜드에서, 그것도 시내도 아닌 들판에서 차가 밀리다니…. 영문을 알 수 없으므로 앞 차를 따라갈 수밖에 없다. 반대 차선에서는 차가 오질 않는다. 교통사고라도 났나?

비어 있던 반대 차선에 트럭이 나타나더니 우리 쪽 차선에 늘어선 차들을 갓길로 유도한다. 이건 또 뭘까? 그리고 또 트럭 한 대가 나타났다. 머리에 큼직한 전광판을 달았는데, 전광판 글씨가 '집이 따라옴(House Follows)'이다. 또 이건 뭐지? 궁금증의 연속이다. 어쨌든 사고는 아닌 모양이다.

잠시 후 주인공이 나타났다. 트랜스포머의 옵티머스프라임을 닮은 트레일러 트럭에 진짜로 집이 실려 있다. 집을 통째로 실었으니 차선 하나를 완전히 먹고도 부족하다. 가까이 다가왔을 때 보니 너무 커서 집의 일부는 잘랐다.

원래 이동할 수 있도록 집을 지은 모양이다. 콘크리트 구조물이 아니고 나무와 판넬로 지었다. 처음부터 트레일러에 실을 수 있도록 바닥을 단단한 철제로 만들었다. 앞에서 안내하는 트럭의 'House Follows' 전광판이 매우 자연스러운 것을 보니 이런 일이 가끔 있나 싶다.

궁금한 것이 많다. 왜 이사를 갈까? 어디로 갈까? 짓는 것보다는 값이 덜 먹히니까 가겠지? 수시로 이사를 다니는 사람일까? 뉴질랜드에 유목민이 있다는 얘기는 못 들었고…. 재미있는 구경거리 뒤에 풀리지 않는

트레일러에 실려 이사 가는 집

수수께끼만 남았다.

## 레이너가 만드는 원형의 초지

린디스패스를 지나 남서쪽으로 내려가면서 반 건조에 가까운 경관이 나타난다. 특히 산지는 나무가 거의 없고 풀이 듬성듬성 자란다. 평지는 목초지나 방목지로 쓰여서 산지에 비해 덜 메말라 보인다. 산지에 비해서는 상대적으로 수분이 풍부하기 때문이겠지만 우리나라의 여름과는 확연하게 다른 풍경이다.

산지를 벗어나 저지대로 들어서면서 레이너가 자주 눈에 띈다. 레이너가 많이 있다는 것은 그만큼 건조하다는 뜻이다. 레이너의 물은 모두 지하수로부터 공급받는다. 레이너의 한쪽 끝에 대규모 관정이 있고 거기서 뽑아 올린 물을 전체 초지에 뿌리는 방식이다. 막대한 양의 지하수가 뽑아 올려질 텐데 그렇다면 이곳도 오스트레일리아에서 겪고 있는 지반 침하나 염류토화 등 환경 문제가 수반되리라. 아름다운 경관이지만 환경과의 조화를 고민해야 하는 경관이기도 하다.

레이너는 관정을 중심으로 회전하기 때문에 물을 뿌리는 범위가 원형이 된다. 위성영상으로 보면 커다란 원형의 초지가 구분되지만 실제 육안으로는 구별이

레이너

되지 않을 정도로 규모가 크다. 지름 1km 정도는 보통이기 때문이다. 경지에 빈틈없이 작물을 심는 우리나라에 비추어 보면 원형의 경지는 공백지가 많이 나오기 때문에 상당히 아까운 생각이 든다. '네모반듯하게 경지를 잘라놓고 어째서 둥근 모양으로 폼을 잡았을까?' 궁금했었는데 알고 보니 이 레이너가 그 원인이었다. '땅 넓으니까 저지른 별 짓'이 아니라 레이너의 도움 없이는 농사가 불가능한 환경이 만든 작품이었던 것이다.

**과일을 생산하는 마을 크롬웰**

목초지나 방목지가 대부분을 차지하기 때문에 다른 농작물을 재배하는 농경지는 여전히 보기 어렵다. '밀이나 과일, 채소 등 식생활에 기본적으로 필요한 농산물들은 어디서 생산할까?' 하는 궁금증은 며칠째 계속된다. 들판을 달리면서 무의식중에 그런 경관을 찾고 있다.

크롬웰(Cromwell)에서 기다리던 경관을 만났다. 크롬웰은 던스탄(Dunstan)호 아래에 있는 마을로 제법 시가지 규모가 크다. 도로 옆에 배, 사과 등 과일 조형물이 있어서 이곳 특산물이 과일인 줄을 알겠다.

이를 증명이라도 하려는 듯 곧 이어서 널찍한 포도밭이 나타난다. 깔끔하게 정리된 포도밭은 지중해성 기후를 떠오르게 한다. 언덕 너머로 이어지는 포도밭은 푸른 하늘과 어울려 멋진 구경거리가 된다. 덥고 건조한 여름을 이용하여 포도를 생산하는 지중해성기후와 너무도 닮은 경관이다.

크롬웰 특산물 안내 조형물

길 양쪽으로 포도밭이 이어지는 중에 길옆에 과일가게가 있다. 넓은 주차장에 대형버스까지 서 있는 것을 보면 관광객들이 많이 가는 코스인 것 같다. 이런 길옆 가게는 우리나라에서는 흔한 풍경인데 뉴질랜드에서는 지금까지 본적이 없었다. 'John's fruit stall', '존의 과일 노점'이라고 해야 할까? 사람들이 꽤 많다. 사과, 배, 체리 등 다양한 종류의 과일이 있고, 과일뿐만 아니라 잼, 아이스크림 같은 가공식품들도 파는 가게다. 산지답게 값이 싼 편이다.

사과랑 체리를 사고 집에 가지고 갈 선물로 과일 잼을 샀다. 수제품이라는 잼은 뚜껑을 예쁜 천으로 장식해서 먹기보다는 장식용이라고 하는 것이 낫겠다. 갑자기 아이스크림이 먹고 싶어서 샀다가 큰 후회를 했다. 과일맛이고 초코맛이고 엄청 달다.

과일이 많은 이유는 따져볼 필요도 없이 건조한 기후 때문이다. 산에 나무가 못 자랄 정도로 건조한 기후인데 상류의 만년설 지역에서 물이 공급되어 과일 농사에 적합한 조건이 만들어졌다. 일반적으로 과일의 맛은 일조량이 좌우하지만 물이 공급되지 않으면 생육이 제대로 되지 않는다. 크롬웰을 지나가는 하천은 카와라우(Kawarau)강과 클러서(Clutha/Mata-Au)강인데 서던알프스 만년설에서 발원하는 하웨아(Hawea)호, 와나카(Wanaka)호, 그리고 와카티푸(Wakatipu)호에서 흘러내려 온다. 건조지역의 외래하천 비슷하다.

크롬웰 특산 과일은 체리라고 하는데 체리 외에도 포도나 사과도 많이 재배한다. 사과는 커다란 한 봉지가 7달러(NZD)로 거저나 다름없는데 욕심이 났지만 과유불급, 앞으로 우리가 머무는 동안 도저히 다 먹을 수 없는 양이다. 사과 호랑이 아내가 함께 왔다면 혹시 욕심을 냈을까? 손이 자루 머리까지 갔지만 꾹 참고 5달러(NZD)짜

존의 과일 노점에 있는 7달러 짜리 사과

리 작은 포장을 하나 샀다. 그것도 양이 매우 많다. 하지만 체리는 생각보다 비싸다. 작은 플라스틱 팩 포장인데 5달러다. 사과와 비교한다면 굉장히 비싼 편이다.

**로어링멕 수력 발전소**

크롬웰 과일가게를 지나 카와라우강을 따라가다 보면 길이 잠깐 북쪽으로 향하는 구간이 있다. 전체적으로 남서쪽으로 진행 중이므로 마치 반대로 가는 것 같다. 전형적인 감입곡류하천으로 대단한 급류를 이룬다. 발원지의 빙하와는 상당한 거리가 떨어져 있는 곳인데도 물은 비취색이다. 북쪽으로 가던 강이 다시 갑자기 방향을 바꿔서 남서쪽으로 급회전하는 구간에 전망대가 설치되어 있는데 전망의 주제가 발전소다.

물론 그 앞을 흐르는 급류 역시 훌륭한 볼거리이다. 이 일대도 산은 키 작은 관목류들이 주로 자라고 있는데 키가 큰 침엽수들은 무슨 이유인지 모두 말라 죽

로어링멕 수력발전소

### 로어링멕, 초기 유럽인 정착민들의 애환이 담긴 이름

'Roaring Meg'은 '고함치는 메기'라는 뜻이다. 홍수가 나면 냇물이 요란한 소리를 내면서 흐르는 모양을 빗대어 묘사한 이름이다. 원래 이 하천의 이름은 커틀번(Kirtle Burn)이었다. 그런데 어떤 이유로 이름이 바뀌게 되었다. 이와 관련해서 두 가지 이야기가 전해 내려온다.

둘 다 골드러시로 사람들이 이곳에 몰려들던 시기를 배경으로 한다. 노동자들이 몰려들었고 마을이 형성되면서 유흥오락 기능이 발달하기 시작하였다. 일확천금을 꿈꾸며 무작정 먼 바다를 건넌 사람들과 그들의 객고를 달래 주던 유흥오락 기능은 불가분의 관계이면서 동전의 양면이었다.

한 가지 설은 매기 브렌넌(Maggie Brennan)이라는 바 여급의 이름에서 온 것이라고 한다. 그녀는 사납고 입심이 좋아서 동네에서 유명했었는데 요란하게 흐르는 냇물에 그 이름을 빗댄 것이다.

다른 하나는 성격이 다른 두 여인의 이름을 두 개의 지류에 각각 붙였다는 설이다. 무도회에서 돌아오던 사람들이 냇물에서 두 여인을 건네주었는데 한 여인은 수다스러웠고 다른 여인은 조용했다고 한다. 수다스런 여인의 이름을 흐름이 거친 지류에, 조용한 여인의 이름은 물살이 세지 않은 지류에 각각 붙였다. 로어링멕 댐에서는 두 개의 지류가 합류하는데 좀 더 크고 거친 쪽은 로어링멕(Roaring Meg)이고 작고 조용한 지류는 젠틀애니(Gentle Annie)이다.

신개척지 분위기가 잘 드러나는 다분히 남성 중심적인 내용이다. 매기는 어떤 사람이었고 애니는 또 어떤 사람이었을까? 여인의 몸으로 불확실성뿐인 개척지에 인생을 걸었을 때는 평범한 상황은 아니었을 것이다. '고함치지' 않으면 험난한 세파를 헤쳐 나갈 수 없었을지도 모른다.

었다. 그래서 산은 대체로 황량하다. 하지만 풍부한 물 덕분에 하천 연안은 나무가 우거져 있고 물은 거침없이 계곡을 가득 채운 채 흰 거품을 일으키며 흘러간다.

로어링멕 수력발전소는 카와라우강의 지류(로어링멕)를 이용하는 발전소이다. 카와라우강으로 흘러드는 지류의 상류를 막아서 모은 물을 인공수로를 통해 완만하게 이동시켜서 낙차가 커지게 하여 발전한 후 카와라우강으로 합류시킨다. 전형적인 수로식 발전양식이다.

전국적으로 전력 수급 망이 연결된 1957년 이전까지 이 일대의 전력공급은 과거 개척기 광산 개발과 관련하여 만들어진 발전소에서 공급되었다. 초기 수력 발전소들은 금광 개발, 배수·준설 회사와 협력 사업으로 만들어졌다.

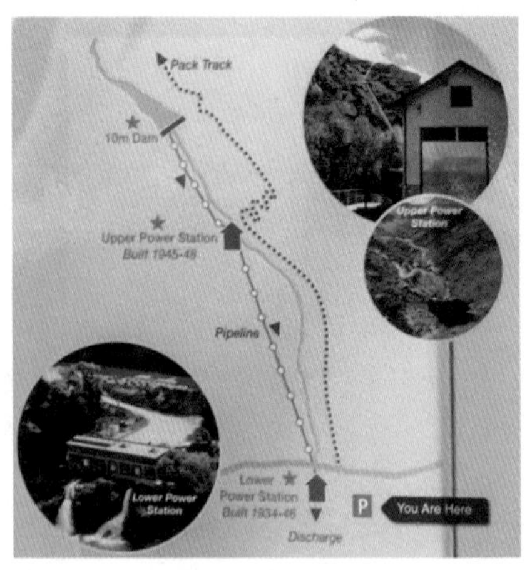

발전소 안내 표지판

로어링멕 수력발전소는 작은 두 개의 발전소로 구성되어 있다. 발전소 상류 3.6km 지점에 높이 10m의 댐을 쌓아 이 물을 두 번 활용하고 있다. 상부발전소는 댐 아래 1.3km 지점에 있으며 하부발전소는 길옆 전망대에서 볼 수 있다. 규모는 두 개 합하여 4000Kwh에 불과한 작은 발전소이다.

### 서안해양성기후에서 생산한 와인은 맛있을까?

너른 포도밭을 보니 슈퍼마켓마다 매장의 한 부분을 차지하고 있는 와인이 이해가 된다. '뉴질랜드=서안해양성기후'라는 고정관념을 머릿속에 단단히 여미어 넣고 있는 지리교사의 눈으로는 뉴질랜드 와인이 낯설어 보였다. 고정관념으로는 잘 이해가 되지 않는 현상이어서 약간의 고민 끝에 자연환경과 관련이 있는 상품이 아니라 문화적 관성이 만들어 낸 경관이라고 나 혼자 결론을 내렸었다.

퀸스타운에 거의 다 갔을 무렵에 길 가에 'Amisfield'라는 와인샵이 있어서 들어가 봤다. 포도밭에 레스토랑이 붙어 있다. 아니, 정확히 말하면 레스토랑에 포도밭이 바지 사장처럼 붙어 있다. 그 포도밭이 창 너머로 보이는 음식점은

지중해성기후 지역을 닮은 포도밭(크롬웰)

사람들로 꽉 차 있다. 주변에 주택이 하나도 없는 외딴 곳의 주차장에 차들이 빼곡해서 좀 생뚱맞아 보였는데 실제로 손님이 많다. 이 일대가 포도를 생산하는 유명한 지역이기 때문에 이런 형태의 음식점이 있을 수 있지 않나 싶다. 손님들은 아마도 퀸스타운에서 왔을 것이다.

뉴질랜드에도 지중해성기후 못지않은 기후가 발달해서 좋은 품질의 포도를 생산할 수 있는 곳이 꽤 많이 있다. 물론 유럽인들이 지니고 있던 문화적 관성도 작용을 했을 것이다. 매장마다 상당히 많은 종류의 와인이 진열되어 있고 값이 비싼 것도 많다. '뉴질랜드 와인이 좋다'는 말은 들어본 적이 없지만 이런 기후 환경이라면 꽤 품질이 좋은 와인이 생산될 수 있을 것 같다.

그런데 와인샵이라는 그곳에서 우리는 와인도 사지 못하고 밥도 먹지 못했다. 우선은 레스토랑은 예약을 해야 한다고 한다. 그리고 와인은 주로 식사에 곁들여 마시는 용도로 판매하는 것 같다. 종류도 적고 값도 비싸다. 전문점이니 당연히 슈퍼마켓보다 훨씬 많은 와인이 있을 거라고 기대했었는데 전혀 우리 생각과는 다른 곳이었다. 정장으로 차려입은 손님들 속을 꾀죄죄한 여행자들이 돌아다니는 풍경은 우리 스스로도 어색하다.

사슴목장. 무심한 양들과는 달리 사슴들은 호기심이 많다.

### 뉴질랜드 사슴피 캡슐은 누구를 위한 상품일까?

퀸스타운에서 테아나우를 가는 길에 사슴목장을 만났다. 로토루아 아그로돔에서 사슴을 보기는 했지만 이런 대규모 방목장은 이번 여행에서 처음 본 것이다. 사슴을 대규모로 사육한다는 것은 사슴 수요가 있다는 뜻인데 어디에 쓰이는 것일까? 뉴질랜드에서는 사슴 고기를 베니슨(venison)이라고 하며 햄버거나 구이로 많이 먹는다고 한다.

우리집에서는 한때 뉴질랜드산 녹혈(鹿血) 캡슐이 기침에 잘 들어서 인기 상품이었던 적이 있었다. 내 생각에는 뉴질랜드와 녹혈은 전혀 어울리는 조합이 아니었지만 어쨌든 사슴을 많이 키운다는 얘기를 전부터 듣고 있었던 것이다. 한방에서 사슴뿔과 뿔을 자를 때 나오는 녹혈은 기침에 특효한 약재이다. 그런데 뉴질랜드에서 녹혈 캡슐이 생산된다는 것이 놀랍다. 뉴질랜드 사람들을 겨냥한 상품일까, 아니면 우리나라나 중국인 등 사슴뿔을 약재로 쓰는 사람들을 겨냥한 상품일까?

뉴질랜드에서 녹혈(Deer Blood capsules)은 일종의 영양제로 생산, 판매되고 있다. 필수아미노산, 단백질, 철분 등을 공급하는 영양제로 혈액 생성과 신체 기능 향상 보조제로 선전되고 있다. 하지만 우리나라와 같이 뿔을 자를 때 나오는 피를 사용하지는 않는다.

차를 세우고 다가갔더니 귀를 쫑긋 세우고 있던 녀석들이 슬금슬금 뒤로 달아난다. 소나 양과는 달리 야생의 습성이 많이 남아 있기 때문인 모양이다. 저만치 달아나서 한참 눈치를 보더니 다시 슬금슬금 앞으로 다가온다. 수십 마리 사슴들이 고개를 세우고 다가오는 모습이 영락없이 호기심 많은 꼬마들 모습이다. 북섬 오하키에서 봤던 송아지들과는 비슷하면서도 느낌이 약간 다르다.

현이의 Tips &

사슴고기를 먹어 보지 못해 아쉽다. 매일 양고기와 소고기를 먹는 재미로 사슴고기 생각을 못했다. 우리나라에서는 양고기보다 더 먹어보기 어려운 것이 사슴고기인데….

**슈퍼마켓이 건재하다**

다섯 시가 채 못 되어 테아나우(Te Anau)에 도착했다. 테아나우호 크루즈를 타면 시간이 적당할 것 같아 크루즈 선착장에 갔더니 주차장이 30분 무료다. 예약한 모텔이 가까운 곳에 있어서 차를 두고 가는 것이 낫겠다 싶어 일단 체크인을 했다. 나이가 좀 있어 보이는 주인 토니는 넉넉한 몸매에 어울리게 매우 유쾌하고 친절하다. 그가 우리 계획을 묻기에 크루즈를 탈 예정이라고 했더니 친절하게도 테아나우 크루즈에 전화를 걸어 준다. 하지만 안타깝게도 오늘 남은 두 편(5:40, 7:00)이 모두 매진되었다는 슬픈 소식을 전해 준다. 다섯 시 이십 분인데 좀 난감하게 되었다.

프레시초이스(Fresh choice)라는 이름이 붙은 슈퍼마켓에 갔다. 규모가 상당히 커서 우리나라로 치면 마트급인데 아직 뉴질랜드에서는 '마트'라는 것을 보지 못했다. 우리나라에서도 한때는 슈퍼마켓이 대형 소매점의 대명사였던 적이 있었는데 어떤 이유로 마트(mart)라는 이름으로 바뀌게 되었는지 모르겠다. 이제는 '슈퍼마켓' 앞에 '동네'가 꼭 붙는 신세가 되었다.

이름이 뭐가 중요할까 싶을 때가 종종 있다. 예를 들면 간호원이 간호사가 되었다든지, 미용사에게 선생님 칭호를 붙이기로 했다든지, 노인을 어르신이라고 부른다든지 등등 명칭과 직함에 매우 큰 의미를 부여하는 문화가 우리에게 있다. 노동자들의 실질적인 권리가 중요하며, 노인복지를 튼튼하게 하는 것이 옳으며, 인권과 인격을 존중하는 문화라면 칭호는 아무런 문제가 되지 않는다. 갑질이 정당화되는 사회에서 칭호만 바꿔 봤자 머지않아 칭호 인플레이션만 일어날 뿐이다.

### 삼겹살로 마무리

인구 2000명에 하루 관광객이 3000명이라는 테아나우를 슈퍼마켓에서 실감할 수 있다. 차림이나 사는 물건으로 보아 토박이 주민이 아닌 것이 분명한 사람들이 손님의 대부분을 차지한다. 이곳 역시 중국인들이 많다.

오늘은 기름진 삼겹살이 떠올라서 마트를 샅샅이 뒤진 끝에 삼겹살을 찾아냈다. 두툼한 삼겹살이 구미를 자극한다. 양념한 양고기와 소시지도 곁들여 골랐다. 쌈장은 없지만 대신할 소스도 한 봉지 사고 파와 케일도 한 묶음씩 샀다. 맛있게 먹었다는 얘기를 들은 적이 있어서 껍질이 파란 홍합도 샀다. 사슴고기를 찾아봤지만 안타깝게도 찾을 수가 없다.

이 정도면 충분히 진수성찬을 만들 수 있겠다. 마누라가 아들 좀 먹이며 데리고 다니라는 주문을 한 터라 나름 신경 써서 성찬을 마련해 보는 것이다. 그래도 술은 참아야 한다. 내일 서던알프스를 넘어야 하기 때문이다.

테아나우의 성찬

'한 병 더 살까?' 하고 살짝 유혹을 해 봤지만 아들이 안 된다고 잘라 말한다. 이젠 아들이 나를 컨트롤한다.

이른 시각에 하루를 마무리하게 되면서 돌이켜 보니 오늘은 유명한 여행지를 하나도 보지 못한 하루다. 테아나우호 크루즈로 마무리하려 했는데 그 마저도 못하게 되었으니…. 그래도 계획에 없던 곳에서 잠시 멈춰서 예상하지 못했던 것들을 보는 것도 재미있기는 하다. 드라이빙 여행의 큰 장점이다. 아쉽지만 드라이빙 여행의 장점을 잘 살린 날로 좋게 정의해 본다.

현이의 Tips &

중간에 볼거리를 미리 찾아보고 갔더라면 좋았을 것 같다. 332km를 달렸지만 특별한 볼거리가 없었던 일정이었다. 특히 퀸스타운에서부터 테아나우까지는 볼거리를 찾아보고 가면 좋을 것 같다.

### 여행 경비로 정리하는 하루

| | 교통비 | 숙박비 | 음식 | 액티비티, 입장료 | 기타 | 합계 |
|---|---|---|---|---|---|---|
| 비용(원) | 69,865 | 126,575 | 55,635 | 40,488 | 42,866 | 335,429 |
| 세부 내역(NZD) | 기름(타라스) 52.32 기름(테아나우) 31.7 | Alpen horn Motel 148.8 | 과일, 잼 등(크롬웰) 47.7 점심(퀸스타운 버거킹) 18.05 | 밀퍼드크루즈(예약) 31.2 테아나우크루즈(예약) 17 | 슈퍼마켓(테아나우, 프레시초이스) 50.66 | |

NEW ZEALAND

여덟째 날

# 뉴질랜드 여행의 꽃, 밀퍼드사운드

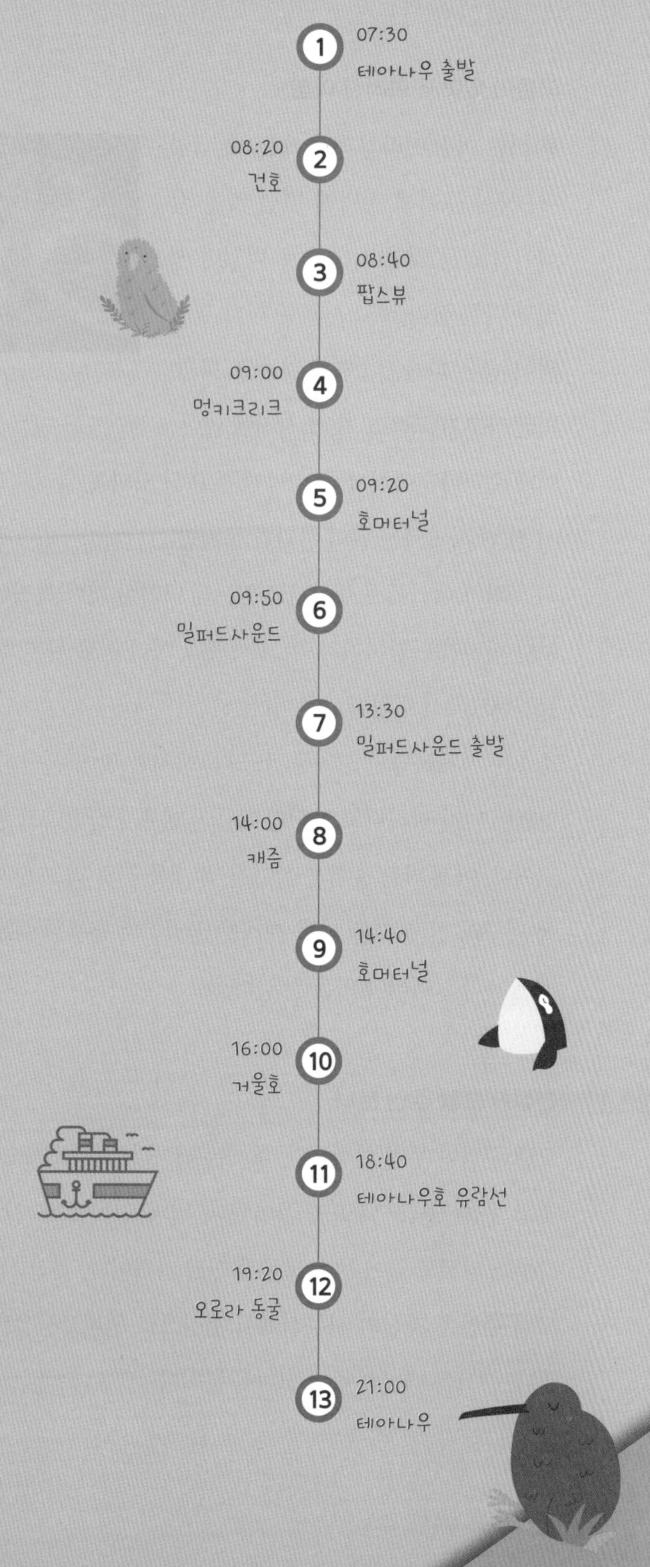
1
07:30
테아나우 출발
2
08:20
건호
3
08:40
팝스뷰
4
09:00
멍키크리크
5
09:20
호머터널
6
09:50
밀퍼드사운드
7
13:30
밀퍼드사운드 출발
8
14:00
캐즘
9
14:40
호머터널
10
16:00
거울호
11
18:40
테아나우호 유람선
12
19:20
오로라 동굴
13
21:00
테아나우

### 국물이 있어서 화려한 아침

샐러드와 라면해장국

'화려한 아침'이라고 하기에는 좀 그렇다. 사실은 어제 저녁에 먹던 것을 잘 섞어서 만든 것이다. 쌈으로 먹었던 케일과 파를 잘라 넣고 사과를 하나 잘게 썰어 넣은 다음, 어제 구워놓고 채 못 먹은 양고기, 돼지고기, 소시지에 덮어서 샐러드를 만들었다.

어제 슈퍼마켓에서 조금 비싸게 주고 산 사과를 샐러드 재료로 썼다. 크롬웰에서 산 싼 사과와는 달리 사과가 돌처럼 단단하다. 최근에 '엔비(envy)'라는 품종의 사과가 예산에서 생산되고 있는데 딱딱한 것이 특징이다. 크기는 예산 엔비보다 작지만 단단하기가 딱 그 사과다. 아마 서로 사촌 간은 될 거 같다. 엔비는 뉴질랜드에서 수입된 품종이다.

소스는 정체불명의 고기용 소스다. 하지만 맛이 은근히 잘 어울린다. 양고기 양념이 약간 강하다고 말했던 아들이 냄새가 잡혔다고 한다. 그리고 너구리 라면이다. 어제 파란 홍합을 삶아서 몇 개를 건져 먹고 남겨 놓았었다. 홍합 국물에 너구리 한 봉지를 넣고 찌개를 끓였더니 훌륭한 해장국이 되었다. 국물이 있는 음식을 먹어야 먹은 것 같다.

### 친절한 모텔 주인 토니

모텔 주인이 무척 친절하다. 어제는 테아나우호 크루즈가 매진된 것을 알아봐 주고 오늘 저녁으로 표를 끊어줬다. 밀퍼드사운드도 갈거라고 했더니 밀퍼드 크루즈 티켓도 끊어줬다. 모두 할인된 가격이다. 전산 시스템이 갖춰져 있어서 모텔 주인은 자신의 사무실에서 전산으로 밀퍼드사운드까지 예약 표를 끊어 준다. 수고를 대신해 주니 고마울 뿐이다.

오늘 밀퍼드사운드를 다녀오면 하루 더 테아나우에서 머물러야 하므로 방을 예약하겠다고 했더니 자기 집에 방이 없다며 옆집을 소개해 준다. 여러 가지 호의를 베풀어 준 주인 토니와 아쉬운 작별을 하고 일곱 시 삼십 분에 테아나우를 떠났다.

### 밀밭 발견!

밀퍼드사운드로 가기 위해 테아나우 시내를 벗어나자마자 밀밭을 발견했다. 밀은 북섬 동북부에서 많이 생산한다고는 하지만 남섬에서도 가끔씩은 눈에 뜨일 만도 한데 오늘까지 내내 밀밭을 보지 못했다. 일부러 눈여겨봤는데도. 그런데 처음 본 밀밭이 규모가 상당히 작아서 좀 실망스럽다. 목초지나 방목지에 비하면 너무 작아서 겨우 자기 집이나 먹고 조금 남지 않을까 싶다.

밀밭을 지나면 테아나우호를 왼쪽으로 끼고 구불구불 길을 달린다. 남섬에서는 가장 크고 전국에서는 타우포에 이어 두 번째라는 테아나우호는 과연 크다. 아들의 운전 실력이 많이 늘어서 구불구불한 길인데도 이젠 옆자리에서 편안하게 구경하고 메모도 하면서 갈 수 있다.

날씨가 눈이 부시게 화창하더니 출발한 이후로 구름이 끼었다. 산을 넘다 눈

테아나우 밀밭

애글린턴산(1859m) 기슭에 걸린 무지개

을 만나는 것은 아니겠지? 모텔 주인 토니가 오늘은 날씨가 맑을 것이라고 말해 줬었는데…. 날씨가 오락가락 하는 덕분에 온전한 무지개를 보는 행운도 있었다. 약간의 비가 내리더니 산 자락에 무지개가 걸렸다. 테아나우호를 벗어나서 산길로 접어드는 곳으로 유명한 거울호(mirror lake) 건너편이다. 이렇게 한 눈에 무지개가 보이는 경우는 흔치 않다. 계곡 양쪽 봉우리 사이의 거리가 4~5km쯤 되는데 그 안에 무지개가 생겼으니 우리가 달리고 있는 도로에서 아주 가까운 곳에 있다. 무지개는 가도 가도 끝내 만날 수 없는 꿈을 상징하는 예가 많은데 오늘 무지개는 건너편 산자락에 걸려서 더 달아날 곳이 없으니 쫓아가 보면 만날 수도 있을까?

### 바람의지 쪽인데 큰 나무가 자란다

거울호 주변에는 갑자기 큰 나무들이 가득 찬 숲이 발달한다. 그동안 봤던 반건조에 가까운 초원과는 매우 다른 경관이다. 테아나우를 떠나면서 내내 '남섬은 목양이라는 말이 과연 맞구나' 생각하면서 왔는데 불과 30여 분 만에 완전

테아나우호 상류 지역의 숲

히 다른 식생 경관이 나타났다. 위도(약 45°S)도 높고 해발고도(약 300m)도 높은 곳인데 갑자기 이런 식생이 발달하는 이유는 뭘까? 좀 전에 지나온 목초지들도 원래는 이랬었지만 경지화 과정에서 숲이 제거되었고 이곳은 인위적으로 개간을 하지 않았기 때문에 이런 경관을 유지하고 있는 것일까?

그럴 가능성도 없지는 않다. U자곡이 발달하고 있는 이 일대는 계곡 바닥의 폭이 좁아서(약 1km 정도) 경지화를 해도 그다지 넓은 경지를 얻기는 어렵다. 게다가 1km 계곡 안에 하천이 차지하고 있는 넓이가 꽤 되기 때문에 실제 확보할 수 있는 경지가 넓지 않다. 개간을 한다면 한 마디로 매우 가성비가 떨어지는 곳이다. 그래도 캔터베리에서 테아나우까지 내내 만났던 건조에 가까운 식생과는 확연하게 다른 이유가 분명히 있어야 한다.

서던알프스는 한 줄기가 아니고 여러 겹으로 이루어진 산맥이다. 모든 산맥이 비슷하지만 특히 이 일대의 서던알프스는 여러 겹으로 산줄기가 발달한다. 40km 정도의 범위에 적어도 4개의 산줄기가 평행으로 발달하고 있다. 편서풍을 막아 상승작용을 일으킬 수 있는 산줄기가 여러 겹으로 있는 것이다. 물론 가장 바다에 가까운 곳에 있는 산이 가장 큰 장벽으로 작용할 것이다. 하지만 이 일대는 서쪽 해안 쪽 보다는 테아나우호 쪽 내륙에 더 높은 산이 있다. 이 일대 최고봉은 크리스티나(Christina)산으로 높이가 2502m인데 네 줄기 가운데 내륙 쪽으로 세 번 째 줄기에 자리를 잡고 있다. 서해에서 불어온 다습한 바람이 이 산줄기들에 부딪혀 비가 내리므로 이 일대는 전체적으로 강수량이 많다. 또한 북북동-남남서 방향의 구조선(할리퍼드강-에글린턴강)이 서해안까지 이어져 있어서 팝스뷰-디바이드-미러호 일대까지 다습한 공기가 직접 유입한다(228쪽 지도).

**마음에 드는 구석이 조금이라도 있으면 아낌없이 사진을 찍자**

테아나우호를 벗어나서 상류 쪽으로 올라가면서 빙하호가 계속 나타난다. 이 일대는 모두 빙하 침식으로 만들어진 빙식곡(U자곡)이므로 낮은 부분에 호수가 만들어진 경우가 많다. 3.2km 길이의 건(Gunn)호는 큰아들 이름이라서 작은아들이 아주 반가워한다. 사진을 찍어서 저녁에 형에게 보내주는 배려인지, 자랑인지를 한다. 해발 480m인 건호를 지나면 퍼구스(Fergus)호가 바로 이어져 있고 이름이 없는 작은 호수가 또 나타난다. 빙하호들이 선상으로 연결되어 있는 장면은 좁고 깊은 U자곡을 달리면서 볼 수 있는 경관이다.

무지개를 끼고 떨어지는 폭포는 현곡이다. 폭포가 너무 작게 보여서 욕심을 내지 않고 지나쳤는데 나중에 생각해 보니 너무 아쉽다. 무지개를 버리고 폭포를 살렸으면 좋은 그림이 나왔을 텐데 어째 아까는 그 생각을 못 했을꼬…. 뭔가 마음에 들지 않는 부분이 있어서 찍지 않고 지나쳤다가 후회를 하는 경우가 종종 있다. 지리 사진의 대가 김석용 선생님은 실크로드의 '논'을 못 찍어서 다시 찾아가셨다고 한다. 단 한 장의 사진 때문에 그 먼 길을 다시 가신 그 열정을 따라 갈 수는 없지만 그 심정을 조금은 이해할 것도 같다. 마음에 안 드는 부분이 있더라도 반대로 마음에 드는 부분이 조금이라도 있다면 망설이지 말고 셔터를 누르리라 다짐해 본다. 머지않아 똑같은 후회를 또 하겠지만.

### U자곡에서 관광객과 노는 새

테아나우호로 흘러 들어가는 하천(Eglinton)과 서해안의 메커로우(Mckerrow)호로 흘러 들어가는 하천(Hollyford/Whakatipu Ka Tuka)의 분수계를 지난다. 건호-퍼그스호로 이어지는 빙하호가 끝나는 곳에서 500m 쯤 떨어진 곳이다. 이곳은 지명이 '분수계(The devide)'이다. 우리나라식으로 부른다면 '수분(水分)재'다.

분수계를 넘어 할리퍼드(Hollyford)강 수계로 접어들면 빙하지형이 더욱 장관이다. 곡빙하가 만들어 놓은 거대한 U자곡과 현곡이 전형적으로 나타난다. 만년설이 쌓인 봉우리에서 떨어지는 융빙수 폭포가 그야말로 천 길 낭떠러지다. 눈이 많이 내리면 이 길은 폐쇄한다. 호머터널을 지나 밀퍼드사운드 쪽으로 조금 내려가면 도로를 막을 수 있는 철문이 설치되어 있다.

멍키크리크(Monkey Creek)라는 쉼터가 있다. 두 개의 U자곡이 만나는 지점으로 약간 넓은 곳이어서 쉼터가 설치되어 있다. 주변이 온통 깎아지른 듯한 U자곡의 절벽들이다. 고개를 쳐들고 위를 올려다보려면 고개가 아플 지경이다. 그런데 엉뚱한 녀석이 바쁜 눈을 더욱 바쁘게 한다. 회색 몸통에 연두색 날개, 머리칼은 번개머리 마냥 삐죽삐죽 섰다. 부리는 끝이 휘어진 것이 앵무새와 매의 중간쯤 되어 보인다. 자동차 지붕 위에 앉아 사람들의 시선을 한껏 즐긴다. 마치 길거리에서 버스킹을 하는 것 같다. 아마도 관광객들이 먹을 것을 주기 때문에 사람들이 모이면 날아오는 모양이다. 원래 사람을 경계하지 않는 습성을 가지고 있는지 도대체 무서워하는

케아

## U자곡과 현곡

빙하기에 하곡(河谷)은 얼음으로 가득 채워진다. 물은 매우 작은 경사만 있어도 움직이지만 얼음은 어지간해서는 움직이지 않고 그 자리에 얼어'붙어' 있다. 얼어붙어 있던 고체의 얼음덩어리가 움직이기(氷河) 위해서는 엄청난 양의 얼음이 쌓이고 쌓여서 얼어붙은 힘을 이길 만큼 중력이 작용해야 한다. 그렇게 계곡을 가득 메운 얼음이 움직이기 시작하면 막대한 무게 때문에 바닥과 옆을 깊이 침식하게 된다. 하천이 V자형의 계곡을 만드는 데 비해 빙하는 U자형의 계곡을 만드는 이유이다. 그런데 지류들은 어떨까?

U자곡

하천의 지류와 본류가 만나는 부분은 높이가 같다. 물의 양에 따라 하천도 침식량이 달라지기는 하지만 수량과 침식량의 비례 정도는 크지 않기 때문이다. 하지만 빙하의 침식량은 빙하의 크기, 즉 무게와 상관관계가 매우 높다. 따라서 본류의 침식량과 지류의 침식량은 많은 차이가 있다. 그래서 본류와 지류가 만나는 부분의 높이가 차이가 난다. 빙하가 후퇴한 후 본류로 흘러드는 지류는 마치 본류 연안의 절벽에 매달려 있는 것처럼 보이기 때문에 '매달다'는 뜻의 '懸(hanging)'을 붙여 현곡(hanging valley)이라 부른다.

현곡

기색이 없다. '케아(kea)'라는 새로 이 일대에 많이 산다고 한다. 멸종 위기 앵무새인데 생김새도 썩 예쁘지 않지만 말썽을 많이 피워서 뉴질랜드 사람들은 좋아하지 않는다고 한다. 심지어는 양을 잡아먹기 까지 한다니….

케아

**호머터널: 26년 걸려서 만든 왕복 1차선**

밀퍼드하이웨이(94번 도로)가 서던알프스를 넘는 정점은 터널이다. '호머의 안장(Homer's Saddle)'이라고 일컬어지는 칼등처럼 날이 선 서던알프스 능선을 뚫고 넘어가는 이 터널은 밀퍼드사운드로 흘러들어 가는 클레다우(Cleddau)강과 마틴스만으로 흘러들어 가는 할리퍼드강의 분수계이다. 양쪽의 물이 동해와 서해로 흘러들어 가는 것이 아니고 둘 다 서해안으로 유입하기 때문에 좀 싱겁다. 하지만 터널은 결코 싱겁지 않다.

우선 시설이 너무 형편없어서 싱겁지 않다. 무려 1270m나 되는 터널이 1차선이다. 반대 쪽에서 차가 오면 기다려야 한다. 게다가 터널 내부가 정말 엉성하다. 바위를 뚫어서 만든 그냥 굴이다. 이 터널을 무려 26년 걸려서 만들었다는 것은 공사했던 때가 1954년이라는 점을 고려하면 약간 이해가 되기는 한다. 우리나라에서는 편도 1차선 터널이 울릉도에나 있을까 어지간한 지방도도 기본이 2차선이다. 국도에 있는 터널들은 왕복 2차선도 드물어서 편도 2차선이 보통이다. 뉴질랜드와 비교해 보면 대한민국, 대단한 토목 강국이다.

이 터널이 완공되기 이전에는 배편이나 항공편이 아니면 갈 수 없는 곳이었다는 뜻이다. 그러니까 밀퍼드하이웨이는 밀퍼드사운드로 가는 유일한 육로인데 이 터널이 밀퍼드하이웨이 건설에서 가장 중요한 부분을 차지했다.

호머터널. 대기 시간을 알려주는 전광판이 설치되어 있다.

## 호머터널의 역사

밀퍼드사운드에 갈 수 있는 자동차 도로 건설 계획은 1880년대 초반에 세워졌다. 그 입안 책임자였던 헨리 호머(Henry Homer)의 이름이 호머터널의 이름이 되었다. 곧바로 적절한 코스를 선택하기 위한 기초 조사가 이루어졌고 1890년에 노선 측량이 거의 완료되면서 호머의 계획은 실행 직전까지 갔다. 이 노선에는 호머터널 굴착 계획이 포함되어 있었다.

그러나 이 계획은 필요한 노동력을 확보하지 못해 실행이 중지되었다. 1929년에 마침내 200여 명의 노동자와 함께 테아나우에서 밀퍼드사운드를 연결하는 121km의 도로가 착

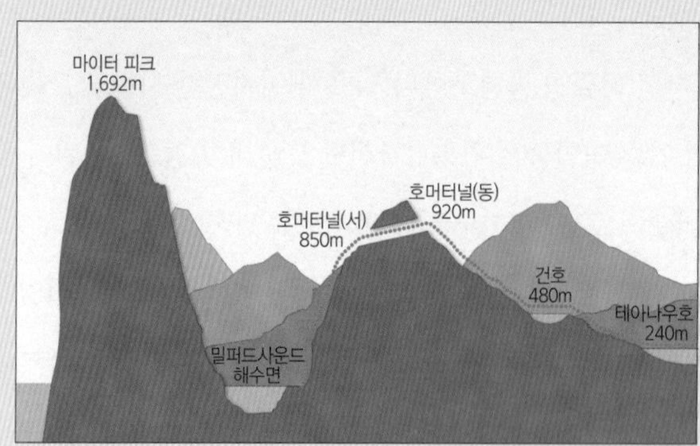


밀퍼드하이웨이와 호머터널 단면도(자료: Discoveries Centre)

공되었는데 대공황은 부족한 노동력을 공급하는 슬픈 배경이 되었다. 그러나 괭이와 삽, 톱과 손수레 등 열악한 기구에 의존한 공사는 난항을 거듭했고 변덕스런 날씨와 잦은 눈사태까지 공사를 괴롭혔다. 제2차 세계대전의 발발은 공사를 또 지연시켰다. 원시적 기구로 굴착하기에는 단단한 암반도 큰 장벽이었다. 터널 일대는 백악기 심성암인 반려암질이 기반암이다. 갖은 어려움 끝에 마침내 공사가 완공되었을 때는 1954년이었다. 뉴질랜드 역사상 비용이 많이 든 대표적인 공사였으며 많은 노동자들의 부상과 3명의 목숨을 대가로 치른 어려운 공사였다.

그러나 눈사태의 위험이 상존하여 연중 도로를 안전하게 쓰기가 어려웠다. 이를 해결하기 위해 1983년에 눈사태 통제 프로그램을 적용한 보강 공사를 통하여 위험을 줄여서 오늘에 이르고 있다. 오늘날 밀퍼드하이웨이는 지역 경제에 없어서는 안 될 시설이 되었다. 또한 밀퍼드사운드로 가는 유일한 육로로서 매년 50만 명이 이용하는 뉴질랜드 최고의 관광도로가 되었다.

호머터널

자료: 100% Pure New Zealand(https://www.newzealand.com)

## 드디어 밀퍼드사운드

계획을 세울 때 이번 여행에서 가장 의미를 뒀던 곳이 밀퍼드사운드였다. 노르웨이 서해안과 함께 세계적으로 가장 손꼽히는 피오르해안이 발달한 곳이 이 일대이기 때문이다. 피오르의 대명사 노르웨이를 못 가봤기 때문에 밀퍼드사운드에 대한 기대는 더욱 컸다.

밀퍼드사운드의 전체 길이는 약 16km이다. 노르웨이의 피오르에 비하면 만이 내륙으로 들어온 정도가 크지 않다. 뉴질랜드 서남부의 피오르 밀집 지역은 피오르랜드 국립공원(Fiordland National Park)으로 지정되어 있는데 공원 안에 있는 많은 피오르 중에서도 큰 편은 아니다. 하지만 이 중에서 밀퍼드사운드만이 유일하게 육로가 닿기 때문에 세계적인 명소가 될 수 있었다.

규모가 크지는 않지만 밀퍼드사운드는 전형적인 피오르 형태를 잘 관찰할 수 있고 주변에 발달한 현곡, 카르, 첨봉 등 빙하지형들을 함께 볼 수 있다. 짧은 구간에 이런 지형들이 집중되어 있어서 훨씬 집약적인 답사가 가능한 곳이 밀퍼드사운드다.

서던디스커버리(Southern Discoveries)라는 크루즈선에 올랐다. 선착장에서 피오르의 끝까지 나갔다가 돌아오는 코스인데 대략 12km 정도의 거리다. 수직 절벽과 절벽 중간에 걸려 있는 계곡(현곡)에서 쏟아져 내려오는 폭포, 멀리 보이는 뾰족한 봉우리(horn, 尖峯) 등 눈이 즐겁고 마음이 뿌듯하다.

현이의 Tips &

배에서 옵션으로 점심을 제공하는데 식당에 붙어 있는 컵 사용 안내 글이 영어, 일본어, 그리고 한글로 되어 있다. 한글이 세계 언어 중에 세 번째 안에 들다니!

폭포, 물개들의 쉼터 등을 잠깐 들러서 경치에 놀란 눈을 잠깐씩 쉬면서 피오르 끝까지 나갔다가 돌아온다. 피오르의 끝부분은 폭이 훨씬 넓고 해안은 절벽이 아닌 완만한 산기슭이다. 빙하가 작용하지 않았다는 뜻이다. 유람선의 반환점이 대략 빙하의 끝인 모레인(moraine)의 위치에 해당한다.

'놀기'를 할 수 있는 동물은 많지 않다고 하는데 돌고래가 그중 하나라고 한다. 먹이를 주는 것도 아닌데 배를 따라오면서 구경거리를 제공한다. 마치 유람선에 고용된 알바생처럼 적절한 타이밍에 적절한 동작으로.

해리슨만(Harrison Cove)은 밀퍼드사운드 안쪽에 있는 작은 만이다. 만의 한쪽 절벽에 기대어 밀퍼드사운드 언더워터 관측소(Milford Sound Underwater Observatory)가 자리를 잡고 있다. 주변은 바닷물에 잠겨 있는 현곡이어서 수심이 얕다. 현곡으로 몰려드는 습한 바람은 다습한 기후를 만들었고, 또한 갑작스러

밀퍼드사운드

우면서도 심한 기후 변화를 일으키곤 한다. 바람의 터널, 감돌아 나가는 강풍, 울창한 숲 등은 연구의 가치를 높이는 요인이다. 또한 밀물과 썰물이 드나드는 피오르의 측벽을 자세히 연구할 수 있는 조건도 갖추고 있다. 이곳에 이 시설이 들어선 이유이다.

엄청난 볼거리는 못되지만 물에 잠긴 빙식곡의 측면을 가까이에서 볼 수 있고 현곡에서 공급되는 하천 운반 물질이 뿌옇게 떠 있는 물속을 볼 수 있다. 밀퍼드사운드와 관련된 전시물들 중에도 관심이 가는 것이 있다. 예를 들면 밀퍼드하이웨이 건설 과정에 대한 설명이나 밀퍼드사운드의 구조 같은 것들이다.

밀퍼드사운드의 돌고래

**현이의 Tips &**

'액티비티의 천국'이라는 뉴질랜드에서 밀퍼드사운드는 천국 중의 천국이라고 할 만하다. 우리는 크루즈를 타고 거기에 딸려 있는 디스커버리센터를 가 본 것이 전부였지만 카약, 수상레포츠, 사이클 등 많은 종류의 액티비티 상품이 있다. 쉴 새 없이 뜨고 내리는 경비행기 역시 하늘에서 밀퍼드사운드를 내려다볼 수 있는 상품이다. 공통적으로 값이 비싼 선진국형 액티비티다.

밀퍼드사운드 카약킹

밀퍼드사운드의 지리적 특징

디스커버리센터와 해리슨만

빙하 침식으로 만들어진 현곡의 절벽

아하

## 밀퍼드사운드는 사운드(Sound)가 아니다

'사운드(Sound)'는 하곡(河谷)이 바닷물에 잠긴 해안, 즉, 리아스식 해안의 만을 뜻하는 용어이다. 초기에 밀퍼드사운드에 이름을 붙인 사람들이 이곳이 빙하의 작용으로 만들어진 U자곡이 침수하여 만들어진 해안, 즉 피오르(Fjord)해안인 줄 모르고 붙인 이름이다. 잘못 붙인 이름이 굳어져서 '사운드'가 '피오르'의 뉴질랜드식 표현이라고 오해하기도 한다.

밀퍼드사운드는 전형적인 피오르 지형을 보여 준다. 빙하기에 서던알프스에서 내려온 곡빙하가 바다로 빠져나가면서 침식한 계곡이 빙하기가 끝난 후 바닷물에 잠긴 지형이다. 15km에 달하는 깊은 만의 양쪽

↑현곡에서 쏟아져 내리는 폭포(스티어링 폭포)와 수직 절벽

↓밀퍼드사운드 끝부분에서 바라본 태즈먼해

에는 수직 절벽이 발달한다. 빙하 침식으로 만들어졌음을 보여 주는 이 수직절벽은 수면 아래로 300m까지 이어진다. 빙하 전성기에 계곡의 깊이는 수면 위에 노출되어 있는 절벽면의 높이와 수심을 합친 만큼이므로 거의 1km에 육박하는 엄청난 깊이였다. 폭은 약 600m~2km 정도로 막대한 양의 빙하가 이곳을 메우고 있었음을 알 수 있다.

약 1만 년 전에 빙하기가 끝나면서 지구 전체적으로 바닷물의 높이가 올라갔다. 해수면 상승 높이는 약 100m 정도로 알려져 있다. 이곳을 가득 메우고 있던 빙하도 녹아서 계곡이 드러나게 되었고 그 계곡으로 바닷물이 침입하여 지금의 모양을 하게 되었다. 그런데 해수면 상승 폭보다 더 깊은 수심을 보이는 이유는 무엇일까?

막대한 양의 빙하는 그 무게도 천문학적이기 때문에 바닥을 깊이 침식하기 마련이다. 즉, 빙하기 해수면 아래까지 침식이 진행되었다. 그 증거는 당시 빙하의 끝에 발달했던 모레인(terminal moraine, 종퇴석)이다. 아래 단면도에 나타난 것처럼 밀퍼드사운드의 마지막 부분은 깊이가 27m에 불과하여 안쪽의 평균 수심인 300m에 비해 훨씬 얕다. 당시 이 모레인은 수면 위 수십m 높이로 쌓여 있었다.

이 모레인은 태즈먼해에서 밀려오는 강한 파도를 막는 장벽 역할을 해 주기 때문에 그 안쪽의 밀퍼드사운드는 상대적으로 물결이 잔잔하다.

스털링폭포(Stirling Falls)는 지류 빙하가 있던 계곡에서 흘러나오는 물이 만든 폭포이다. 100여m에 달하는 높이에서 떨어지는 이 폭포는 현곡의 끝부분이다. 디스커버리 센터가 있는 해리슨만도 현곡의 말단부이다. 스털링폭포가 있는 현곡에 비해 고도가 낮은 지류였기 때문에 지금은 바닷물에 잠겨 있다.

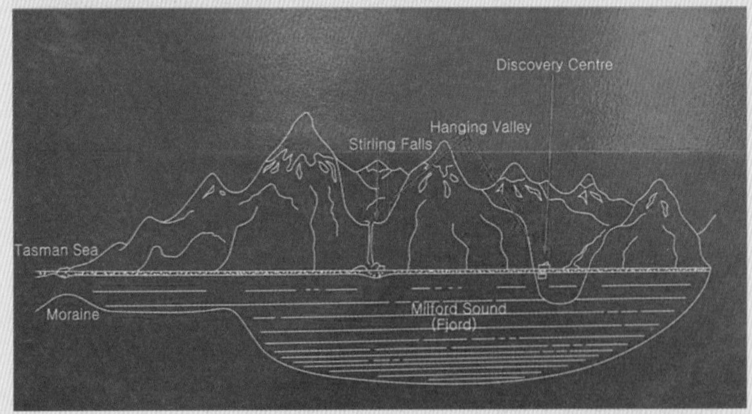


밀퍼드사운드 단면도(자료: 디스커버리 센터)

아하!

### 빙하지역의 산이 뾰족한 이유: 호른과 카르

영화를 시작할 때 파라마운트사 로고에 나오는 정상이 뾰족한 산이 있다. 마터호른(Matterhorn)이라고 알려진 산이다(사실은 다른 산이라고 한다). 이처럼 정상이 뾰족한 봉우리를 호른(horn, 尖峯)이라 한다. 이런 모양의 봉우리는 마터호른뿐 아니라 빙하지역에 흔하게 나타난다.

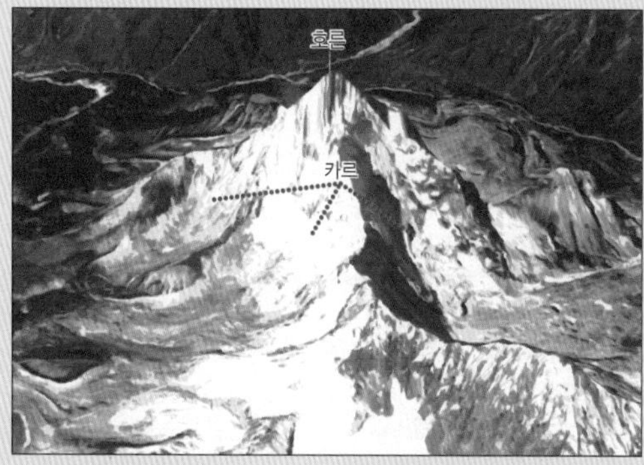


호른과 카르(히말라야 아마다블람)

밀퍼드사운드의 호른과 카르(카르는 윗부분만 보인다)

산을 덮은 눈얼음이 무게가 점차 증가하여 중력을 이기지 못하는 임계치에 도달하게 되면 아래로 이동하게 되는데 이때 많은 양의 바위나 흙이 함께 이동하게 된다. 얼음에 덮여 이미 동파(凍破)가 일어났기 때문에 침식이 활발하게 일어나며 침식된 곳의 모양이 말발굽 모양이 된다. 이를 카르(kar, 圈谷)라 한다. 카르는 보통 산 정상을 둘러싸고 사방으로 여러 개가 발달하기 때문에 결과적으로 뾰족한 봉우리, 즉 호른을 만들어 낸다.

## 거대한 돌개구멍, 캐즘

다시 서던알프스를 넘어 테아나우로 돌아가야 한다. 카르와 호른이 머리 위로 올려다 보이는 주차장을 출발한 시각은 대략 오후 한 시 사십 분 정도이다. 클레다우강을 따라 호머터널로 올라가는 길은 숲길이다. 키 큰 나무들이 울창한 것이 강수량이 많은 곳임을 말해 준다. 서던알프스의 서쪽, 즉 편서풍의 바람 맞이 쪽이기 때문이다.

오르막을 오르다보니 길 오른쪽에 넓은 주차장이 있다. 오전에 지나온 길이지만 발견을 못했던 곳이다. 캐즘(Chasm)은 '깊이 갈라진 틈'이라는 뜻을 가진 일반명사다. 'The Devide'에 이어 밀퍼드하이웨이 주변에서 두 번째 만나는 고유명사화한 일반명사다. 미루어 짐작하건데 깊은 협곡인 모양이다. 이 일대가 온통 협곡인데 그중에 협곡이라면 과연 어떤 곳일까?

울창한 숲길을 한동안 걸어 올라갔더니 주인공이 나타난다. 사실 주인공을 만나기 전에 만난 울창한 숲이 주인공 못지않게 멋지다. 껍질에 이끼를 켜켜이 끼어 입고도 남아서 머플러처럼 가지에 이끼를 걸고 있는 나무들은 딱 봐도 습한 기후의 상징이다. 북섬 레드우드의 나무들과는 느낌이 많이 다르다. 레드우드는 주로 침엽수였고 깔끔한 느낌이었다면 이곳의 나무들은 활엽수가 대부분이고 이끼를 많이 끼어 입어서 지저분해 보인다. 하지만 훨씬 더 천연의 느낌

캐즘 주변의 숲

이 강한 우림(rain forest, 雨林)이다.

캐즘은 암반으로 이루어진 강바닥이 자갈이나 굵은 모래 등에 의해 침식을 당해 만들어진 지형이다. 다란(Darran)산에서 흘러내리는 클레다우강에 홍수가 나면 평상시보다 많은 양의 자갈과 모래가 쓸려 내려온다. 이 물질들이 강바닥의 틈에 들어가 회전하면서 점차 틈을 확대하게 되는데 회전하는 원운동에 의해 틈은 점차 둥그런 모양으로 바뀌게 된다. 하상(河床)이 암반으로 되어 있는 경우에 흔하게 볼 수 있는 이런 지형을 돌개구멍(Pothole)이라고 한다. 우리나라에도 비슷한 지형이 많이 있다. 심성암으로 이루어져 있는 지질구조와 홍수 강도가 큰 것도 비슷하다.

캐즘

하지만 우리나라에서는 규모가 이렇게 큰 것은 보지 못했다. 얼핏 커다란 틈처럼 보이지만 그 틈 안에 여러 개의 큰 돌개구멍이 있다. 그래서 '틈(Chasm)'이라는 이름이 붙었나 보다.

### 그저 그런 거울호

돌아오는 길에 거울(mirror)호에 들렀다. 아침에 무지개를 봤던 곳 근처다. 거울호는 〈반지의 제왕〉에 나왔다고 해서 엄청 유명세를 타고 있다. 유명세에 비해서 호수는 아주 작다. 거울호는 빙하호가 아니고 하천(에글린턴강)이 물길을 바꾸면서 남겨진 옛 물길에 물이 고인 호수로 우각호(牛角湖, oxbow lake)이다. 일반적으로 '소의 뿔(牛角)'처럼 생기지는 않았기 때문에 적합한 용어가 아닐 수도 있다. 일본식 한자 표기인 '牛角湖'보다는 영어 표기인 'oxbow lake'가 대체로 모양을 더 잘 표현하는 이름이다.

이곳의 거울호는 소의 뿔도, 소의 멍에도 닮지 않은 모양을 하고 있다. 배후

미러호와 에글린턴산

습지에 자생하는 풀들이 무성하고 그 너머로 정상에 눈이 덮인 에글린턴산(1859m)이 굽어보고 있다. 수심이 깊지 않아서 쓰러진 나무들이 그대로 보이는데 〈반지의 제왕〉의 장면이 떠올라서 썩 아름답지 않다. 영화에서는 음산한 분위기에 수많은 얼굴들이 물속에 잠겨 있었다.

### 테아나우호 크루즈: 피오르도 있다

오늘 마지막 일정은 테아나우호 크루즈이다. 할인하고도 무려 80달러(NZD)나 하는 비싼 배를 타고 동굴로 향했다. '무려'라고 느껴지는 이유는 오전 내내 밀퍼드사운드에서 워낙 강한 충격을 받았기 때문이다. 테아나우호가 뉴질랜드에서 가장 큰 빙하 호수라고는 하지만 밀퍼드사운드에 눈이 높아진 후라서 별로 눈길을 끌지 못한다. 하지만 결론은 '돈값은 한다'로 내릴 수밖에 없다. 액티비티의 천국 뉴질랜드, 액티비티 비용이 모두 비싸지만 돈값은 하는 곳이다.

호수를 보면서 계속 상류 쪽으로 달려서 테아나우호로 유입하는 지류 빙식곡

아하

### 객지로 나와서 독특하게 진화한 뉴질랜드 영어

'사운드(Sound)'의 뜻 중에는 '해협', '수심을 재다' 등의 뜻이 있다. 뉴질랜드 서해안의 피오르(Fjord)는 대부분 '사운드'로 부른다. 노르웨이어에서 기원한 피오르(Fjord)는 "침수된 빙식곡'을 뜻하지만 사운드(Sound)는 '침수된 하곡'을 뜻하므로 잘못 붙여진 것이다. 남섬의 북쪽 해안에도 사운드를 붙인 지명(예: Kenepuru sound)이 있는데 이 일대는 전형적인 리아스식 해안으로 용어를 정확히 사용한 예이다. 테아나우호에서는 피오르드(Fiord)를 붙였는데 '침수된 빙식곡'이라는 의미는 맞지만 스펠이 다르고 발음도 [fjɔ:rd]로 'd'를 발음한다.

피요르드랜드국립공원 내에는 사운드의 지류에 'Arm'을 붙인 이름도 있다(예: Southwest Arm). 여기서 Arm은 '만(灣)'을 뜻하는 말로 봐야 한다. 그런데 우리나라에서는 '만'을 뜻하는 영어로 보통 'bay'나 'gulf'를 쓴다. 미국식 영어로 추측되는 bay나 gulf는 전 세계적으로 일반화되었다. 하지만 뉴질랜드에서는 만을 뜻하는 말이 bay나 gulf 외에도 매우 다양하다.

harbour(예: Hokianga Harbour), bight(예: Canterbury Bight), inlet(예: Kerikeri inlet), cove(예: Harrison Cove) 등이다. 뉴질랜드 영어의 고향이라고 할 수 있는 영국에서는 Loch를 많이 쓰고 sound나 firth도 쓰인다. 영어가 객지로 나온 지 200여 년이 지났으므로 독특하게 진화한 것이 당연한지도 모른다.

을 경유한다. 이 빙식곡의 이름은 사우스피요르드(South Fiord)인데 상류로 가면서 미들(middle), 노스(north) 등 세 개의 작은 피오르가 테아나우로 유입한다. 이 피오르들은 현곡이지만 모두 물에 잠겨서 테아나우호의 일부가 되었다. 전형적인 피오르인 밀퍼드사운드에는 '사운드'를 붙였지만 현곡인 이 피오르들에는 정확하게 '피오르드'를 붙였다.

### 낱말 하나로 이해하게 된 글로우 웜 생태

한 배에서 내린 탐방객들을 여러 팀으로 세분을 한다. 대부분 중국인 관광객들이어서 우리도 그 틈에 끼었다. 우리 팀은 13명, 서양인 부부 한 쌍을 제외하고는 모두 중국인이다. 들어가기 전 오리엔테이션은 와이토모와 비슷하다. 만지지 말라, 사진 찍지 말라, 등등. 그때는 중년의 여인이었는데 오늘은 수염을 기른 청년이다. 농담을 곁들인 그의 설명은 이상하게 귀에 들어온다. 지난번에는 그냥 소음처럼 귀를 스치고 지났었는데.

오로라 동굴은 길이가 4km가 넘는 긴 동굴이다. 'Aurora cave system'이라고 부른다. 하지만 우리가 들어갈 수 있는 곳은 오로라 동굴의 마지막 부분 200m 정도이다. 와이토모와 비교해 보면 반딧불이 개체 수가 훨씬 적다. 와이토모는 밤하늘 은하수처럼 수많은 반딧불이들이 동굴 안을 훤하게 할 정도였다면 이곳은 그 정도가 되기에는 어림도 없다. 하지만 운영이 상당히 체계적이다. 'Real Journey'라는 회사(이 회사는 밀퍼드사운드와 테아나우에서 유람선을 운항한다.)에서 운영하는데 좁은 동굴에서 13명 단위로 끊긴 관광객들을 교통체증이 일어나지 않게 관리를 잘한다. 커다란 원형 창살 망 속에서 절묘하게 오토바이를 달리는 중국 서커스가 떠오른다. 물론 그 정도는 아니지만 열 팀이 서로 통로에서 마주치지 않도록 절묘하게 타이밍을 조절한다. 지난번에 설명을 못 알아들어서 대충 넘기고 말았던 동굴 반딧불이의 먹이활동에 대해 자세히 알게 되었다. 애벌레인 반딧불이가 끈끈이 줄(Fishing line)을 쳐 놓는다. 와이토모에서는 이것은 'Feeding line'이라고 했었다(적어도 나와 아들은 그렇게 들었다.). 그래서 바위에 유기물이 공급되는 어떤 선상의 구조가 있고 그것을 통해서 먹이활동을 하는 것이라고 짐작하고 있었다. 낱말 하나 때문에 답이 쉬워졌다. 애벌레가 끈끈이 줄을 쳐 놓고 먹이를 기다리다가 걸려들면 먹는 방법이다. 어떻게 보면 간단한 방법인데 깜깜한 동굴 속이라서 과연 가능할까 하는 의문이 생긴다. 맨 나중에는 사무실로 돌아와 영상을 보여 주면서 설명해 줘서 생태를 정확히 이해할 수 있었다. 거미줄처럼 끈적끈적한 줄을 분비하여 천정에 매달아 놓고 불빛을 보고 날아온 벌레들이 줄에 붙으면 잽싸게 잡아먹는다. 빛을 만드

테아나우호

는 또 하나의 이유는 동료 땅반딧불이들이 자신을 알아보고 잡아먹지 못하도록 하기 위해서이다.

하루 일곱 번을 굴에 들어간다는 가이드, 지식과 경험을 갖춘 전문인으로서 자부심을 가지고 일하는 모습이 아름답다. 일하는 이들에게 그만한 보상을 한다면 액티비티 비용을 많이 지출해도 아깝지 않다.

### 소고기가 싸다

소고기가 싸다는 사실을 왜 생각하지 못했을까? 마트에서 저녁거리를 고르다가 '어제는 돼지를 먹었으니 오늘은 다른 걸 먹자'고 생각하다 보니 소고기에 생각이 미쳤다. 660g 한 팩에 10.6달러(NZD), 세일 품목이라서 더 싼 것 같기는 한데 어쨌든 우리 돈으로 9천 원 정도밖에 안 한다. 양고기를 곁들여서 둘이서 실컷 먹었다. 미디엄으로 익혀서 케일 쌈에 싸 먹고 채소 샐러드(여러 가지 채소를 잘라 봉지로 포장해서 판다)에 마늘 소스를 뿌려서 먹었다. 자주색 양파를 곁들여서. 아들이 백포도주를 한 번 마셔 보고 싶다고 해서 이날은 백포도주를 한 병 샀다. 이것도 세일 가격이라서 8달러(NZD)밖에 안 한다. 오늘도 슬쩍 '한 병 더 살까?' 하고 아들을 자극해 봤지만 아들은 고개를 단호하게 젓는다.

소고기와 양고기, 그리고 화이트와인

현이의 Tips &

더 많은 사전 조사가 필요했던 일정이었다. 특히 아쉬웠던 곳은 디바이드(The devide), 팝스뷰(Pop's view)전망대, 사우스피요르드(South Fiord) 등이다. 디바이드는 서해와 동해로 나뉘는 하천의 분수계이며, 팝스뷰는 그 분수계를 넘어 서해로 유입하는 하천(할리퍼드강) 상류를 볼 수 있는 곳이다. 사우스피오르는 테아나우호로 유입하는 현곡이어서 좀더 자세히 관찰했더라면 좋았겠다.

### 여행 경비로 정리하는 하루

| | 교통비 | 숙박비 | 음식 | 액티비티, 입장료 | 기타 | 합계 |
|---|---|---|---|---|---|---|
| 비용(원) | | 140,927 | | 281,024 | 36,279 | 458,230 |
| 세부 내역(NZD) | | 아덴 모텔 (Aden motel) 165 | 점심 (유람선 선내식) | 밀퍼드사운드크루즈 176.8<br>테아나우 동굴 153 | 슈퍼마켓(테아나우, 프레시초이스) 41.96 | |

NEW ZEALAND

NEW ZEALAND

아홉째 날

# 130만 명의 관광객이 찾아오는 인구 3만 도시, 퀸스타운

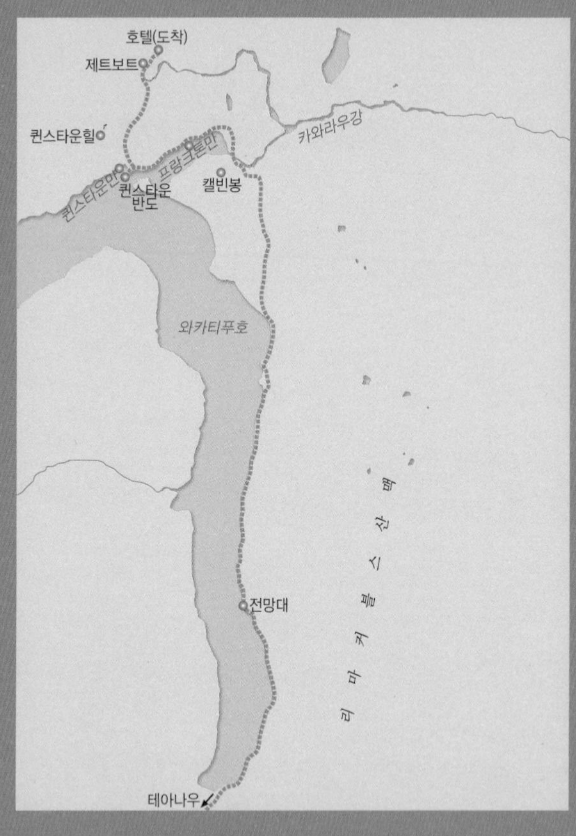

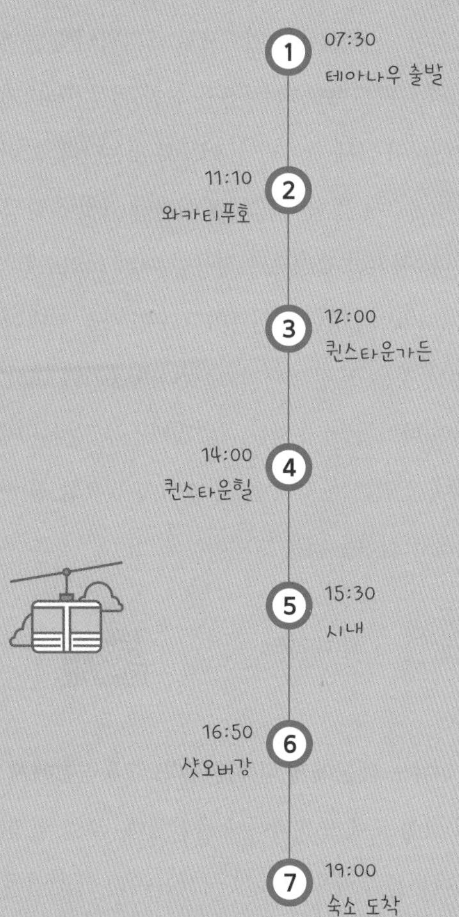
1
07:30
테아나우 출발
2
11:10
와카티푸호
3
12:00
퀸스타운가든
4
14:00
퀸스타운힐
5
15:30
시내
6
16:50
샷오버강
7
19:00
숙소 도착

### 제트보트를 찾는 어플

오늘은 일정 중에 특별한 악센트가 없어서 아침에 한참을 고민해야 했다. 이동 거리가 짧아 시간 여유가 있으므로 액티비티를 즐겨보기로 했다. 웹사이트에서 '퀸스타운 제트보트 타는 곳'을 한참 뒤적거리다가 화장실이 급해서 아들에게 부탁했더니 금세 찾아낸다. 어플로 찾는단다. 그런 어플도 있구나!

나이를 먹을수록 경험이 많이 쌓이지만 그것이 항상 긍정적으로 작용하는 것은 아니다. 경험이 관성으로 작용할 때가 의외로 많다. 새로운 것들에 민감하지 못하고 기존의 경험에 의존하다 보면 자칫 시대의 조류에 뒤떨어질 수도 있다. 새로운 것은 '도전'이니까. 그렇다면 용기를 내서 계속 새로운 것에 도전을 하는 것이 나이를 먹지 않는 방법일까? 꼭 그것은 아닌 것 같다. 어떤 것은 젊은 세대에게 맡기는 것이 옳다. 경험이 필요할 경우에는 경험을 잘 활용하되 내 기준을 고집하는 것은 경계해야 한다.

여행정보 찾기

### 지나친 여유는 대중에게 피해를 준다: 교통경찰에게 붙잡힌 이유

아홉 시 사십 분에 느지막하게 출발했다. '오늘 일정은 여유가 있다'고 규정을 했더니 여유를 부리게 되고 그 시간이 족히 한 시간은 된다.

테아나우에서 퀸스타운으로 가는 길은 이틀 전에 왔던 길이다. 여유 있게 달리는 중인데 경찰차가 뒤에 따라붙었다. 법규를 위반하지는 않은 것 같은데 이 나라 법규를 잘 모르니 괜히 긴장이 돼서 속도를 줄였다. 제한 속도가 100km인 도로여서 80~90km/h 정도로 달렸던 것 같고 경찰차를 발견하고는 속도를 줄여서 80km/h 조금 못 되는 속도를 유지했다. 그런데 갑자기 번쩍번쩍 경광등을 켠다. 깜짝 놀라서 급히 길옆으로 차를 세웠다. 경찰이 다가오는데 가슴

제한 속도 100km/h인 2차선 도로

이 콩닥거린다. 나이가 좀 있는 여자 경찰인데 유리창을 내리라더니 우리가 외국인인 걸 알아보고는 먼저 영어를 하느냐고 묻는다. 잘 못한다고 했더니 천천히 여러 번 반복해서 설명을 한다. 뒤에 차가 여섯 대 이상 따라오면 적당한 곳에서 길옆으로 피하거나 추월을 허용하라는 얘기다. 아니면 제한 속도를 준수하던가. 교통체증이 일어나기 때문이란다. 손가락을 꼽아가면서 원, 투, 쓰리, …식스를 몇 번 반복해서 강조한다.

우리와는 많이 다른 운전 개념이 필요하다. 왕복 2차선 도로가 대부분 제한 속도가 100km/h다. 이 상황에서 '제한 속도를 준수하라'는 얘기는 '과속하지 말라'가 아니라 '천천히 달리지 말라'는 뜻이다. 항상 상한선, 즉 속도위반에 신경을 쓰는 운전을 해 왔는데 뉴질랜드에서는 그보다는 활발한 소통에 더 의미를 두는 것 같다. 처음 운전을 하던 날 제한 속도가 100km/h나 돼서 의아했었는데 그 일을 겪고 나니 이해가 되었다. 제한 속도가 원활한 소통을 전제로 정해져 있다고 생각되었다. 물론 통행량이 많지 않은 것도 기본 전제 조건일 것이다.

우리나라 상황을 생각해 봤다. 왕복 2차선 도로는 제한 속도가 60km/h, 4차선

도로는 80km/h가 대부분이다. 단속 카메라나 경찰이 없다면 사실상 그 이상을 달리는 경우가 대부분이다. 언젠가 학생들을 태우고 어디를 가는데 애들이 하는 말이 "선생님 정말 80킬로로 달리세요?"였다. "우리 아빠는…" 하면서 경쟁적으로 '과속' 자랑이 이어졌다. 결국 뉴질랜드나 우리나 달리는 속도는 엇비슷한데 제한 속도는 많은 차이가 나는 것이다.

'100km/h 내에서 원활한 소통을 하라'와 '60km/h 이상은 절대로 달리지 마라'의 차이다. 우리가 획일적인 규제형이라면 이 나라는 상황에 따라 다르게 판단해야 하는 자율형이라고 해야 할 것 같다. 왕복 2차선 도로에서 100km/h라면 엄청난 속도다. 위험 요소가 다분하다. 기본적으로 모든 운전자들이 상식에 어긋나지 않는 판단을 한다고 동의할 때 가능한 법규라고 생각된다. 좁은 길을 엄청난 속도로 달리는데 모든 운전자들이 상식에 준하여 판단하지 않는다면 매우 위험할 수도 있다. 하지만 나도 법규를 준수하고, 상대방 역시 그럴 것이라고 믿는다면 크게 위험하지 않을 수도 있을 것 같다.

처음에는 좌회전 타이밍을 놓치는 경우가 많았고 교차로 진입은 여전히 깔끔하지 않다. 하지만 우리의 운전 미숙을 탓하는 운전자는 없었다. 회전교차로에 무리하게 진입해서 뒤차에게 경적으로 항의를 받은 적이 딱 한 번 있었다. 법규를 어기면서 우리를 추월하거나 끼어드는 경우도 보지 못했다. '외국인인 줄 알아보고 그러나?' 싶을 정도였다.

틈만 있으면 비집고 들어오는, 만인은 만인의 적인 우리나라의 교통 문화도 서서히 바뀌어 가고 있다. 상식으로 판단하고 법을 지키는 것이 '손해'가 되지 않는 사회가 되면 교통문화도 그에 맞게 성장할 것이다. 다중을 신뢰할 수 있다면 사회적 시너지는 엄청나다.

### 아름다운 와카티푸호

와카티푸(Wakatipu)호에 접어들었다. 며칠 째 많은 빙하호를 봤기 때문에 눈이 높아져서 감동은 좀 줄어들었지만 그래도 와카티푸호는 맑고 아름답다. 해발 310m에 위치한 와카티푸호는 타우포호, 테아나우호에 이어 세 번째로 큰 호수인데 모양이 좁고 긴데다 구부러져 있기 때문에 그 크기가 잘 실감되지 않는다. 와카티푸호안에 자리 잡은 도시가 퀸스타운이지만 퀸스타운은 호수의 중간에 위치하기 때문에 호수 남쪽 끝에서 45km나 더 달려야 한다.

와카티푸호는 길이는 80km에 달하는데 'ㄴ'자와 'ㄱ'자가 합쳐진 모양처럼 생겼다. 테아나우에서 달려와서 우리가 처음 도착한 곳은 호수의 남쪽 끝 부분, 즉 'ㄱ'자의 꼬리 부분이다. 반대쪽 끝에 서던알프스가 있어서 마치 이곳이 호수에서 물이 빠져나가는 곳처럼 느껴지지만 특이하게 와카티푸호는 중간에서 동쪽으로 빠져나간다. 호수의 남쪽에도 리마커블스라는 산맥이 있기 때문이다(254쪽 참조).

전망대에 돌덩어리들이 무질서하게 놓여 있다. 장식으로 일부러 가져다 놓은 것처럼 보이지는 않는 것이 빙하에 의해 끌려 내려온 암석일 것이다. 모양도 다르고, 놓여 있는 방향도 일정하지 않다.

와카티푸호와
호반의 바위들

아하

**표석**

표석(漂石, erratic rock, erratic block)의 '표(漂)'는 '표류(漂流)'에서 쓰이는 것처럼 '떠돌다', '뜨다'라는 뜻이다. '떠도는 돌'이므로 다른 곳에서 이동해 온 돌을 뜻한다. 그런데 하천에 의해 이동한 돌과는 달리 모양이 둥글둥글하지 않고 하천 주변이 아닌 곳에 뜬금없이 놓여 있다. 하천의 돌들은 놓여 있는 방향이 물의 이동 방향과 관련이 있지만 표석들은 일정한 방향성을 가지고 있지 않은 경우가 많다. 빙하가 운반한 돌이기 때문이다.

### 여왕의 도시가 된 사연

식민지 건설 과정에서 본국 군주의 이름이나 호칭을 붙인 도시들이 많다. 퀸스타운, 킹스타운 등 군주의 호칭을 붙인 이름부터 부르봉처럼 왕가의 이름을 붙이 경우, 조지아, 루이지애나, 빅토리아, 이사벨라처럼 왕의 이름을 붙인 경우 등이 전 세계적으로 적지 않게 발견된다. 지리상의 발견기는 곧 절대왕정의 시대였다. 절대군주들이 시민혁명에 의해 타도된 것은 그로부터 훨씬 뒤의 일이라고 치고, 그렇다면 당시에는 왕에 대한 존경심이 굉장히 컸던 것일까? 아니면 왕의 명령을 받아 그런 이름을 지었을까? 그도 아니면 왕의 신민으로서 이름을 바쳐서 개인의 영화를 도모하려고 했던 것일까?

퀸스타운은 19세기 후반 골드러시 때 만들어진 도시 가운데 하나다. 당시 금은 최고의 가치를 갖는 자원이었으므로 그 이름을 왕에게 헌사할 만했을 것이다. 지금 역시 아름다운 도시로서 '여왕의 도시'에 걸맞는다. 퀸스타운이라는 이름은 1863년에 공청회를 통해 정해졌는데 이와 관련해서 가장 많이 회자되는 이야기는 이렇다. 당시 이곳에 골드러시와 함께 처음 들어왔던 사람들의 상당수는 아일랜드인들이었다. 그런데 아일랜드 남부에 있는 도시 코크(County Cork)의 작은 항구(The Cove)에 빅토리아여왕이 '퀸스타운'이라는 이름을 내렸다는 뉴스가 뉴질랜드에 전해졌다. 소식을 전해들은 아일랜드계 이주민들이 같은 이름을 이곳에 붙였다고 한다.

하지만 '퀸'이 매우 초라했을 때도 있었으니 금이 고갈되고 난 이후이다. 20세기 전반까지 이 도시의 인구는 1000명도 되지 못했고 1981년까지 3500이 채 되지 않았다. 오늘날과 같은 관광지로 본격 성장한 시기는 1980년대 이후이다.

뉴질랜드 역사가 궁금하다면?
New Zealand History(영문)

**제1의 관광도시 인구가 3만 명이라니?**

'뉴질랜드 관광 1번지'라고 하는 도시가 인구 3만이라니 믿어지질 않는다. 본래 금광개발 때문에 발달한 도시였지만 지금은 뉴질랜드 으뜸 관광도시가 되었다. 이곳을 찾는 관광객 수가 1년에 무려 130만 명이라고 하는데 거주 인구의 40배가 넘는 엄청난 숫자다. 이 정도의 관광 인파를 수용하려면 시설도 상당해야 하는데 인구 3만으로 이를 해결하고 있으니 이 도시의 관광 노하우를 짐작할 만하다.

퀸스타운 관광의 특징은 인공 관광시설이 많은 것이다. 아름다운 풍광이 배경이 되었지만 단순히 '보는 것'만으로는 많은 수익을 기대하기 어렵다. 퀸스타운뿐만 아니라 뉴질랜드 관광의 특징은 다양한 인공 시설 및 활동으로 '수익을 창출한다'는 점이다. 경제적 수준이 높지 않으면 불가능한 관광 형태이다.

또 한 가지 재미있기도 하고 궁금한 것은 그런데도 어째서 인구가 증가하지 않을까 하는 것이다. 경제적 기회가 있는 곳으로 인구가 집중하는 것이 상식인데 퀸스타운의 인구는 큰 변동이 없이 유지되고 있다. 대개 경제적 이주는 '더 나은 곳'을 지향하지만 원래 거주지의 경제적 상태가 매우 열악할 때 발생하는 경우가 대부분이다. 그렇다면 뉴질랜드에서는 경제적 기회가 지역에 따라 크게 차이가 나지 않는다고 볼 수 있다. 퀸스타운이 아니더라도 먹고사는 데 큰 지장이 없으므로 굳이 더 나은 경제적 기회를 찾아 이동할 필요가 없다고 볼 수 있다.

### 한적한 퀸스타운가든

특별한 볼거리도 없지만 그렇다고 전혀 의미 없는 곳도 아니다. 퀸스타운 시가지 중간쯤에서 와카티푸호로 뻗어 나온 반도(퀸스타운반도)가 모두 퀸스타운가든이다. 600여m 호수를 향해 돌출해서 한쪽은 만(퀸스타운만)을 이루고, 다른 한쪽은 하류로 물이 빠져나가는 통로이다. 와카티푸호에서 빠져나가는 카와라우강은 이 반도의 동쪽으로 흘러 그저께 지나온 크롬웰 쪽으로 빠져나간다. 경치도 좋고 한적해서 시민들의 휴식 공간으로 더할 나위 없는 곳이다. 이런 보물같은 땅이 일찍이 주거지가 되지 않고 공원이 된 것이 신기하다. 퀸스타운이 만들어질 당시 이곳의 주인은 홀스타인(Bendix Hallenstein)이라는 사람이었다. 그는 1866~1867년에 이곳을 퀸스타운에 기증하였다. 이런 역사가 없었다면 이곳은 고급 주거지가 되었을 가능성이 크다.

퀸스타운가든

큰 도시라도 이 정도의 공간이면 도시를 숨 쉬게 하는 허파와 같은 역할을 하기에 충분할 텐데 퀸스타운은 인구가 불과 3만 명밖에 되지 않는다. 공원에는 사람이 거의 없고 인라인스케이트장, 테니스장 등 운동시설들도 문이 닫혀 있거나 활용되지 않고 있다. 평일 낮이어서 더 그렇겠지만 인구가 워낙 적어서 시설들의 활용도는 높지 않아 보인다. 디스크골프라는 독특한 시설이 있다. 원반던지기, 골프, 농구가 결합된 운동이다.

### 퀸스타운의 꽃, 퀸스타운힐

이 도시는 일반명사 앞에다 'Queenstown'을 붙이면 모두 지명이 되는 것 같다. 'Queenstown Peninsula', 'Queenstown Bay', 'Queenstown Hill'…. '반도'를 나와서 '만'을 지나 '언덕'으로 향했다. 시내를 통과하는데 아주 자그마하다. 차는 공원에 주차해 놓고 걸어서 시내를 돌아다녔지만 크게 불편하지 않다.

언덕에 올라보는 것은 지리학도의 본능이다. 퀸스타운힐까지는 케이블카가

퀸스타운 시내와 와카티푸호

설치되어 있어서 올라가기가 쉽다. 구경거리가 될 뿐 아니라 올라가면 또 놀거리가 있다. 케이블카 타는 곳 주변에도 테마파크 시설이 있다. 케이블카를 타고 가다 보니 중간에 번지점프대도 있다. 한걸음 한걸음이 다 돈인 셈인데 사람들의 행태를 철저하게 분석한 결과로 나온 계산속이지만 그게 억지스럽지 않게 잘 어울린다.

퀸스타운힐에서 내려다보는 퀸스타운과 와카티푸호 경치는 단연 압권이다. 멀리 리마커블스산맥의 눈 덮인 봉우리가 조연으로 그림을 받쳐주는데, 때마침 패러글라이딩 낙하산이 풍경을 완성한다. 주황색의 낙하산은 푸른 하늘과 호수와 진한 대비를 이루면서 아름다운 자연경관에 인공의 방점을 찍는 것만 같다. 크라이스트처치의 슈거로프에서 봤던 리틀턴만에 견줄 만하다.

빙하가 오늘날의 하천과 같은 방향으로 이동했다면 우리가 내려다보고 있는 퀸스타운힐을 기준으로 뒤쪽(서던알프스)에서 내려온 빙하와 앞쪽(리마커블스)에서 내려온 빙하가 호수 가운데 부분(퀸스타운반도 부근)에서 만나서 왼쪽(동쪽 카와라우강)으로 빠져나가야 한다. 켈빈봉(Kelvin Height)이라는 봉우리가 카와라우강 출수구에 있는데 산의 모양이 영락없는 빙하 침식을 받은 봉우리이다.

루지 곤돌라

루지를 타 보기로 했다. 초보자는 약간의 훈련을 거친 다음 내려가야 한다. 언덕을 내려가는 기구이므로 동력은 없고 핸들과 브레이크뿐인 간단한 기구다. 핸들이 브레이크를 겸하도록 되어 있다. 어렸을 적 같은 감흥까지는 아니지만 나이가 들어도 '탈 것'은 재미있다.

## 빙하 이동 방향을 알려주는 켈빈봉

와카티푸호는 프랑크톤만(Frankton Arm)을 거쳐 카와라우강으로 빠져나간다. 빙하기에 빙하가 이 부근까지 흘러내려 왔을 것으로 보이는데 이 부근이 와카티푸호 중에서 위도와 해발고도가 낮기 때문이다. 프랑크톤만 옆에 켈빈봉(Kelvin Height)이 있다. 남쪽과 북쪽에서 흘러내려 온 빙하가 이 봉우리를 중심으로 양쪽을 모두 뒤덮고 흘러내려 갔다. 그래서 이 봉우리에는 옛날 빙하의 흔적이 남아 있다. 빙하가 이동한 방향으로 바위에 평행으로 파인 줄무늬[찰흔(擦痕), striation]가 그것이다. 프랑스 알프스 산지에서 나온 말로 '양 떼 같은 바위'라는 의미로 'roche moutonnée'로 불렀다. 중세의 귀족들은 양 기름으로 가발을 단장했는데 기름을 발라 빗어 넘긴 머리 모양이 바위의 줄무늬와 같다 하여 붙인 용어라고 한다. 이것이 영어로 'sheep back rock(sheep rock)'으로 옮겨졌고 일본식 한자어로 '羊背巖(양배암)'이 되기에 이른 것이다.

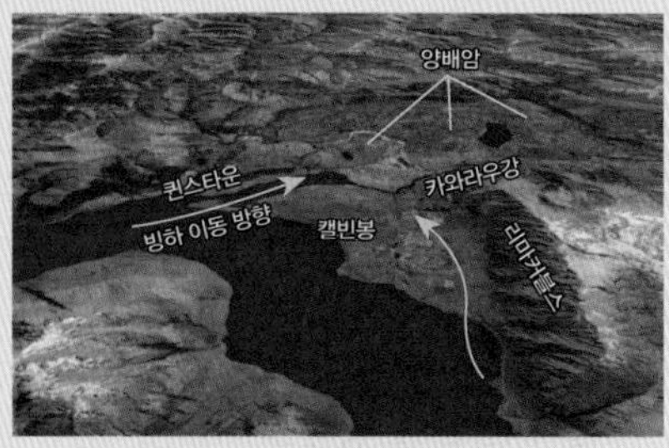

와카티푸호 출수구 주변의 빙하 침식(자료: 구글어스)

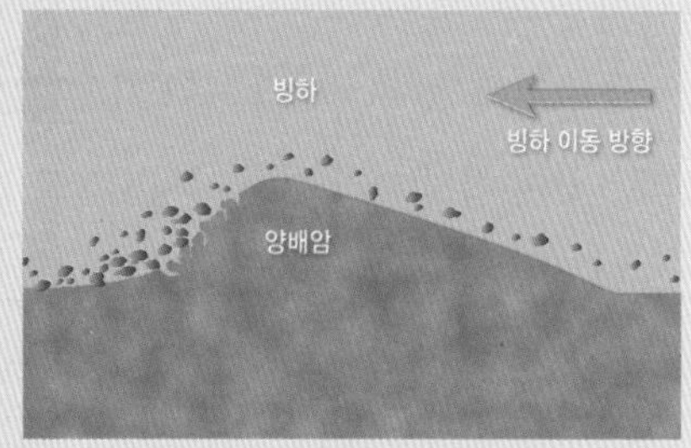

양배암 개념도

그런데 이 양배암은 빙하 상류 쪽 면은 완경사를, 하류 쪽 면은 급경사를 이루어 비대칭

켈빈봉

형을 보인다. 또한 상류 쪽 면은 빙하가 밀고 지나가면서 바위를 침식하는 마식(磨蝕, corrasion) 작용으로 면이 고르고 완만하며, 하류 쪽 면은 빙하가 누르는 힘에 의해 바위가 떨어져 나가는 굴식(掘蝕, plucking)에 의해 면이 거칠고 급경사를 이룬다.
켈빈봉뿐 아니라 켈빈봉 북쪽에 있는 자잘한 봉우리들도 켈빈봉과 유사한 형태를 보이는데 이들은 모두 빙하기에 빙하로 덮였던 부분으로 똑같은 빙하 침식작용을 받았음을 알 수 있다.

### 퀸스타운에도 줄을 서는 음식점이 있다

퍼그버거 앞에 줄 서 있는 사람들

아들이 '퍼그버거(Fergburger)'라는 맛집을 검색해 냈다. 찾아가 보니 기다리는 줄이 집 밖까지 길게 이어져 있다. 차림새로 보아 대부분 퀸스타운 주민들은 아닌 것 같고 우리처럼 검색으로 맛집을 찾아내어 놀이 삼아 온 사람들이다. 길옆에 벤치까지 놓여 있어서 기다리는 일이 일상임을 알 수 있다. 사진을 찍고 이야기를 나누는 사람들이 벤치에 가득한데 굳이 버거에는 관심이 없는 것도 같다. 그냥 관광 코스 가운데 하나로 즐기는 것이다.

사람들이 줄을 서는 이유를 추리고 추려서 엑기스만 뽑아내면 '가성비'가 나온다고 한다. 값싸고 양이 많고 맛까지 좋으면 최상이고, 약간 비싸더라도 '값을 한다'고 느끼면 사람들은 기꺼이 줄을 선다는 것이다. 식욕은 생리적인 욕구이므로 혹 대식가가 아니라도 본능적으로 양이 많은 것을 찾는 모양이다. 이 집에서 가장 비싼 것은 '불스아이(The Bulls Eye)'라는 메뉴인데 18.5달러(NZD)이다. 우리 돈으로 15,000원 정도인데 약간 비싼 느낌이 들지만 내용을 보면 정말 가성비가 높다. 스테이크 200g에 양파링, 스위스치즈, 상추, 토마토 등등.

### 함부로 인사를 하면 안 되는구나

퀸스타운만 안쪽은 예쁜 백사장이다. 바닥이 훤히 보이는 깨끗한 물과 하얀 백사장은 바닷가와는 정취가 매우 다르다. 전체적인 모양은 바닷가 백사장과 다를 것이 없지만 호숫가 백사장은 한 가지 요소가 더 있다. 백사장에 무성한 가지를 드리우고 서 있는 나무들이다. 바닷가 백사장에는 나무가 자랄 수가 없지만 담수호 연안에는 나무가 자랄 수 있다.

백사장을 걷다가 우리나라 사람들을 만났다. 무척 오랜만에 우리나라 사람을 만나는구나 싶은 생각이 들어서 생각해 보니 남섬에서는 처음 만난 것이었다. 교포들이 아니고 관광객들인데 관광객은 북섬을 포함한 전체 일정 중에서 처음 만났다. 반가워서 나도 모르게 "안녕하세요" 인사를 했더니 반가워하기보다는 당황하는 느낌이다. 오클랜드에서, 와이토모에서 만났던 교포들과는 무척 반가워서 이런저런 얘기를 나누었는데…. 뻔히 우리나라 사람인 줄 알겠는데 그냥 지나치기도 그렇고 반갑게 인사하기도 그렇고 참 난감하다.

### 제트보트 조종사의 넘치는 프라이드

샷오버(Shot Over)강으로 제트보트를 타러 갔다. 샷오버강은 카와라우강의 지류로 와카티푸호 아래에서 카와라우강과 합류한다. 경사가 급하고 물의 흐름이 빨라서 대단한 협곡을 이룬다. 제트보트를 운행하기에는 최적의 장소다.

제트보트는 이름처럼 제트엔진과 같은 원리로 달리는 배다. 앞부분에서 물을 흡수해서 강력한 엔진으로 뒤로 분사하는 방식으로 추진한다. 제트비행기가 공기를 이용하는 것과 원리가 같다. 빠른 속도로 협곡을 곡예하듯 달려서 번번이 앞부분이 바위에 부딪힐 것만 같은데 조종사는 절묘하게 잘도 피해 다닌다. 앞자리에 앉았더니 스릴이 만점이다. 너무 아쉬운 한 가지는 카메라를 가지고 탈 수 없다는 점이다. 수시로 물이 튀어 들어오기 때문에 타기 전에 나눠주는

샷오버강 협곡을 빠져나가는 제트보트

우비를 꼭 입어야 한다. 그러니 방수팩이 없으면 사진 찍기는 불가능하다. 묘기를 한 번 부리고 나면 조종사가 뱃머리에 서서 서커스 단원이 묘기 부리고 박수를 유도하는 자세를 취한다. 꼭 박수를 받고자 한다기 보다는 스스로 만족하는 표정이 역력하다. 중간에 보트를 세우고 주변 경관을 설명하는 것도 열정적이다. 이날까지 만난 가이드들은 공통적으로 자신의 일에 자부심이 크다는 것을 느낄 수 있다. 액티비티 비용이 모두 비싼데 그만큼 노동력이 비싸다는 뜻이다. 꼭 경제적 수입으로 자존감을 느끼는 것은 아니지만 자신이 선택한 일을 하면서 만족스런 수입을 얻는다면 자신의 직업에 애착을 더 갖게 될 것이다. 직업의 귀천을 덜 따지는 사회의 단면이 아닐까 싶다.

**현이의 Tips &**

샷오버강 제트보트를 타려면 방수팩을 준비하는 것이 좋을 것 같다. 물이 튀어 카메라를 가지고 갈 수 없기 때문이다. 사진이 없으니까 기억의 한 도막이 달아난 것 같다.

### 퀸스타운의 실수: 패키지여행에 적합한 숙소를 고르다

숙소를 찾아가는데 GPS 지도는 샷오버강을 건너 시내로 돌아가는 길이 아니라 시내 반대쪽을 가리킨다. 예약할 때 위치를 정확히 알아보지 못한 탓이다.

퀸스타운에서는 당연히 저녁 시간을 시내에서 즐겨야 한다. 큰 도시이므로. 그런데 이게 웬일인가? 도착한 곳은 샷오버강을 건너서 얼추 2km, 시내에서는 7km나 떨어진 곳이다. 취사 시설이 없는 호텔인데 전형적인 패키지형 호텔이다. 시내에서 멀리 떨어져서 값은 좀 싸고 함부로 시내에 나갈 수 없는 곳. 실제로 우리나라 단체 관광객을 이 호텔에서 처음 만났다.

어쩌나… 차를 몰고 다시 나갈 수는 있는데 그렇다면 둘 중의 하나는 술을 마시지 못한다. 어차피 많이 마실 수야 없지만 밤거리에서 한 잔 술이 없다면 말이 되지 않는다. 둘이 앉아서 한 사람만 홀짝거린다는 것도 말이 안 된다. 장고 끝에 악수라고 했던가? 결국 시내 야간 여행을 접기로 했다. 저녁으로 퍼그버거를 먹으려니 어째 좀 처량하다. 그래도 왁자지껄한 옆 방 패키지 객들의 우리말이 거슬리지는 않는다.

**현이의 Tips &**

숙소를 시내에 잡는 것이 좋겠다. 크라이스트처치에서 저녁에 시내 구경을 못했기 때문에 퀸스타운에서는 기대를 하고 있었는데 숙소를 찾아가 보니 시내에서 뚝 떨어져 있다. 적어도 오클랜드, 크라이스트처치, 퀸스타운 정도의 큰 도시에서는 저녁 시간을 활용할 수 있는 위치에 숙소를 잡으면 좋을 것 같다.

### 여행 경비로 정리하는 하루

| | 교통비 | 숙박비 | 음식 | 액티비티, 입장료 | 기타 | 합계 (원) |
|---|---|---|---|---|---|---|
| 비용 (원) | 38,615 | 97,894 | 21,336 | 341,106 | 42,638 | 541,589 |
| 세부 내역 (NZD) | 기름 (모스번) 45.2 | 스위스-벨리조트 코로넷 피크 112.5 | 퍼그버거 25.4 | 스카이라인 곤돌라 66 루지 44 제트보트 290 | 컵 5.99 루지사진 39 팁 5 | |

NEW ZEALAND

## 열째 날

# 애로우타운에서 뉴질랜드의 역사를 보다, 퀸스타운에서 와나카까지

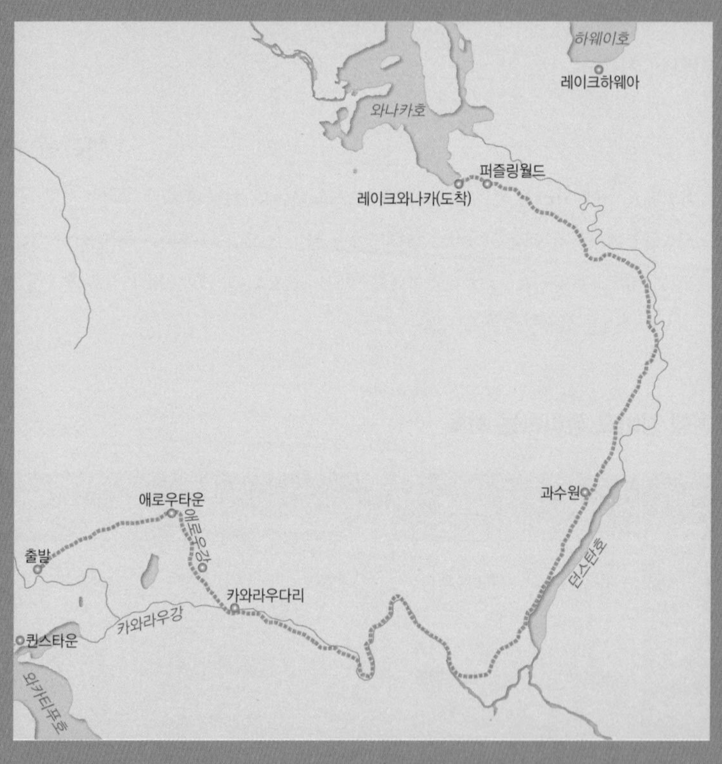

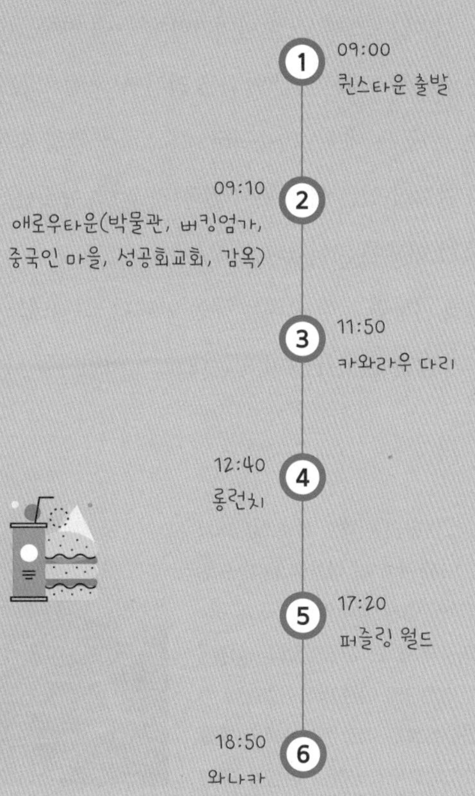
1
09:00
퀸스타운 출발
2
09:10
애로우타운(박물관, 버킹엄가,
중국인 마을, 성공회교회, 감옥)
3
11:50
카와라우 다리
4
12:40
롱런치
5
17:20
퍼즐링 월드
6
18:50
와나카

### 화살촌?

어제에 이어 오늘도 일정이 짧아서 게으름을 피워 본다. 폭스 빙하를 가기 위해서는 서던알프스를 다시 넘어가야 하는데 하루 만에 단숨에 넘기에는 멀고 이틀을 소비하기에는 약간 아쉬운 거리다. 오전 아홉 시, 여유 있게 출발했다.

'화살촌', 아들은 애로우타운(Arrow town)을 그렇게 불렀다. 이 마을 어딘가에 화살과 관련이 있는 어떤 것이 있을 것 같다. 뉴질랜드의 영어 지명은 대개 19세기 후반 이후에 지어졌다. 마오리어 지명도 12세기 이후에 지어졌으므로 우리나라에 비하면 그리 오래된 것은 아니다. 그럼에도 불구하고 지명의 근원이 명확하지 않은 경우가 많이 있는데 초기 이민자들 사이에 불리던 이름이 정착

아하

#### 왜 '화살촌'이 되었을까?

필리힐과 초기 애로우타운(*애로우타운 감옥 안내판)

원래 이 마을의 이름은 폭스스(Fox's)였다. 1862년에 이 마을에 들어온 초기 금 채굴업자 윌리엄 폭스(William Fox)의 이름을 딴 지명이었다. 나중에 애로우타운으로 이름이 바뀌었는데 마을 옆을 흐르는 애로우강에서 이름을 따왔다. 애로우강이라는 이름을 붙인 사람은 리스(William Rees), 또는 툰젤만(Nicholas Von Tunzelmann) 중 하나로 추정된다. 이들은 와카티푸호 연안에 정착한 최초의 유럽인들이었다.

강의 흐름이 매우 빨라서 '화살 같다'고 표현한 것에서 시작되었다는 설과 인근 애로우정션(Junction of Arrow)과 부시크리크(Bush creeks)에 화살촉 모양을 닮은 곳이 있어서 그런 이름이 붙었다는 두 가지 설이 있다.

이 일대는 너른 빙하성 평원이다. 빙하 전성기에 와카티푸호를 가득 메웠던 빙하가 이곳까지 밀려나와서 만들어졌다. 빙하가 밀고 나오면서 단단한 암석 부분은 침식에 견디고 남아 작은 동산(양배암)이 되었다. 부시크릭 앞의 필리힐(Feehly Hill)은 삼각형의 화살촉 모양이다. 필리힐은 침식당한 암석과 빙하성 퇴적물로 이루어져 있다.

하는 과정을 명확하게 글로 남겨놓지 않았기 때문이다. 애로우타운은 뭔가 있음직한 이름을 가지고 있지만 그 근원이 명확하지는 않다.

### 애로우타운: 황금빛 꿈을 좇아 만들어진 마을

1862년 전후로 금이 발견되었고 채굴꾼들이 몰려들었다. 반년 만에 금을 첫 반출했는데 무려 340kg이나 되었다고 한다. 곧바로 1500명이나 되는 사람들이 몰려들면서 마을이 급성장했다. 당시에는 퀸스타운보다 인구가 더 많았다. 광부들의 집은 천으로 만든 천막집이었는데 금이 발견된 애로우강변을 따라 늘어서 있었다. 그런데 1863년 애로우강에 엄청난 홍수가 나서 강변에 있던 광부들의 집들이 휩쓸려 나갔다. 그해 겨울에는 폭설이 엄습했다. 광부들은 보다 높고 안전한 곳을 찾아 강에서 떨어진 지금의 위치로 이동하게 되었다. 지금까지 남아 있는 광부 사택은 대부분 1870년대에 지어졌는데 지금은 주택이나 상업시설로 이용되고 있다.

주민들은 1867년 시내 길가에 플라타너스, 느릅나무, 물푸레나무, 참나무 등의 나무를 심기 시작했다. 두고 온 고향인 유럽의 도시처럼 보이게 하기 위해서였다. 골드러시의 광풍이 사그라들면서 이 도시를 보다 영구적인 정착지로 가꿔야만 할 필요가 있었기 때문이기도 했다. 지금도 애로우타운 시내에는 아름드리나무들이 길을 따라 늘어서 있다. 심었던 사람들의 의도대로 유럽의 도시같은 분위기를 물씬 풍긴다. 특히 중심가인 버킹엄스트리트(Buckingham Street)는 이름도 경관도 유럽을 닮았다.

마침 오늘이 롱런치(Long lunch)라는 이벤트를 하는 날이다. 매년 12월 첫 주 금요일에 하는 행사인데 용케도 오늘이 1년에 딱 한 번 하는 그날이다. 오후 1시에 시작하는 행사로 메인스트리트인 버킹엄스트리트 한가운데에 한 블록을 모두 채우는 긴 식탁을 차려놓고 점심을 먹는 행사다. 'Long'이 붙은 이유는 '테

광산촌의 자취가 남아 있는 가로수길

롱런치 준비 중

이블이 길다'는 의미와 '식사 시간이 길다'는 의미를 함께 표현한 것이다. 길 옆 식당에는 '행사 때문에 저녁을 하지 않는다'는 안내 글이 붙어 있다. 저녁 가까이까지 이어지는 정말 '긴~' 점심이다.

**득템!**

박물관에 들렀다. 박물관 이름이 'Lakes District Museum'이다. 애로우타운에는 호수가 없어서 퀸스타운까지 포함한 이름으로 보인다. 애로우타운이 흥미로운 역사를 가지고 있기 때문에 박물관 내용도 재미있는 것이 많다. 가장 눈길을 끄는 것은 세계 여러 지역에서 들어온 이민자들에 대한 내용이다. "세계

중국인 노동자들에 대한 내용이 눈길을 끈다.

의 '네 귀퉁이'에서 오다"라는 제목의 판넬은 언어, 종교, 직업 등이 다양한 뉴질랜드의 특징이 다양한 출신국에서 비롯되었음을 함축적으로 보여 준다.

금 채굴에 꼭 필요한 시설이었던 수력발전소가 건설되었고 부족한 노동력을 보충하기 위한 방법으로 중국인 이민을 받아들인 내용 등도 흥미롭다.

나오는 길에 우연히 책을 샀다. 『The field guide to New Zealand Geology』라는 책인데 전시, 판매를 한다. 초판이 1985년에 나온, 좀 오래된 책이지만 뉴질랜드 지질 관련 서적으로 교과서적인 책인 것 같다. 지질구조는 뉴질랜드를 이해하는 중요한 키워드이다. 이 글을 쓰면서도 많은 참고가 되었다. 전공자들이나 관심을 갖는 특정한 분야의 책이지만 여러 차례 재판을 한 것을 보면 뉴질랜드에서는 대중적으로도 꽤 인기가 있는 모양이다.

**중국인 마을: 개척기에 중국인들이 들어왔었구나!**

중국인들을 몇 차례 만났지만 중국인들이 19세기부터 뉴질랜드에 들어왔다는 사실은 애로우타운 박물관에서 비로소 알았다. 애로우타운이 초기 중국 이민이 들어온 대표적인 지역이었다. 이들은 시내 중심가에서 떨어진 곳에 따로 마을을 이루고 살았다. 중국인들의 집은 큰길에서 떨어져 있거나, 길가에 있더라도 길을 정면으로 바라보지 않도록 집을 지었다고 한다. 박물관의 설명문에 의

중국인 마을의 작은 집

하면 반듯한 길에는 나쁜 기운이 있어서 이를 피하기 위해서였던 것으로 추정한다.

지금도 마을이 일부 보존되어 있는데 작고 초라한 집들이 대부분이다. 허리를 굽히고서야 간신히 들어갈 수 있는 집도 있어서 이런 곳에서 어떻게 살았을까 싶다. 하지만 그들은 대부분 정착민으로 들어온 것이 아니라 돈을 벌기 위해 일시적으로 이주해 온 사람들이어서 가족을 이루는 경우가 거의 없었다. 한두 명이 거의 잠만 자는 집이었을 테니 집이 클 필요가 없었다. 이 중국인 주거지는 1928년까지 분리된 중국인 마을로 유지되었다.

### 성공회교회: 인종, 언어, 종교가 복잡하다

시내에 성공회교회(Anglican Church)가 하나 있다. 영연방에 속하는 뉴질랜드는 성공회가 대부분이리라 생각했었다. 애써 찾아보지는 않았지만 의외로 성공회교회를 자주 볼 수 없었다. 대신에 다양한 종파의 교회들이 있는데 크게 성공회, 장로회, 감리회, 그리고 가톨릭으로 나뉜다. 이는 영국인 이민들의 출신 지역과 관련이 있는데 간단하게 정리해 보면 잉글랜드 출신들은 성공회, 스코틀랜드 출신들은 장로교회, 웨일스 출신들은 감리교회, 그리고 아일랜드계

아하

## 중국인들이 뉴질랜드에 들어오게 된 사연

중국인들의 유입을 부정적으로 묘사한 신문 만평(위)과 중국인 대책을 위한 공청회 공고문(아래)

1862년부터 금 채굴이 시작되었는데 몇 해가 지나면서 금을 채굴하기가 점차 어려워졌다. 매장량도 줄었고 매장층도 깊어져서 수지가 잘 맞지 않았다. 게다가 뉴질랜드 서해안 일대에서 새로운 금광이 발견되면서 많은 노동자들이 새로운 금을 좇아 서던알프스를 넘었다. 오타고 지방의 금광은 심각한 노동력 부족에 직면하였다. 1865년에 부족한 노동력을 보충하기 위해 오타고 지방 정부가 중국인 노동자를 받아들이는 결정을 내렸다. 중국인 노동력은 기존의 유럽인 노동력에 비해 값이 쌌으므로 오타고 일대의 금광 노동력을 보충하기에 적절했다.

중국인들이 광산 노동자로 선택된 것은 당시 영국과 중국의 관계를 통해 이해할 수 있다. 영국은 1840년에 아편전쟁으로 중국을 반식민지화한 상태였다. 식민지였던 뉴질랜드의 부족한 노동력을 반식민 상태였던 중국에서 조달하는 정책을 폈던 것이다.

그러나 1870년대에 들어서면서 경기가 침체하자 중국인들에 대한 감정이 적대적으로 변하기 시작했다. 값싼 임금으로 자신들의 일자리를 침범한다는 생각이 널리 퍼졌다. 그 결과 1896년에는 중국인 입국자에게 부과하던 등록세가 100파운드로 인상되었고 1898년에는 문자해독 능력 시험을 통과해야 하는 법이 생겼다. 이듬해에는 중국인 귀화금지법이 통과되었고 이 법은 1952년까지 유지되었다. 하지만 금광산업이 번성했던 1880년대까지는 중국인들의 유입이 지속되었다. 당시 오타고-사우스랜드(Otago-Southland)와 웨스트코스트(West Coast) 금광에 일하러 온 중국인들은 최대 8000여 명에 이르렀다.

이들 가운데 상당 수는 돈을 모아 중국으로 귀국하기도 했지만 금광업이 쇠퇴한 이후로는 그렇지 못했다. 1921년에 이르러서는 오타고 일대 금광에 남은 중국인이 59명으로 줄어들기에 이르렀다. 남은 사람들은 안정된 일자리를 찾지 못하고 아주 가난한 상태로 연명하는 경우가 많았다. 게다가 아편을 중국에 팔았던 영국은 뉴질랜드에 온 중국인 노동자들에게도 아편을 허용했기 때문에 아편 중독에 빠진 사람들도 많았다.

성공회교회

는 가톨릭 신자들이 많았다.

뉴질랜드 사람들의 이름을 보면 이 주민들이 얼마나 다양한 지역에서 왔는지를 짐작할 수 있다. 유럽에서도 영국뿐 아니라 독일, 덴마크, 프랑스 등 여러 나라에서 이주민이 들어왔다. 이는 가옥의 형태에도 영향을 미쳤다. 자신들의 고향에서 활용했던 건축 방식을 새 정착지에 재현시켰다. 식육업, 제과제빵, 촛대 제조업 등 광산노동자들이 이주 전에 가지고 있던 다양한 직업도 나중에 도시 경관을 만들어 내는 데 영향을 미쳤다. 애로우타운은 이처럼 문화 전파가 경관에 미친 영향을 다양한 측면에서 보여 주는 교과서 같은 지역이다.

국적을 추정할 수 있는 다양한 이름들(레이크 디스트릭트 박물관 전시물)

**현이의 Tips &**

뉴질랜드 역사와 많은 부분 궤를 같이하는 애로우타운의 역사와 같이 역사적으로 중요한 사실들을 미리 공부하고 가면 여행이 훨씬 풍성해질 것이다.

## 구경만 하고 돌아온 번지점프 다리

가는 길에 있는 번지점프다리를 일단 '가 보기로' 했다. 여행 계획을 세울 때부터 해야 하나, 말아야 하나 계속 망설였던 것이 번지점프다. '기왕에 왔으니'와 '꼭 해야만 하는 것은 아니잖아?'가 계속 싸운다. 그런데 아들도 역시 마찬가지다. '아들이 한다고 하면 따라서 해야지' 생각하고 아들에게 의사를 물었더니 안 하겠다고 한다. 한편으로는 '젊은 청춘이 뭘 그리 무서워하나' 생각이 들면서도 다른 한편으로는 다행스럽기도 하다. 아버지 나이를 생각해서 참아 주는 거겠지? '눈을 뜨고 뛰어야 겠다'고 정해 놓았는데 '뛰게 된다면'이라는 전제가 전제로 끝나 버렸다.

1880년에 세워진 현수교인 카와라우 다리는 협곡을 이루며 흐르는 카와라우강을 건너 오타고의 금광으로 연결되는 다리로, 애로우타운이 만들어질 당시에는 매우 중요한 역할을 했다. 박물관에 카와라우다리 건설 과정이 자세하게 소개되어 있을 만큼 애로우타운의 성립과도 밀접한 관련이 있었다.

여행을 준비할 때 봤던 자료 중에 카와라우다리 번지점프가 마오리들이 즐기던 '원조' 번지점프라고 설명한 것이 있었다. 의심 없이 철석같이 믿고 있었는는

카와라우강의 번지점프

데 이 일대를 지칭한 것이라면 몰라도 이 다리가 아닌 것은 분명하다. 우리 같은 사람들이 꽤 많다. 다른 사람들이 점프하는 장면을 구경할 수 있는 곳도 마련되어 있다.

결국 구경만 하고 돌아왔다. '돌아왔다'고 표현한 이유는 애로우타운으로 되돌아갔기 때문이다. 그 롱런치가 너무 궁금해서다. 어차피 점심때가 되었으니 밥도 먹고, 문화체험도 할 겸 해서 되돌아 간 것이다. 결과적으로 번지점프의 아쉬움을 충분히 달랠 만했다.

**롱~ 런치: 식탁도 길~고, 점심시간도 길~고**

식탁을 한창 놓을 때 애로우타운을 떠났고 한 시간 남짓 지나서 돌아왔는데 그 사이에 사람이 꽉 찼다. 어디서 이렇게 많은 사람들이 모여들었는지 신기하다. 잘 차려입은 사람들이 이야기를 나누면서 음식을 즐기는데 시골학교 운동회처럼 동네방네 사람들이 오랜만에 만나서 밀린 얘기를 나누는 것 같다. 나중에 찾아보니 유튜브에 올린 홍보영상이 있는데 우리도 잠깐 나온다.

비집고 들어갈 틈이라곤 없는데 주변의 음식점들이 모두 이 행사에 참여하기 때문에 이곳 말고는 식사를 할 식당도 없다. 예약을 안 했으니 무조건 물어보는 수밖에 없다. 서빙하는 사람들에게 우리도 참여할 수 있는지 물었지만 번번이 퇴짜를 맞았다. 지성이면 감천이라고 여러 번 시도 끝에 반응을 보이는 서빙맨을 만났다. 모습이 인도 사람인 그는 뒤에 식당에 가서 알아보라고 한다. 찾아가 보니 만트라(Mantra)라고 하는 인도 음식 전문 식당이다. 둘이 합쳐 160달러라는 만만치 않은 가격이지만 문화체험비로 지출하기로 했다.

주인은 부산하게 직원들을 시켜서 테이블 한 개를 빈 공간에 배치해 주고 우리를 앉게 했다. 급히 가져다 놓은 우리 식탁은 까만색이어서 하얀 테이블보가 깔린 다른 식탁과 확연하게 구별이 된다. 게다가 다들 정장이거나 세미 정장을

롱런치

우리가 나오는 롱런치 영상

차려입었는데 우린 꾀죄죄한 여행객 차림이다. 그리고 얼굴 생김도 다르다. 하지만 외국이어서 좋은 점이 바로 이거다. 또 만날 일이 없으니 생각대로 하면 그만이다. 다행스럽게도 갑자기 나타난 이방인에 대해 대부분 불편해 하는 기색은 없다. 정확히 말하면 무관심하다고 하는 편이 맞을 것 같다. 음식이 개인별로 따로 나오는 것이 아니고 커다란 그릇에 나오면 테이블 주변 사람들이 각자 자기 접시에 덜어 먹는다. 이미 시작된 자리에 끼어들었으니 앞부분에 나온 음식은 이미 지나갔다.

옆자리에는 내 나이쯤 되어 보이는 아저씨가 앉았다. 콧수염을 기르고 맥고모자를 쓴 전형적인 백인이다. 우리가 오늘 저녁에 하루를 묵을 예정인 와나카에서 왔고 양을 기른다고 한다. 몇 마리나 기르느냐로 시작한 뉴질랜드 목축업자에 대한 나의 관심과 불안한 나라 한국에 대한 그의 상충된 관심이 브로큰 잉글리시로 적당히 얼버무려진다. 옆자리에 앉은 동네 사람들까지 합세해서 사진 찍고 메일 주소를 주고받고 재미있는 시간을 보냈다. 코스 요리로 계속 나오는 인도 음식은 뒷전이다.

### 감옥을 찾아서

별로 중요한 장소도 아닌 옛 감옥을 찾느라고 한참을 헤매었다. 한적한 시골 동네인데 표시가 없어서 지도를 보고 근처를 뱅뱅 돌았다. 생김새가 보통 집처럼 생겨서 감옥이라는 느낌이 들지 않는다. 현재 보수 공사가 진행 중이라는 안내판이 서 있고 인부 두 명이 뭔가를 하고 있다.

안내문에 따르면 당시 주요 범죄는 광물 탈취, 절도, 살인 등이었고 그런 일들이 흔히 발생했다고 한다. 불확실한 미래에 희망을 걸고 이역만리 머나먼 길을 나선 사람들은 대부분 본국에서 안정된 직업을 가지고 있지는 않았으리라. 갈 데까지 간 사람들에게 범죄는 아주 가까운 곳에 있었을 테고, 1862년에 마을이 생기면서 곧바로 경찰이 배치되었다. 하지만 겨우 3명의 경찰이 1500명의, 황금에 눈이 먼 광부들을 통제하는 것은 불가능에 가까웠다.

이 감옥은 이런 상황에서 만들어졌는데 1876년 당시 뉴질랜드에서 네 번째로 만들어졌다. 죄수를 수용하는 방이 5개에 불과한 작은 감옥이고 간수실과 체력 단련장을 갖췄다. 최근까지도 때때로 이용되었는데 1987년 새해 전날 축제에서 난동을 부린 사람들이 마지막 이용자였다고 한다.

애로우타운 감옥

그들은 모두 금을 좇아 머나먼 길을 떠나온 사람들이었다. 같은 목표를 가지고 있었으나 그것이 '개인적 부'라는 개별화된 공통점이었으므로 이익을 놓고 다툼이 일어나는 것이 당연지사였을 것이다.
이역만리 무지개 같은 꿈을 좇아 왔다가 감옥에 갇힌 자들의 심정은 어땠을까? 절망? 후회? 적개심? 법은 사회 질서를 유지하는 데 꼭 필요하지만 때로는 누군가의 이익을 위해 또 다른 누군가를 구속하는 약육강식 논리이기도 하다. 혹시 옛 감옥에 가면 그런 느낌이 조금이라도 느껴지지 않을까 하는 생각에 감옥을 찾아본 것이다.

### 신문은 어떻게 올까?

시골에 살면 불편한 점이 많은데 그중 하나가 신문이다. 인터넷이 없던 시절 신문은 소식을 전해 주는 유일한 수단이었지만 시골에는 아침에 배달이 되지 않기 때문에 오후에 우편으로 배달되었다. '신문(新聞)'이 아니라 '구문(舊聞)'이었다.
뉴질랜드는 인구도 적고 작은 시골 마을들이 많아서 신문을 배달하는 것이 우리와는 많이 다를 것 같다. 어느 집 앞에 놓여 있는 비닐 봉투에 담겨진 광고전단을 보면서 드는 생각이었다. 집 안도 아니고 대문에서 한참 떨어진 길 옆 진입로에 아무렇게나 던져져 있다. 너른 평야지대에서 큰길까지 나와 있는 우편함에 비하면 매우 가까운 거리이기는 하지만 인구 밀도가 낮은 지역에서 볼 수 있는 풍경인 듯하다.

길옆으로 배달된 광고지

그물을 씌워놓은 과수원

### 퍼즐링 월드: 아이들처럼 놀아보는 것도 재미있다

크롬웰까지는 사흘 전에 왔던 길을 되짚어서 갔다. 나중에 지도를 보니 다른 길이 있었는데 아쉽다. 다른 길은 애로우정션이라는 곳에서 고갯길을 올라가서 가는 길이다. 애로우정션에서 올라가는 고갯길은 바로 와카티푸호를 가득 메웠던 빙하가 흘러나온 마지막 지점이다.

**현이의 Tips &**

애로우정션에서 와나카로 직접 가는 길을 가 보고 싶다. 와카티푸호 빙하가 밀려나왔던 경계선이기 때문에 언덕에 올라가 보면 어떤 특징이라도 발견할 수 있을 것 같다. 그리고 주변의 빙하지형도 한두 개는 주의 깊게 살펴보면 좋겠다.

크롬웰을 지나면서 포도밭이 펼쳐진다. 던스탄(Dunstan)호를 오른쪽으로 끼고 달리는 길이다. 포도밭뿐만이 아니라 배나 오렌지 같은 과일들을 재배하는 과수원들이 계속 이어진다. 새가 쪼아 먹는지 어떤 과수원은 통째로 그물을 씌워 놓은 곳도 있다.

퍼즐링월드

와나카 초입에 퍼즐링월드(Puzzling World)라는 테마파크가 있다. 다섯 시가 약간 넘은 시각이니 들어가 보기로 했다. 착시를 일으키는 그림이나 시설을 전시해 놓았고 마지막에는 야외 미로가 있다. 아이들이 미로를 훨씬 잘 찾는다더니 틀린 말이 아니다. 계속 갔던 길만 나오고 출구는 도저히 찾을 수가 없다. 아들도 아이는 벌써 면했지만 아직은 뇌가 쌩쌩한 모양이다. 네 귀퉁이에 설치된 탑에 차례로 올라서 미션을 완수하고 나를 내려다보면서 길을 알려준다. 하지만 끝내 출구를 찾지 못하고 비상문으로 탈출하고 말았다.

### 모레인 위에 만들어진 조용한 마을 와나카

와나카(Wanaka)는 와나카호 남쪽 끝, 빙하가 만든 모레인(moraine)에 자리 잡은 아름다운 마을이다. 빙하호 끝의 모레인에는 마을이 발달한 경우가 많은데 와나카도 그들 중 하나다. 약간 높으면서 물 빠짐이 좋은 토질로 마을이 들어서기에 유리한 조건을 갖고 있다. 똑같은 성격의 마을인 레이크하웨아(Lake Hawea)가 와나카 북동쪽 15km 지점에 있다. 와나카호와 하웨아호는 서로 인접한 빙하호로 호수 끝에 같은 성격의 마을이 자리를 잡았다. 두 마을은 서던알프스를 넘어가기 전에 있는 마을로 남쪽의 테아나우와 비슷한 입지이다.

**현이의 Tips &**

레이크하웨아에서 1박을 하는 것도 좋겠다. 서던알프스에 조금이라도 가까운 레이크하웨아에서 숙박을 하면 다음 날 일정이 좀 여유가 있을 것이다.

저녁거리 장을 보러 나갔다가 영화관을 발견했다. 영화 한 편 보는 것도 추억이 될 것 같아 들어갔더니 시간이 맞질 않는다. 미리 알아보고 예약하지 않으면 꽤 긴 시간을 기다려야 한다. 애로우타운에서는 어거지를 쓰다시피 해서 이벤트에 참여했지만 영화는 떼를 쓸려야 쓸 수가 없다. 무작정 돌아다니는 여행의 단점이라면 단점이다.

이젠 소고기를 실컷 먹는 것이 일상이 됐다. 슈퍼마켓에 들러 스테이크용 소고기와 자주색 양파, 그리고 마늘 스프를 사 왔다. 와인 한 병은 필수다. 애로우타운 주류 전문 판매업소에 들러서 사온 맥주도 각자 한 병씩 곁들였다.

스테이크 두 덩이 값이 4달러(NZD)가 채 안 되니까 우리 돈으로 약 3500원 정도, 둘이 라면 먹는 것보다 싸다! 샐러드에 따듯한 물을 부어 만든 소스를 얹었다. 소스를 얹고 보니 샐러드 포장 밑바닥에 소스가 한 봉지 들어 있다. 추가!

소금에 절인 올리브를 살짝 곁들이면 간도 딱 맞는다. 아들이나 나나 입맛이 뭐든 다 먹는, 거의 거지 입맛인지라 그냥 맛있기만 하다. 자두 알만 한 사과를 한 개씩 곁들여 먹으니 그것도 나름 잘 어울린다.

와나카의 저녁 식사

현이의 Tips &

일정을 서두르면 서던알프스를 넘어서 하스트(Haast)까지도 갈 수 있을 것 같다. 전체적으로 일정을 하루 더 늘릴 수 있다면 이날 일정을 길게 잡고 7일째에 오마라마에서 더니든(Dunedin)으로 가는 일정을 추가해 보는 것도 좋겠다.

## 여행 경비로 정리하는 하루

| | 교통비 | 숙박비 | 음식 | 액티비티, 입장료 | 기타 | 합계 |
|---|---|---|---|---|---|---|
| 비용(원) | | 109,403 | 145,539 | 68,418 | 85,944 | 409,304 |
| 세부 내역(NZD) | | 알파인 모텔 128 | 점심(애로우타운, 롱런치) 160 맥주(2병) 추가 12 | 애로우타운 박물관 40 퍼즐링월드 40 | 책(Geology of NZ) 50 슈퍼마켓 51.57 | |

NEW ZEALAND

열 하루째 날

# 온대 숲을 통과하는 빙하, 폭스 빙하 · 프란츠요셉 빙하

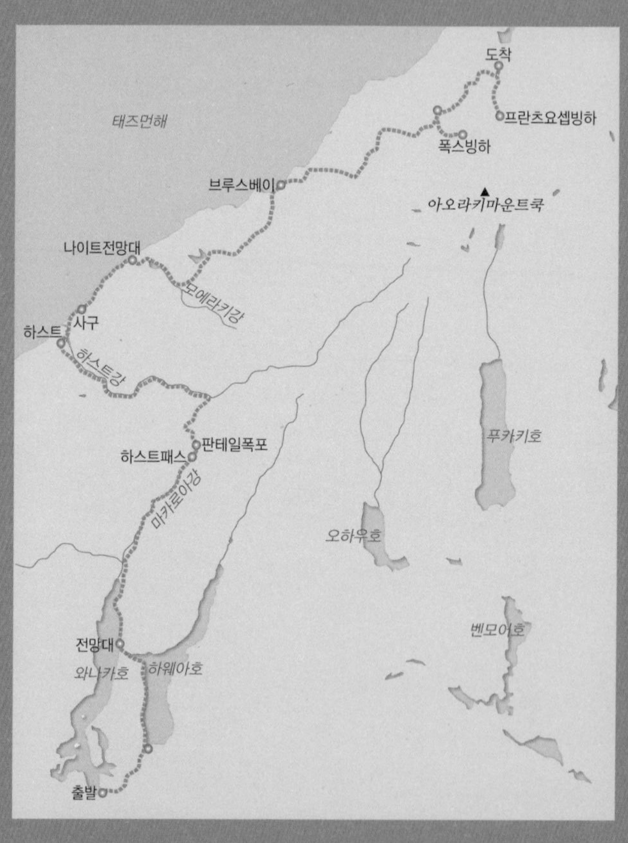

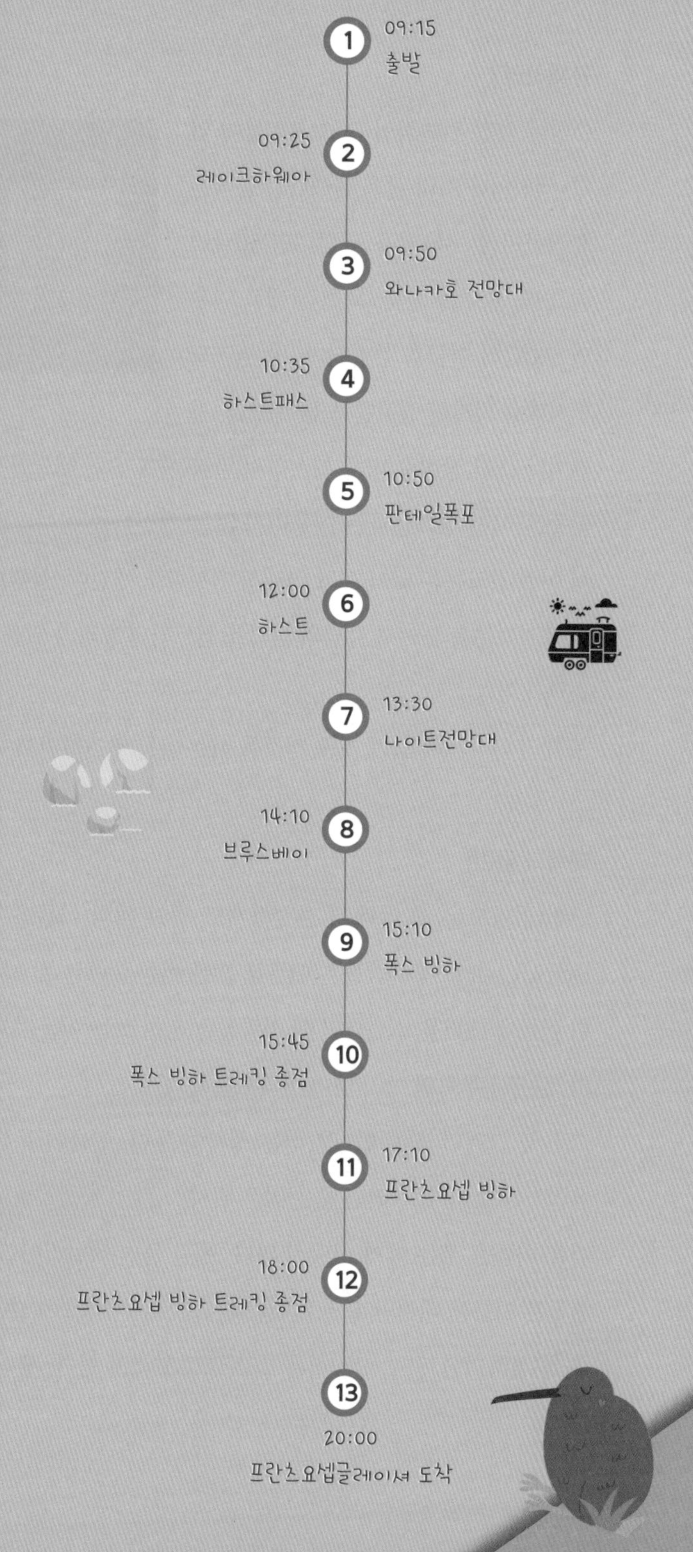

1
09:15
출발
09:25
2
레이크하웨아
3
09:50
와나카호 전망대
10:35
4
하스트패스
5
10:50
판테일폭포
12:00
6
하스트
7
13:30
나이트전망대
14:10
8
브루스베이
9
15:10
폭스 빙하
15:45
10
폭스 빙하 트레킹 종점
11
17:10
프란츠요셉 빙하
18:00
12
프란츠요셉 빙하 트레킹 종점
13
20:00
프란츠요셉글레이셔 도착

**규제하면?**

주방에 약간 위협적인 경고문이 붙어 있다. 생선이나 커리 같은 냄새나는 음식은 요리하지 말 것, 방을 더럽히면 50달러(NZD)의 벌금을 물림, 특히 담배를 피우면 500달러 벌금을 물린단다. 방 벽에도 인사말을 빙자한 경고문을 붙여 놨다. 자전거나 스키 장비로 벽을 훼손하지 말라는 얘기다. 체크인 할 때 만났던 그 사람들은 이런 경고문과는 어울리지 않는 친절한 인상이었는데…. 뉴질랜드에서 이런 경고문은 낯이 설고 그래서 거부감도 생긴다. 실행도 불가능해 보이는 이런 경고문을 붙여서 손님의 심기를 건드리면 효과가 있을까?

주방에 붙어 있는 경고문

효과가 있다.

'규제의 나라' 출신답게 자꾸 청소를 하는 나를 발견하면서 좀 어이가 없다.

**데렉과 콜린**

그런데 경고문 맨 아래에 친절하게도 주인 내외 이름을 실명으로 써 놨다. Derek/Collin. 이 사람들은 대부분 흔한 이름을 쓰는 것 같다. 우리가 좀 독특한 이름에 매력을 느낀다면 이 사람들은 흔히 쓰는 이름이 더 매력적인 모양이다. 길에서 부르면 여러 명이 바라보는 건 아닐까?

그런데 '그러면 또 어떤가?' 하는 생각이 든다. 이름이 독특해서 전 세계에서 유일하다고 치자. 그러면 좋은 점은 뭐지?

같은 이름을 쓰는 예가 상당히 많다. 예를 들면 히말라야 고산지대에 사는 사람들은 이름을 태어난 요일로 짓는다. 그러니 한 마을에 같은 이름이 수두룩하다. 구별하려면 '큰 ○○', '젊은 ○○'으로 불러야 한다. 생각해 보니 우리도 이름이 크게 다르지 않았다. 태어난 월을 붙이기도 하고, 계절을 붙이기도 하고. 독특한 이름을 짓는 것은 조선시대 왕가의 전통이었으며 양반 계급에게도 영향을 미쳤다. 하지만 인구의 대부분을 차지하던 백성들은 특별할 것이 없었다. 봉건시대가 무너졌지만 지배 이데올로기는 지금까지도 여러 형태로 남아 있다. 이름 짓기도 봉건시대의 관성이 아닐까 싶다.

속설에는 왕가에서 이름을 어렵게 지은 이유는 저승사자가 쉽게 찾지 못하게 하기 위해서였다고 한다. 그런데 백성들은 흔한 이름을 지어야 오래 산다고 믿었다. 같은 이름이 많으면 저승사자가 데려가야 할 사람이 누군지 몰라 헷갈린다는 얘기다. 이런 놀라운 이율배반이 성립하려면 저승사자는 글도 잘 못 읽고 사람도 분간 못하는 어리바리한 존재여야 한다. 데릭과 콜린은 적어도 우리나라식으로 보면 양반·귀족은 아니다.

### 취사시설을 갖춘 모텔이 비싸다

모텔은 마당이 아주 넓은데 건물이 1층이어서 투숙객들은 자기 차를 자기 방 앞에 주차할 수가 있다. 가방 들고 드나들기가 아주 편하다. 아침은 소고기 스테이크와 샐러드, 그리고 라면탕이다. 소고기는 어제 저녁에 남긴 것인데 아침거리로는 충분하다.

처음에는 잘 몰랐지만 여행을 하면서 보니 대부분의 숙박시설들은 취사시설을 갖추고 있다. 호텔 중에도 취사시설이 갖춰진 곳이 있었지만 모텔은 모두 취사시설이 잘 갖춰져 있다. 그러니까 모텔은 우리나라 식으로 보면 펜션과 비슷한 시설이다. 그래서 일반 호텔(고급 호텔은 다르겠지만)보다 모텔의 숙박비가 더 비싸다.

### 인구밀도가 높아서 좋은 점

레이크하웨아의 주유소

든든하게 아침을 먹고 아홉 시 십오 분에 출발했다. 오늘은 갈 길이 먼 대신에 여행지는 폭스 빙하와 프란츠요셉 빙하 단 두 곳뿐이다.

레이크하웨아를 지나려다 보니 주유소가 있다. 우리나라처럼 곳곳에 주유소가 있지 않기 때문에 기회가 있을 때 기름을 넣어 둬야 한다. 서던알프스 너머에 있는 하스트까지는 중간에 큰 마을이 없기 때문에 미리 넣어 두는 것이 마음이 편하다.

주유소에 '통 교환'하는 곳이 있다. 액화석유가스(LPG)통을 교체해 준다는 뜻인데 가정용으로 LPG를 주로 사용하고 있다는 뜻인 것 같다. 인구가 밀집 분포하는 우리나라는 어지간하면 액화천연가스(LNG)가 공급된다. 가스가 떨어지면 통을 교체해야 하는 LPG에 비하면 얼마나 편리한지 모른다. 하지만 뉴질랜드는 가스관을 매설해서 공급하는 LNG를 보급하기에는 인구 밀도가 너무 낮다. 인구밀도가 낮아서 부러운 점이 많았는데 이런 불편한 점도 있다.

### 지식을 쌓게 해 주는 안내판

하웨아호와 와나카호는 빙하기에 북북동-남남서 방향으로 나란히 뻗어 있던 두 개의 빙식곡이 호수로 변한 것이다. 쌍둥이처럼 나란히 있는 두 호수의 중간 부분이 매우 가까운데 그곳으로 길이 나 있다. 서던알프스를 향해 올라가는 길은 이곳에서 하웨아호에서 와나카호로 넘어가도록 되어 있다. 구간에는 여러 개의 전망대가 있다.

이런 시골길에는 휴게소가 없다. 중간중간 쉬어가는 곳(Look out)은 많지만 주유시설이나 먹을거리를 파는 시설은 전혀 없다. 인구가 적어 인력이 귀한 나라이기 때문에 시설을 유지하기가 불가능한 탓일 것이다. 중간에 작은 마을이 있으면 그곳이 휴게소 기능을 한다고 볼 수 있다.

하웨아호를 벗어나서 와나카호로 접어들자마자 전망대가 하나 있어서 잠깐 들어가 봤다. 아름다운 경치보다 먼저 눈길을 끄는 것이 두 개가 있다. 하나는 독극물 미끼를 놨으니 조심하라는 경고판이고, 다른 하나는 빙하지형 안내문이다. 독극물 주의 경고판은 자세한 내용을 알기 어렵지만 유해 동물을 사냥하는 업체가 설치한 것이다. 우리나라도 멧돼지 때문에 많은 피해가 있는데 이 일대도 야생 멧돼지 때문에 피해가 크다고 한다. 이 업체는 야생멧돼지를 사냥해주는 업체인 모양이다.

빙하지형 안내판은 천연의 바위 위에 붙여져 있다. 이 바위는 빙하가 할퀴고 지나간 흔적(찰흔, 擦痕)이 선명한 바위다. 두 호수가 빙하 작용으로 만들어졌다는 사실과 주변의 지형에 대해서 간단히 설명하고 있다. 이런 안내문을 주의 깊게 읽는다면 그냥 아름다운 경치에 빠지는 것 이상의 눈을 가질 수 있게 될 것이다. '경치가 아름답다' 류의 주관적인 평가나 '전설에 의하면…' 어쩌구 하는 내용들보다는 기초적인 지식을 쌓을 수 있는 표지판들을 우리나라에서도 자주 보고 싶다.

↑ 독극물 주의 경고판
↓ 찰흔이 선명한 바위에 붙어 있는 빙하지형 안내문

와나카호 상류 일대의 숲

### 와나카호 상류에 발달한 숲

와나카호를 벗어나서 서던알프스로 접근할수록 숲이 우거지기 시작한다. 밀퍼드사운드에 갈 때와 같은 현상이다. 편서풍의 바람의지 쪽에 속하는 동부는 강수량이 적어 거의 지중해성기후와 같은 경관이 나타나지만 서쪽으로 갈수록 서안해양성기후 경관이 나타난다. 길옆에 발달한 숲이 보통이 아니다. 나무도 크지만 껍질에 덕지덕지 붙은 이끼가 습한 지역임을 말해 준다. 이런 경관이 나타나는 것은 강수량이 많다는 뜻이다.

서던알프스 분수계를 넘기 전이지만 하웨아호 계곡과 와나카호 계곡 사이에 발달한 산맥은 해발고도가 상당히 높다. 2000m를 넘는 준봉들도 여럿이다. 따라서 서쪽에서 불어온 바람을 응결고도까지 상승시킬 수 있는 조건을 가지고 있다.

분수령 하스트패스

**분수령 하스트패스**

밀퍼드사운드 가는 길처럼 이곳도 분수계가 모호하다. 숲이 계속 이어지다가 어영부영 산을 넘는다. 도로 모양이 가운데가 약간 올라와 있고 동서 양쪽으로 내려가는 모양인 것으로 보아 분수계가 아닌가 싶기는 하지만 긴가민가 할 정도로 경사가 완만하다. 지도로 확인해 보니 용케 맞췄다. 이곳에서 동쪽의 와나카호로 유입하는 강은 마카로아(Makaroa)강이고 서해로 흘러드는 강은 하스트(Haast)강이다. 그리고 두 강 유역 사이에 있는 고개 이름은 하스트패스(Haast Pass)다.

세 명의 여인들이 길옆 간이 쉼터에 차를 세우고 자전거를 꺼내어 하이킹을 준비하고 있다. 세 여인이 자전거를 타는 것도 이채롭지만 그중 한사람은 나이가 지긋한 할머니여서 더 눈길을 끈다.

## 돌탑 문화의 뉴질랜드식 전파

하스트패스를 지나 내려가다 보면 판테일(Fantail)폭포라는 곳이 있다. 잠시 쉬어갈 겸 차를 세우고 내려가 봤다. 산에서 계곡으로 떨어지는 작은 폭포인데 주인공인 폭포보다 오히려 그 앞을 흐르는 계곡이 더 매력적이다. 특이하게 주변에 납작한 돌이 지천인데 여기저기 돌탑들이 만들어져 있다. 탑이 본래 불교문화라고 보면 이런 경관을 만든 사람들은 혹시 우리나라 사람들이 아닐까? 불교문화권인 한중일 중에서도 정교하게 돌을 포개서 돌탑을 만드는 사람들은 우리나라 사람들이다.

누군가 쓰러진 나무 위에 돌탑을 만들어놨는데 이건 기도의 의미보다는 예술작품이나 묘기 쪽이다. 현상은 같지만 본질이 다르게 전파된 것이다. 아들이 큼직한 돌 하나를 주워다가 그 위에 얹어 놓는다. 아들의 행동도 동양적 사고에서 나온 것은 아니다. 나중에 보니 백인들도 돌탑 쌓기에 여념이 없다. 젊은 남자는 원반 같은 커다란 돌을 낑낑거리며 주워다 탑을 쌓는데 재미있어 죽겠다는 표정이다.

판테일폭포의 돌탑들

퇴적암이 풍화된 후 하천에 의해 운반되면서 모서리가 닳아서 돌이 모두 동글납작하다. 새똥 빠지는 짓을 잘하는 아들이 난데없이 성큼성큼 하천이 넓은 쪽으로 걸어가더니 물수제비를 뜬다. 그리고 인생 최고의 기록을 세웠다. 여울 상류에 발달한 소(沼)여서 물살이 잔잔하고 줍는 돌마다 얇고 동글동글하기 때문에 기록을 세우기에 안성맞춤인 곳이다.

### 서던알프스를 넘자마자 내리는 비

서던알프스를 넘자마자 지리공부를 제대로 하게 되었다. 서해안으로 다가가면서 비가 내리기 시작한다. 서쪽, 그러니까 중위도 편서풍대에 나타나는 서안해양성기후의 전형적인 특징을 산을 넘자마자 만나게 된 것이다. 동쪽에만 머물렀던 동안에는 날씨가 정말 좋았다. 우리가 덕을 쌓아서가 아니라 동쪽이어서 그랬던 거다. 비록 비를 맞더라도 지리공부는 제대로 하는 셈이니 충분히

산을 넘자마자 비가 차창을 적신다. 폭설 때 길을 차단하는 시설도 있다.

하스트 일대의 해안평야

하스트강 하류를 건너는 다리

위안을 삼을 만하다. 폭스 빙하 트레킹을 비 때문에 취소했다던 성원기 선생님의 조언에 따라 튼튼한 우비를 챙겨왔으므로 웬만하면 강행할 수 있다.

### 서해안 해안평야

하스트 일대는 서해안임에도 의외로 넓은 해안평야가 발달하고 있다. 급경사의 피오르가 발달하는 남쪽의 밀퍼드사운드 일대와는 다른 모습이다. 피오르의 한계선은 이곳보다 훨씬 남쪽이다. 이곳보다 더 북쪽에도 빙하가 발달하지만 피오르는 발달하지 않는다. 하스트강은 하구가 넓고 주변에 너른 범람원을 발달시켰다. 이 일대의 다른 하천들도 비슷하다. 또한 넓은 들을 배경으로 소를 많이 키우기 때문에 산을 넘기 전과 확연하게 다른 경관이 나타난다.

'하스트하이웨이'를 타고 '하스트패스'를 지나 '하스트강'을 따라 마침내 도착한 하스트는 그 이름에 비해 매우 작은 마을이다. 서던알프스를 넘으면서 계속 '하스트'를 보면서 왔기 때문에 제법 큰 마을이 있을까 기대했지만 하스트는 30여 가구 남짓한 작은 마을이다. 규모는 작지만 서던알프스를 넘는 길목에 위치하여 교통상 중요한 위치를 차지하고 있다. 서던알프스를 넘는 길은 모두 여섯 개뿐이므로 이런 성격의 마을은 많지 않다.

### 하스트 카페

점심때가 되어 길옆에 있는 카페에 들어갔다. 북쪽으로 올라가는 길과 남쪽으로 내려가는 길이 갈라지는 갈림길에 호텔(Heartland World Heritage Hotel)이 하나 있고 카페는 그 호텔에 딸린 시설이다. 주변에 건물이라고는 없어서 뜬금없어 보이는 위치인데 시설이 유지가 될까 싶다. 우리나라와는 확실하게 다른 무엇이 있다.

인도식 토르티야와 감자스틱, 해물스프 등으로 푸짐한 점심을 먹었다. '푸짐하

아하

### 뉴질랜드에는 '하스트'가 붙은 이름이 많다

하스트(Johann Franz von Haast, 1822~1887)는 독일 출신의 지질학자로 뉴질랜드의 지질 및 자원 연구에 많은 공헌을 한 인물이다. 독일인들의 이민 대상지로서 뉴질랜드의 자원 및 지질을 연구하기 위해 1858년 뉴질랜드에 입국하였다. 이후 뉴질랜드를 구석구석 탐험하여 금, 석탄, 구리 등 자원 매장 지역을 찾아내고 지질구조에 대한 폭넓은 연구를 진행하였다. 1859년 이후로는 넬슨, 캔터베리 평원, 웨스트랜드 등 남섬을 주로 탐험하면서 많은 연구 업적을 남겼다.

1870년 캔터베리 박물관을 설립하였고 1876년 캔터베리대학교 교수가 되었다. 1867년 왕립지리학회 회원이 되었으며 1884년 왕립지리학회의 최고 영예인 패트론 금메달을 수상하였다. 1877년에는 모국인 오스트리아-헝가리 제국의 황제 프란츠 요제프1세로부터 기사작위를 받았다. 1886년에는 영국에서 성 마이클·성 조지 기사 작위(Knight Commander of the Order of St Michael and St George)를 받았다. 크라이스트처치에 정착하여 거주하다가 1887년 크라이스트처치에 묻혔다.

그의 위대한 업적으로 고개(Haast Pass), 강(Haast River), 마을(Haast), 길(Haast Highway) 등의 지명에 그의 이름이 붙여졌고 하스트 편암(Haast Schist)이라는 암석에도 붙여졌다.

하스트는 지질 연구뿐만 아니라 동식물에 대해서도 폭넓은 연구를 하였다. 특히 1859년 남섬 북부 골든만(Golden Bay)의 아오레레(Aorere Valley)를 탐사하던 중 거의 완벽에 가까운 모아새 뼈를 채굴하고 가까운 과거에 모아새가 뉴질랜드에 실존했음을 알아냈다. 또한 1871년에는 캔터베리 북부의 와이파라(Waipara)에서 모아새의 포식자였던 커다란 독수리 뼈를 발견했다. 하스트 독수리(Haast eagle)로 이름 붙여진 이 새는 최대 230kg에 달했던 거대한 포식자로 모아새가 멸종하면서 같이 멸종하였다.

다'고 느껴지는 이유는 해물스프 때문이다. 찌개나 국이 있어야 먹은 것 같다. 칸막이도 없이 옆으로 긴 화장실은 옛날 공중화장실이 떠오르게 한다. 전체적으로 깨끗한 시설과는 완전히 달라서 좋은 이미지를 다 깎아 먹게 생겼다. 벽에 음주 운전을 경고하는 포스터가 붙어 있는데 정말 원초적이다. 오마라마 슈퍼마켓에서 와인을 살 때도 느꼈지만 음주운전을 매우 심각한 문제로 생각한다는 것을 알 수 있다.

음주운전 경고 포스터가 섬뜩하다.

'무언가를 얻으려고 애쓰지 마라, 잊기 위해 애써라'

주차장에 서 있는 'jucy'라는 캠핑카 회사 차량에 쓰여 있는 문구다. 욕심을 부리지 말라는 삶의 철학을 담은 메시지 같기도 하고 '노세 노세 젊어서 노세' 류의 넋두리 같기도 하다. 가끔 눈에 띄는 미니밴 캠핑카인데 모든 차에 이런 느낌의 글귀들을 써 놓았다. 차를 연두색과 자주색으로 장식했고 비키니 차림의 여인을 그려놓은 것이 이 회사 차의 특징이다. 행인들의 눈길을 끄는 광고로는 효과가 있다. 글귀도 같은 맥락으로 읽힌다.

### 사구일까, 빙하지형일까?

하스트강과 와이타(Waita)강 사이에는 해안선과 평행으로 긴 호수가 여러 겹으로 발달한다. 얼핏 봐서는 석호 같은데 해발고도가 높아서 석호로 단정하기가 좀 망설여진다. 그렇다면 빙하호? 빙하호라고 하기에는 방향이 맞지 않는다. 뭘까? 지나쳐 버려서 답사할 찬스를 놓치고 말았다. 궁금해서 돌아가 봐야겠다고 생각하는 중에 전망대를 만났다. 문제의 장소에서 10km정도 떨어진 지점인 나이트 포인트(Knight point)라는 곳이다. 마침 그곳에 지도가 있는데 그 지도에는 그런 모양의 지형이 표시되어 있지 않다. 뭐지? 구글 지도의 오류란 말인가? 어쨌든 그런 지형이 아니라면 천만다행이다. 왕

눈길을 끄는 캠핑카

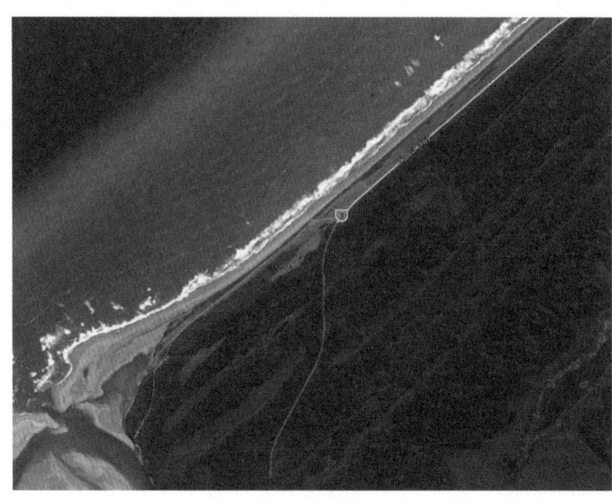

하스트강과 모에라키강 사이에 발달한 사구와 사구습지 (자료: 구글어스)

복 20km를 돌아갈까 고민하고 있었는데 가지 않아도 되는 쪽으로 바로 정리할 수 있으니까.

나중에 지질도가 궁금증을 좀 해소시켜 주었다. 이 일대는 모두 신생대 제4기 후반(최근)에 만들어진 사구, 또는 단구다. 긴 모양의 호수들은 사구 습지라고 봐야 할 것 같다.

뉴질랜드 지질구조

현이의 Tips &

하스트강을 지나 모에라키강으로 가는 도중에 있는 해안 지형은 길옆에 있으므로 미리 알고 간다면 쉽게 가 볼 수 있다. 해안과 평행으로 자리를 잡은 호수들은 그것이 어떻게 만들어졌는지를 떠올려 보는 것만으로도 환상적일 것 같다.

### 우리나라 동해안을 닮은 부르스베이

나이트 전망대를 지나면 계속 산속으로 길이 이어지다가 브루스베이(Bruce Bay)라는 곳에서 잠깐 바닷가로 나온다. 마치 우리나라 동해안 단구를 멀리서

브루스베이의 차돌 무더기와 단구

바라보는 것 같은 곳인데 바닷가에 커피 노점이 있어서 더 그렇다. 노점은 우리나라에서는 익숙한 풍경이지만 뉴질랜드에서는 열흘 넘게 돌아다니면서 처음 봤다.

해안 평야의 모습은 우리나라 산천과 유사하다. 넓은 범람원과 기복이 작은 산지가 펼쳐진다. 구름 때문에 눈 덮인 서던알프스가 보이지 않기 때문에 그런지도 모른다.

파리가 귀찮게 했지만 커피 한 잔과 함께 태즈먼해에서 불어오는 서풍을 맞아보았다. 해안에는 둥근 차돌 무더기가 있는데 사람들이 이런저런 메시지들을 적어 놨다. 자연 상태의 돌무더기는 아니고 아마도 커피 노점 주인이 모아 놓지 않았을까 싶다. 메시지에 중국어가 많이 눈에 띈다.

## 빙하가 너무 따뜻한 곳에 있는 거 아닌가?

브루스베이에서 폭스 빙하까지는 하스트하이웨이를 타고 한 시간이 채 걸리지 않는다. 하스트하이웨이는 산과 들이 만나는 고만고만한 길로 이어지는데 폭스 빙하로 갈라지는 갈림길로 들어서서 울창한 온대림을 3km 남짓 가면 갑자

폭스 빙하 아래에 발달
한 U자곡

주빙하 작용으로 산에
서 밀려 내려온 바위들

폭스 빙하

기 넓은 U자곡이 펼쳐진다. 지형을 보고 빙하가 가까이에 있음을 알 수 있지만 온대와 너무 가까이에 있어서 실감이 나질 않는다. 아오라키마운트쿡빙하도 추위와는 거리가 멀었지만 폭스 빙하는 더 그렇다. 적어도 툰드라기후는 되어야 빙하가 유지될 것 같은데 이곳은 기껏해야 우리나라의 서늘한 봄가을 날씨 정도다.

'폭스(Fox)'라는 이름은 뉴질랜드의 2대 수상이었던 윌리엄 폭스(William Fox, 1812~1893)경의 이름을 따서 붙였다. 폭스는 처음으로 이 빙하를 방문한 수상이었다.

넓은 U자곡 끝에 걸려 있는 빙하, 융빙수 하천, 분급(分級, sorting)이 잘 안 된 퇴적물들, 그리고 양 옆 계곡에서 쏟아져 나온 바위 부스러기 등등은 빙하와 관련된 모든 것을 작은 공간에 압축해서 보여 주는 살아있는 빙하 박물관이다. 더구나 폭스 빙하는 주차장을 지나면 바로 빙하가 보여서 빙하지형의 특징을 관찰하기가 아주 좋다. 계곡이 구부러져 있는 아오라키마운트쿡이나 숲을 통과해야 하는 프란츠요셉과는 달리 폭스 빙하는 주차장까지 빙하 침식 계곡(U자곡)이 직선으로 이어지며 트레킹로 중간에 숲이 없다.

아하!

### 뉴질랜드 빙하가 따뜻한 곳까지 내려오는 이유

폭스 빙하와 프란츠요셉 빙하는 온대림을 관통하는 전 세계적으로 매우 드문 빙하이다. 폭스 빙하는 빙하 상부의 만년설(névé) 분포 지역의 해발고도는 1700~2800m이고 넓이는 32km²이며 빙하의 전체 길이는 13km이다. 그런데 말단부의 해발고도는 300m에 불과하며 위도가 남위 43°30′일대로 빙하가 발달하기에는 위도도 낮고 해발고도도 낮다. 프란츠요셉 빙하도 크기와 위치가 크게 다르지 않다.

이런 독특한 빙하가 만들어진 것은 뉴질랜드의 지형 및 기후와 관련이 있다. 서던알프스는 판운동에 의해 지금도 매년 10~20mm씩 상승하고 있다. 특히 빙하가 발달하고 있는 지역

서던알프스의 주요 빙하
(자료: 구글어스)

인 아오라키마운트쿡(3754m) 일대는 3000m 이상의 준봉들이 즐비하다. 이 산들은 주변에서 불어오는 바람을 상승시켜서 비를 내리게 할 수 있는 조건을 제공한다. 아오라키마운트쿡, 폭스, 프란츠요셉 등 잘 알려진 빙하들은 모두 이 일대에 몰려 있다.

뉴질랜드 근해로는 동오스트레일리아해류가 통과한다. 난류인 이 해류는 공기 중에 많은 수증기를 공급할 수 있다. 서던알프스의 서쪽에 위치한 태즈먼해 역시 동오스트레일리아해류에서 파생한 난류가 흐르는 해역이다.

또한 태즈먼해 일대는 편서풍대에 속하여 1년 내내 서던알프스를 향해 바람이 분다.

이처럼 서던알프스의 아오라키마운트쿡 일대는 난류해역에서 공급되는 풍부한 습기와 이를 머금고 일 년 내내 불어오는 바람, 그리고 이 바람을 상승시키는 높은 산 등 강수의 3박자를 모두 갖추고 있다.

그 결과 폭스 빙하 상부의 연강수량은 16,000mm나 되며 아래로 내려올수록 줄어들지만 계곡에서도 5000mm에 달한다. 프란츠요셉 빙하는 만년설 부분의 연 강수량이 16,000mm 이상이며 계곡에서는 6000mm에 달하여 폭스 빙하보다 더 강수량이 많다.

엄청난 양의 눈이 계속 공급되므로 만년설과 빙하의 성장 속도가 매우 빠르고 이는 빙하의 이동 속도를 빠르게 한다. 폭스 빙하는 상부에서 매일 4~5m, 말단부에서는 50~60cm 정도로 이동하며 더 많은 눈이 내리는 프란츠요셉 빙하의 이동 속도는 상부에서는 하루 최대 7m, 하부에서는 하루 1.5m에 이른다.

강수량이 많은 이유를 설명한 안내판

빙하가 빠르게 이동하므로 온도가 높은 저지대에 이르러서도 녹지 않은 상태로 멀리까지 이동할 수 있다. 그 결과 온대림을 통과하는 빙하가 발달할 수 있게 되었다.

## 엄청난 고사리

프란츠요셉 빙하는 만년설 부분이 폭스 빙하와 붙어 있고 둘 다 서해안 쪽으로 흘러나가기 때문에 거리가 가깝다. 폭스 빙하 주차장에서 출발해서 프란츠요셉 빙하 주차장까지는 불과 50분밖에 걸리지 않는다.

하스트하이웨이에서 갈라지는 진입로 주변은 숲이 대단하다. 여기도 잘만 하면 레드우드 못지않은 숲을 만들 수 있겠다. 강수량은 레드우드보다 더 많고 기온은 약간 낮은 곳이다.

입이 딱 벌어지는 커다란 고사리가 압권이다. 얼핏 보면 야자수처럼 생겼는데 자세히 보면 고사리이다. 한 그루면 평생을 먹겠다고 둘이 농담을 했다. 이 대단한 뉴질랜드 고사리 소문은 익히 들었다. 레드우드에서도 큰 나무 사이에 가끔 서 있는 고사리가 눈에 띄었었다. 그런데 이곳의 고사리에 비하면 레드우드 것은 애기에 불과하다.

야자수처럼 생긴 고사리

### 오스트리아 황제와 마오리 공주

'프란츠요셉(Franz Josef)'은 오스트리아 황제의 이름이다. 1865년 이곳을 발견한 하스트가 자신의 모국 황제 이름을 빙하 이름으로 붙였다. 그로부터 12년 후에 그 황제로부터 기사 작위를 받았으니 꽤 성공적인 거래를 한 셈이다. 마오리 이름은 'Ka Roimata O Hine Hukatere'로 '히네 후카테레의 눈물'이라는 뜻이다.

빙하의 규모는 작은 편이지만 작기 때문에 전체를 조망할 수 있고 전체를 조망함으로써 빙하의 구조를 이해하는 데 도움이 된다. 좁은 협곡을 꽉 채운 엄청난 양의 얼음을 보면 빙하는 많은 양의 얼음이 쌓이고 쌓여 그 무게를 못 이겨 흘러내린다는 사실을 알 수 있다.

#### 히네 후카테레의 눈물

히네 후카테레(Hine Hukatere)는 마오리 공주였다. 그녀는 등산을 매우 좋아했는데 어느 날 긴 산행을 마친 다음 휴식을 위해 해변에 내려갔다.

그런데 그곳에서 우연히 와웨(Wawe)라는 청년을 만났다. 해변 부족이었던 와웨는 매력적인 모습과 상냥한 말솜씨를 가진 청년으로 그녀의 마음을 사로잡았다. 하지만 와웨는 산을 잘 타지 못했기 때문에 히네는 오랫동안 바닷가에 머물러야 했다. 히네는 매일 아침 일어나면 산을 올려다보며 산을 그리워했다.

그러던 어느 날 히네는 와웨에게 함께 산에 가자고 졸랐다. 와웨는 산을 좋아하지는 않았지만 사랑하는 히네를 위해 함께 산에 올랐다. 오랜만에 산에 오른 히네는 너무 기분이 좋아서 날듯이 산을 달렸다. 사랑하는 히네를 따라잡으려고 와웨는 죽을힘을 다해 산을 탔다. 정신없이 히네를 뒤쫓아 가던 와웨는 무언가 요란한 소리가 점점 커지는 것을 들었지만 그것이 무슨 소리인지 눈치를 채지 못했다. 엄청난 눈사태임을 알아차렸을 때는 이미 눈에 휩쓸려 버린 다음이었고 결국 와웨는 목숨을 잃고 말았다. 사랑했던 남자를 죽음으로 이끌었다는 사실을 뒤늦게 깨달은 히네는 깊은 슬픔에 빠졌다.

히네는 와웨가 묻힌 곳에 주저앉아 울고 또 울었다. 몇 년을 울고 있던 히네를 내려다본 신들은 히네의 깊은 슬픔이 담겨 있는 그녀의 눈물을 얼려서 거대한 얼음 강으로 만들었다.

⇡ 퇴적물이 무질서하게 쌓여 있는 빙하의 끝부분
○ 빙하의 마식(磨蝕)으로 깎인 바위와 바닥에 쌓인 퇴적물
⇣ 강바닥의 퇴적물이 여러 차례 침식을 당하여 계단 모양이 되었다.

빙하가 빠르게 축소되고 있음을 알려주는 안내판

흙속에 박혀 있는 얼음

빙하의 끝에는 빙하가 끌고 내려온 물질들이 쌓여 있다. 커다란 바위에서 모래까지 크기가 다양한 물질들이 마구 섞여 있고 퇴적면의 높이도 무질서하다. 퇴적물이 크기에 따라 구분되어 있지 않은 이유는 물의 작용이 거의 없었다는 뜻이며 현재 진행 중인 지형이라는 의미이다. 주차장에서 빙하까지 이어지는 트레킹로는 모두 저퇴석(低堆石, 빙하의 밑바닥에 쌓인 퇴적물)으로 이루어져 있다.

### 지각운동이 활발한 지역임을 보여 주는 증거들

지각운동의 증거가 확연하게 드러난다. 남섬은 전체적으로 북북동–남남서 방향으로 긴 모양을 하고 있다. 태평양판과 오스트레일리아판의 경계가 남섬의 서쪽에 있으며 그 방향이 남섬의 전체 방향과 거의 비슷하다. 프란츠요셉 빙하 주변에 빙하침식으로 드러난 암석은 지각운동의 방향을 잘 반영하고 있다. 암석이 배열된 방향은 대략 남남서–북북동 방향으로 태평양판과 오스트레일리아판의 경계 방향과 일치한다. 또한 이 일대의 노출된 바위들은 절리(節理, joint, 쪼개진 틈)가 수직인 것이 많다. 압력이 가해지면 지층이 뒤틀리기 마련이지만 이곳은 아예 수직으로 지층이 일어서 있다. 판의 경계에 가까운 곳이어서 판 운동의 에너지가 강하게 미쳤기 때문이다.

수직으로 서 있는 바위

### 서안해양성기후에서 피부 건조증이?

프란츠요셉 빙하 아래에 있는 마을 이름이 '프란츠요셉글레이셔(Franz Josef Glacier)'이다. '빙하'까지 굳이 넣어서 이름을 지은 이유는 지역을 홍보하고자 하는 의도일 것이다. 김삿갓면, 여수엑스포역 등 우리나라에서도 심심치 않게 등장하고 있는 방식이다. 폭스 빙하 아래에 있는 마을도 마찬가지다. 마을 규모도 빙하 크기와 비례해서 폭스글레이셔 마을이 좀 더 크다.

모텔 욕실에 독특한 시설이 있다. 전구의 모양이 약간 특이하게 생겼는데 빛을 내는 용도가 아니고 열을 내는 용도다. 빛을 내는 스위치와 열을 내는 스위치가 위 아래로 나란히 붙어 있다. 우리나라에도 있지만 널리 쓰이지는 않는다. 서늘한 서안해양성기후지역에 어울리는 상품인 것 같다. 춥지 않지만 서늘한 날이 많기 때문에 짧은 시간 가볍게 난방을 할 필요가 있을 때가 많다. 특히 욕실은 서늘하면 불편하므로 열 전구를 켜면 금세 훈훈해져서 좋다.

전기담요도 있다. 한여름에도 전기담요를 켜고 자면 아침에 일어날 때 몸이 가

뿐하다. 습기가 많고 기온이 그다지 높지 않기 때문이다. 산을 넘기 전에는 이런 시설을 보지 못했다. 특히 습기는 서던알프스를 경계로 동쪽과 서쪽이 큰 차이가 있다.

열을 내는 전구가 유용하다.

그저께 발뒤꿈치가 갑자기 아팠다. 마침 욕조가 있는 숙소여서 몸을 담갔다가 각질을 좀 닦아냈지만 소용이 없다. 우리나라에서도 한겨울에나 있는 현상인데 서안해양성기후지역이라는 이곳에서, 더구나 여름에 이런 증상을 만나다니? 아들도 얼굴에 허옇게 피부 각질이 일어난다고 하소연을 한다.

편서풍의 바람의지 쪽은 얼추 지중해성 기후나 반 건조 기후와 비슷한 기후가 나타난다. 덕분에 내내 날이 맑아서 절경을 감상할 수 있었지만 대신에 이런 어이없는 신체 손상을 입었다. 금방 낫겠지 생각하고 방치했다가 뒤늦게 알로에 젤, 밀크로션, 상처 치료용 연고 등등 갈라진 틈을 메우기 위한 사후약방문을 해 보지만 그게 하루아침에 될 리가 없다. 이제 바람맞이 쪽으로 넘어왔으니 잘 낫지 않을까 기대해 본다.

### 여행 경비로 정리하는 하루

| | 교통비 | 숙박비 | 음식 | 액티비티, 입장료 | 기타 | 합계 (원) |
|---|---|---|---|---|---|---|
| 비용 (원) | 34,233 | 150,170 | 39,769 | | 25,359 | 249,531 |
| 세부 내역 (NZD) | 기름(레이크 하웨아) 40.03 | 58 온크론 모텔 175 | 점심(하스트, 하트랜드 호텔 카페) 31<br>커피(브루스베이) 16 | | 슈퍼마켓 29.97 | |

NEW ZEALAND

# 열 이틀째 날

# 호키티카에서 팬케이크바위 사이

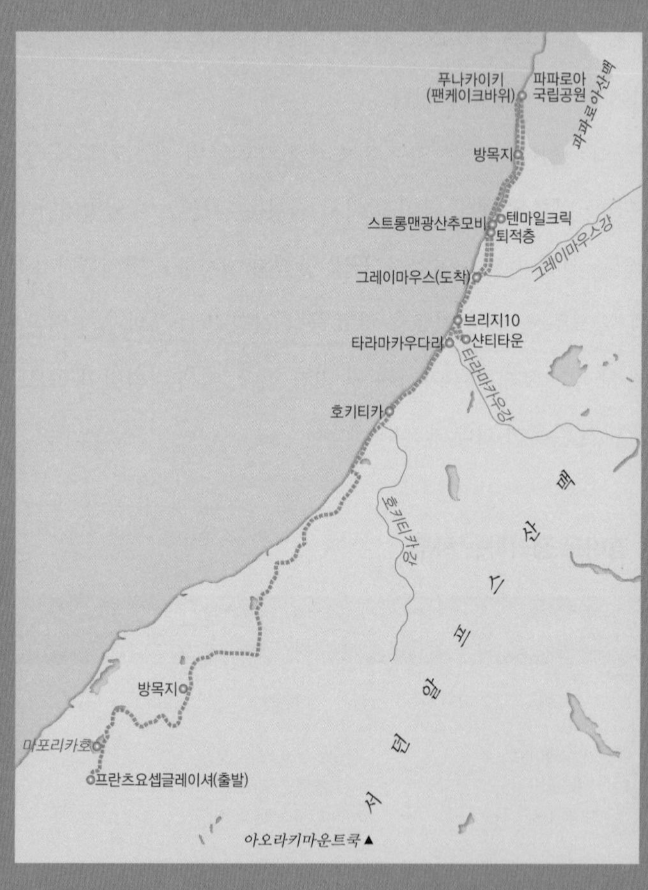

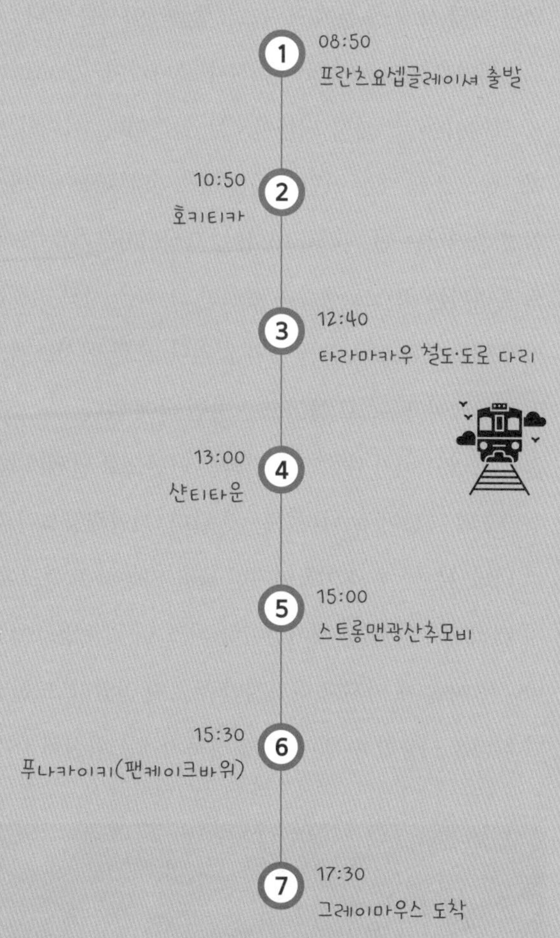
1
08:50
프란츠요셉글레이셔 출발
2
10:50
호키티카
3
12:40
타라마카우 철도·도로 다리
4
13:00
샨티타운
5
15:00
스트롱맨광산추모비
6
15:30
푸나카이키(팬케이크바위)
7
17:30
그레이마우스 도착

### 서던알프스의 서쪽, 소가 많다

오전 여덟 시 오십 분에 프란츠요셉글레이셔를 떠나 북쪽을 향했다. 북쪽으로 그레이마우스(Greymouth)를 지나 푸나카이키(Punakaiki)까지 올라갔다가 다시 그레이마우스까지 되돌아오는 일정이다. 서해안으로 이어지는 길이어서 지도상으로 볼 때는 어렵지 않은 코스이다. 이동거리도 약 290km 정도로 우리 일정 중에서는 먼 거리가 아니다. 그레이마우스로 돌아오지 않고 계속 북쪽으로 올라가는 코스도 생각해 봤지만 그 길은 지진 피해를 입은 1번국도로 이어지기 때문에 코스로 잡을 수가 없었다. 또한 아서스패스와 케이브스트림을 보려면 그레이마우스로 돌아오는 방법 밖에 없다.

전날 흐리고 비가 내렸던 날씨와는 딴판으로 날씨가 좋다. 변덕스런 서안해양성기후의 특징이 잘 나타나는 것 같다. 서안해양성기후의 특징은 여러 측면으로 나타나는데 우선 여름이지만 물을 자동차 트렁크에 넣고 돌아다녀도 그다지 데워지지 않는다. 베이컨이나 치즈 역시 트렁크에 놔둬도 문제가 없다. 바나나는 며칠 째 가지고 다녔지만 무르지 않았다. 또한 여름인데도 전기장판이나 히터를 사용할 수 있다. 길옆 방목지에는 확실히 소가 많다.

소가 많은 방목지

## 국립키위센터에는 키위가 두 마리

내셔널키위센터

호키티카(Hokitika)를 지난다. 이동 경로상에 있는 도시 중에서 규모가 큰 편이다. 마을의 규모가 크다면 어떤 것이든 유명한 것이 있을 것 같아서 전날 저녁에 여기저기 검색을 해 봤었다. 호키티카 박물관이 있고, 국립키위센터(National Kiwi Centre)라는 것이 나온다. 이곳을 가기로 결심한 이유 중 가장 큰 이유는 키위센터 앞에 'National'이 붙었기 때문이었다. 널찍한 방사장을 갖춘 키위 연구센터를 생각했었다. 뉴질랜드의 나라 새가 키위이다. 야행성이라서 보기가 어렵다고 했는데 센터에 가면 볼 수 있을 테니 기대가 되었다.

호키티카에 들어서자마자 먼저 국립키위센터를 찾았다. 그런데 생각했던 것과는 많이 다른 시설이다. 이곳은 여러 개의 크고 작은 수족관과 우리를 설치해 놓고 물고기와 파충류, 심지어는 땅반딧불이(Glow warm)까지 가져다 놓은 곳이다. 방사장은 커녕 좁고 컴컴한 통로로 이어진 소규모 생물 전시관이다.

직원은 딱 2명이다. 표를 파는 할머니와 수족관 청소를 하는 젊은이. 하루 세 번씩 장어 먹이주기 쇼가 있다는데 쇼를 진행하는 사람이 따로 있는지는 모르겠다. 어쨌든 그곳의 맨 끝 우리에 키위가 있다. 딱 2마리! 직원 수와 같다. 나오다가 직원에게 물어서 확인한 사실이다. 그중에서도 우린 겨우 한 마리밖에 보지 못했다. '국립'이라는 이름이 아무래도 잘 어울리지 않는다. 'National'이 혹시 다른 의미가 있나 싶다. 입장료가 싸서(22달러) 덜 억울하기는 한데 약간 속은 느낌이 든다.

꽁지가 없는 대신 부리가 꽁지처럼 긴 우스꽝스런 모습의 키위가 벽이 유리로

된 우리 안에서 바쁘게 왔다 갔다 한다. 컴컴해서 한동안 눈이 적응을 해야만 겨우 볼 수 있는데 녀석이 워낙 재빠르게 돌아 다녀서 자세히 보기가 어렵다. 키위는 야행성이라서 우리를 이렇게 컴컴하게 만들어 놓은 것은 이해하겠는데 제대로 보이질 않으니 원. 사진을 찍어서도 안 된다고 하고…. 우린 제대로 안 보여서 불만이지만 반대로 이 녀석은 관람객을 위해서 낮밤을 바꿔 살아야 하는 운명이다. 낮에는 컴컴한 우리 속에서 활동을 하고, 관람객이 없는 밤이 되면 환한 조명 아래에서 잠을 자는 모양이다.

키위센터인데 오히려 키위보다는 장어 수족관이 더 볼만하다. 엄청난 크기의 장어들이 둥근 수족관 안에 웅크리고 있다. 수족관 옆에서 영상이 상영되고 있는데 거대한 장어가 개를 물어가고, 양을 물어가고, 심지어는 사람도 물었다는 '뻥스러운' 내용이 나온다. 한 가지 재미있는 점은 큰 녀석들은 허리가 구부러졌다는 사실이다. 나이가 많으면 그렇게 되는데 100살 정도나 된 녀석이란다. 나이가 들수록 덩치가 커지는 것은 사람과 다른 점이지만 나이가 들면 허리가 구부러지는 것은 사람과 같다.

땅반딧불이 코너는 동굴 모양으로 만들어졌는데 반짝반짝 반딧불이가 천정에 붙어 있다. 근데 그것이 혹시 LED 전구가 아닌지 의심이 된다. 이런 의심을 하는 이유는 녀석들이 살기 위해서는 나방 같은 먹이들이 있어야 하기 때문이다. 정기적으로 나방이나 파리, 모기 같은 것들을 먹이로 주는지는 모르겠지만 아니라면 먹이가 될 벌레들이 마음대로 드나들 수 있도록 동굴이 밖과 통하도록 만들어져야만 한다.

### 들어가지도 못한 호키티카 박물관, 그래도 배운 것이 있다

호키티카에 오고자 했던 또 하나의 이유인 호키티카 박물관을 찾았다. 거리가 한적해서 목적지를 찾아내기는 쉽다. 웅장하지는 않지만 전통양식으로 모

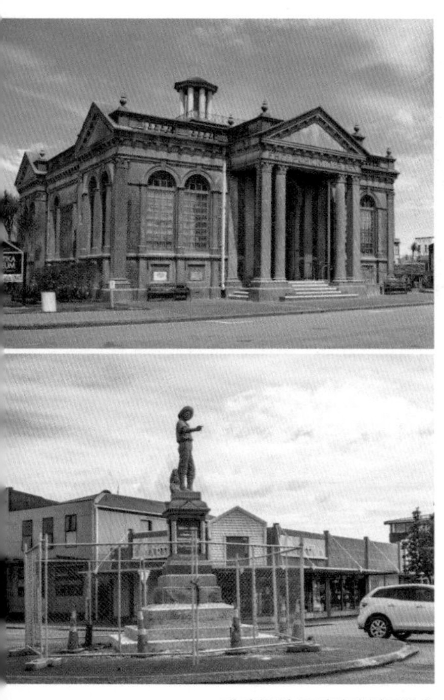
폐쇄 중인 호키티카 박물관↑
철조망으로 둘러싸인 개척자 조각상↓

양을 낸 박물관이 널찍한 길옆에 단아하게 서 있다. 유명한 미국 철강왕 앤드루 카네기가 지원하는 도서관 건설 사업의 하나로 1908년에 완공되어 오랫동안 도서관으로 쓰이다가 20세기 후반부터 박물관으로 바뀌어 활용되고 있다. 간판의 'Hokitika Museum'이라는 이름 아래에 부제(副題)로 'Tales & Treasures(이야기와 보물)'라고 쓰여 있어서 이 박물관의 성격을 짐작할 수 있다.

하지만 호키티카 박물관에서 얻은 지식은 뉴질랜드가 지진에 취약한 나라라는 사실뿐이다. 박물관이 무기한 폐쇄 중이기 때문이다. 굳게 닫힌 문에 이 건물이 국가 기준에 미달하는 '지진 취약 및 고위험 빌딩'으로 분류되었기 때문이라는 안내문이 붙어 있다. 심지어는 건물에서 10m 이내로 접근하지 말라고 경고하고 있다. 이 경고문은 글씨가 작아서 10m 밖에서는 보이지도 않았는데 보자마자 도망쳐야 하나?

지진의 흔적은 거리에서도 볼 수 있다. 2016년 11월 지진은 크라이스트처치 북쪽, 즉 서던알프스 동쪽에서 발생했고, 이곳과의 거리는 대략 220km로 상당히 먼 거리이다. 그럼에도 불구하고 호키티카 중심부에 있는 개척자 조각상이 손상을 입어서 철망을 둘러놨다. 이 조각상은 결국 철거되었다고 한다.

### 옥, 호키티카의 보물

시내를 돌아다녀 보니 호키티카의 보물이 옥이라는 사실을 금방 알 수 있다. 옥을 가공하고 판매하는 가게가 많기 때문이다. 마오리 신화에서 뉴질랜드에 처음 왔던 쿠페가 고향 하와이키로 돌아갈 때 녹색의 옥을 가지고 갔다고 전하는 것을 보면 옥이 뉴질랜드의 대표적인 특산물임을 알 수 있다. 가게에 들어가 보니 전시, 판매하는 매장이 있고 한쪽에는 가공하는 공장이 있다. 이 일대의 옥은 2억 년 전인 중생대 쥐라기에 만들어진 암석이며 가공 공장에서 하나하나 수작업으로 만들기 때문에 독특한 디자인이 많다.

옥가공 공장에 걸려 있는 사진

**평화롭지 않은 호키티카 해변**

뉴질랜드 서해안은 하스트 부근을 중심으로 북쪽으로는 좁은 해안평야가 발달하고 남쪽으로는 피오르가 발달한다. 피오르는 지형적 장벽이기 때문에 해안도로가 발달할 수 없지만 하스트부터는 해안을 따라 도로가 이어진다. 그런데 이 길은 해안으로 이어지는 구간보다는 산기슭으로 가는 구간이 더 많다. 가끔 만나는 해안도 그렇게 매력적이지는 않다. 우선 바다가 맑지 않다. 또한 고운 모래로 이루어진 모래사장이 발달한 곳도 많지 않다. 해안이 큰 바다로 직접 열려 있어서 파도가 강하기 때문에 침식작용이 활발하고 빙하 침식으로 만들어진 미세한 물질들이 많이 흘러나오기 때문으로 보인다.

호키티카 해변에는 넓은 모래사장이 발달하는데 뉴질랜드 서해안에 발달한 모래사장의 전형적인 모습을 보여 준다. 호키티카강에서 공급되는 모래와 자갈들이 바닷가에 쌓여 모래사장이 되었는데 모습이 평화롭지 않다. 자갈과 모래가 무질서하게 섞여 있고 모래도 검은 모래와 흰 모래가 섞여 있다. 더욱이 구불구불한 나무뿌리와 줄기들이 어지럽게 흩어져 있다. 바닷물의 색깔은 빙하

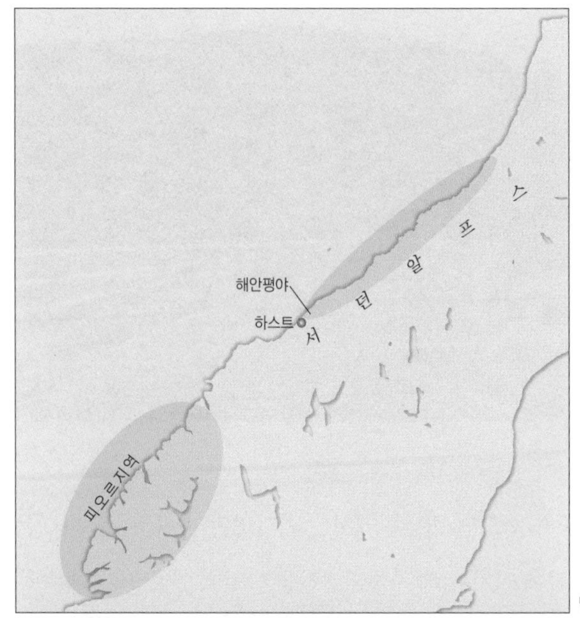

남섬 서해안

호키티카 해변

에서 흘러나오는 강물을 닮았다. 그래서 그런지 넓은 바닷가인데도 수영을 하는 사람은 한 사람도 없다.

### 다리를 놓는 기술이 부족한가?

우리나라와 비교하면 이해하기 힘든 것이 이 나라 다리다. 많은 다리들이 편도

국도 6호선(Haast Hwy)의 1차선 다리

1차선이어서 한쪽에서 차가 오면 반대편에서는 기다려야 한다. 이런 다리를 처음 만난 것은 마운트쿡에 가기 위해 푸카키호안을 달릴 때였다. 처음에는 구불구불한 길이어서 속도를 줄이라고 일부러 이렇게 만들었거니 생각했었다. 그런데 멀쩡한 국도도 다리가 이렇게 생긴 곳이 많다. 서부 해안을 달리는 6번 고속도로는 거의 대부분 이렇게 생겼다. 상당히 위험해 보이고 불편한 것은 말할 것도 없다. 도대체 왜 이렇게 만들었을까?

소득이 높고 인력이 귀한 나라에서 이런 힘든 건설 공사에 투입될 인력이 부족한 것은 당연지사다. 이런 조건에서 토목이나 건축이 발달하기는 어렵다. 그렇다고 우리나라 같은 나라에 통째로 공사를 맡기기에는 비용이 너무 많이 든다. 실제로 다리가 대부분 낡았고 문외한의 눈으로 봐도 건축기술이 상당히 엉성하다. 프란츠요셉에서 그레이마우스로 가는 길에서 결정적인 증거 두 개를 찾았다.

**철도와 도로 공용 다리**

첫 번째는 타라마카우(Taramakau)강을 건너는 다리다. 철제 빔으로 아치를 세

타라마카우(Taramakau) 도로-철도(Road-Rail)다리

운 제법 튼튼해 보이는 다리지만 자세히 보면 아치가 둥근 형태가 아니고 각이 진 아치이며 낡았다. 물론 1차선이다. 길이가 200m가 넘는 제법 긴 이 다리는 반대쪽에서 차가 오는지 보려면 꼼꼼하게 잘 살펴야 한다. 그런데 정말 충격적인 사실은 이 다리가 기차가 다니는 철교와 공용으로 쓰이고 있다는 점이다. 크라이스트처치 시내의 전차 노선 마냥 다리 한가운데로 철도 레일이 지나간다. 이런 구조 때문에 우린 자칫 큰 사고를 당할 뻔했다. 운전하던 아들에게 다리가 끝나면 바로 차를 세워달라고 부탁했는데 속도를 줄이려고 브레이크를 밟자 순간 차가 미끄러진 것이다. 타이어가 마침 레일 위에 있었던 모양이다. 다행히 속도가 빠르지 않아서 두어 번 좌우로 흔들린 후 균형을 잡았지만 많이 놀랐다.

그나저나 기차가 오면 어떻게 한단 말인가? 기차가 오는 것을 알리는 신호등이 다리 앞에 있을 법도 한데 아무리 찾아봐도 없다. 자동차도 그렇지만 기차는 또 어떨까? '너희들이 알아서 피해' 식으로 다리를 건널 수는 없을 것이다. 역시 근거가 희박하지만 '기차도 자동차와 똑같이 간다'가 우리가 내린 결론이다. 다리 앞에서 천천히 가다가 건너편에서 오는 차가 있으면 멈춘다. 그리고 반대편 차가 다 지나가면 진입을 하는 것이다. 기차는 길기 때문에 다른 차들은 매우 긴 시간을 기다려야 하겠지?

기차 노선이 적은 편은 아니지만 인구가 적어서 주요 교통수단이 되기는 어려운 조건이다. 만약 기차가 자주 지난다면 이 철도·도로는 정말 위험하고 비효율적인 길이 될 수밖에 없다. 또 사람들이 상식적인 수준으로 판단하고 법규를 잘 지킨다. 위험하고 불편한 시스템을 양보하고 기다리는 마음 자세로 보충을 한다고 할까?

현이의 Tips &

기다렸다가 철도-도로 다리로 열차가 지나가는 색다른 구경거리를 보고 싶었지만 빡빡한 일정 때문에 마냥 기다릴 수가 없었다. '트랜스 알파인 열차' 시간표를 알면 시간을 맞춰서 구경할 수 있을 것이다.

**나무로 만든 철교도 있다**

두 번째 증거는 샨티타운(Shanty Town)으로 들어가는 길에서 만난 철도 다리다. 기차가 다니는 길은 철도(鐵道)라고 하고 철도의 다리는 철교(鐵橋)라고 한다. 하지만 이곳은 '鐵橋'가 아니라 '목교(木橋)'다. 아무리 나무가 흔한 나라라

나무로 만든 호키티카 산업 철도

지만 기차의 엄청난 무게를 나무가 버틴다는 것이 신기하기만 할 뿐이다. 기둥은 나무로 되어 있고 이 기둥을 서로 얽어서 지탱하도록 하는 보조 재료가 철제이다. 오랫동안 다리를 보수하지 않았다는 것은 맨눈으로 봐도 금방 알 수 있다. 지진 안전에 대비하는 것과 비교하면 이건 완전 개발도상국 수준보다도 못하다.

### 샨티타운: 골드러시로 만들어진 마을

'Shanty town'은 오두막촌, 판자촌이라는 뜻이다. 골드러시로 밀려들어온 사람들이 급조한 판자집(shanty)에 머물면서 황금을 좇았던 곳이다. 과거의 영광이 사라진 지 오래인 이곳은 이제 일종의 테마파크로 바뀌어서 사람들을 부르고 있다.

하지만 뉴질랜드에서 처음으로 본전 생각이 나는 곳이다. 입장료가 33달러(NZD)로 아주 비싼 편은 아니지만 관리가 부실해서 '대우받지 못하는 느낌'이라고 할까? 중국인 단체 관광객들이 주류를 이루는 이곳에는 증기기관차가 실제 운행을 하고 사금을 골라내는 체험 행사를 하는 등 나름 독특한 아이템을 갖추고 있지만 시설에 '신경을 안 쓴 느낌'이 확연하다. 옛날 금광에서 사용하던 여러 장비들이 노천에 전시되어 있는데 그냥 녹이 슬고 있어서 얼마 가지 못할 것만 같다. 애로우타운에서는 박물관이 있어서 여러 가지 정보를 얻을 수 있었지만 이곳에서는 그냥 복원

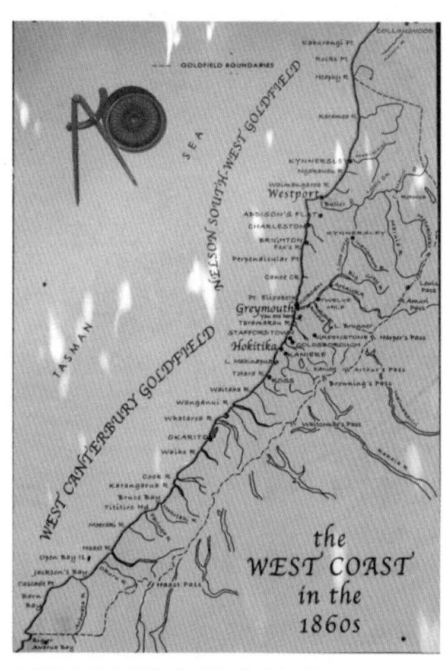

1860년대 서해안 일대의 금광 분포

금을 함유한 원석-석영 계열의 암석으로 금빛이 보인다.

수력을 이용하여 금이 들어 있는 석영 원석을 깨는 기구

시커먼 연기를 내뿜는 관광열차. 아름다운 숲을 바로 파괴할 것만 같다.

감옥. '개척'은 '기회'이기도 하면서 '무질서'도 함께 포함한 개념이었음을 알 수 있다. 이곳에서는 아일랜드계 결사조직(Fenian)이 중심이 되어 폭동이 일어나기도 했었다.

된 마을을 둘러보는 것이 전부다. 길옆에 설명이 좀 붙어 있기는 하지만 썩 매력적이지 않다. 차이나타운이라는 곳이 있어서 들어가 보니 집 두세 개를 모형으로 만들어 놨다. 실제 여러 채의 집이 복원되어 있는 애로우타운과 많이 차이가 난다.

**푸나카이키 가는 길에 만난 볼거리들**

그레이마우스를 지나 푸나카이키(Punakaiki)까지 가는 길에는 자잘한 볼거리들이 많다. 우리나라에서는 보기 어려운 퇴적층이 노출된 곳이 있고, 파도에

그레이마우스강변의 석회암층

이암(泥巖)질 암석을
석회암이 덮고 있는 퇴적층

스트롱맨광산 추모비.
전망대에서 바라본 백사장과
촛대바위

침식된 바위 절벽 앞에 촛대바위가 있는 해안과 백사장이 나란히 서 있기도 하며, 협곡과 우거진 숲이 있는가 하면 바닷가에 그림 같은 방목지가 펼쳐지기도 한다.
그레이마우스강가에 퇴적층이 드러난 곳이 있다. 지층이 직선을 유지한 채 살짝 기울어진 독특한 모양을 하고 있다. 우리나라 경상도 일대에서 볼 수 있는 수평층을 닮았는데 각은 약간 더 기울어져 있다. 융기 작용으로 솟아오른 층임을 알 수 있는데 솟아오르는 과정에서 구부러지지 않고 원래 형태를 유지하고 있는 것이 특이하다. 회색을 띠고 있는 석회암 계열의 암석인데 멀리서 볼 때는 칼로 자른 것처럼 표면이 반듯하다.
'스트롱맨 광산 추모비(Strong man mine memorial)'가 있는 전망대가 있다. 전망대에서 내려다보이는 바다 경치는 하스트 이북에서 가장 아름답다. 긴 백사장의 끝에는 여러 개의 돌섬(촛대바위, sea stack)들이 서 있다. 밖으로 튀어 나왔던 곶(串)부리가 긴 세월 동안 침식을 당해서 사라지고 단단한 부분만 남은 것이다. 얼핏 생각하기에 '추모비'와 '전망대'는 잘 어울리지 않는 조합인 것 같지만 기억하고자 하는 사람들의 입장에서는 사람들이 많이 찾는 아름다운 곳이 가장 적합한 장소일 것이다.
절벽에 우거진 숲이 특이하다. 사바나의 나무처럼 마른 줄기 끝에 지붕처럼 잎이 달린 나무들이 숲을 이루고 있다. 이 나무들은 바닷가 방목지에도 줄을 지어 자라고 있다. 방목지는 인공으로 만든 숲이지만 그 가운데 서 있는 이 나무들 때문에 마치 사바나 경관 같은 착각을 불러일으킨다. 방목지에는 소가 많은데 사슴 목장도 눈에 띈다. 사슴들은 소보다 야생성이 강하다는 것을 알 수 있다. 소는 사람이 지나가거나 말거나 제 할 일을 하지만 사슴은 사람이나 자동차가 지나가면 대부분 고개를 세우고 응시한다. 호기심 가득한 것처럼 보이지만 겁을 먹고 경계하는 자세일 듯하다. 하루 종일 수도 없는 사람들과 자동차가 지나다니는 길목인데 스트레스를 많이 받을 것 같다.

스트롱맨 광산 사고

### 팬케이크바위: 원인이 불명확한 석회암 지형

푸나카이키에 도착했다. 파파로아국립공원(Paparoa National Park)에 속하는 이곳은 우리의 여행지 중에 남섬에서는 가장 북쪽 끝이다. 파파로아국립공원은 파파로아산맥에서 해안까지 넓이가 무려 429.7km²나 되는데 다양한 식생과 지형 때문에 국립공원이 되었다. 특히 석회동굴을 중심으로 카르스트(Karst)지

↑ 텐마일크리크(Ten Miles Creek) 협곡
↓ 사슴목장

특이한 나무가 서 있는 아름다운 방목지 ↑
팬케이크바위 ↓

아하!

## 팬케이크가 만들어진 결정적인 원인은 아직도 미스테리

이런 모양의 바위가 만들어진 원인을 알려면 먼저 지질구조를 이해해야 한다. 우선 여러 겹으로 되어 있는 것은 퇴적층이라는 뜻이다. 카르스트지형은 석회암 분포 지역에 발달하며 석회암은 일반적으로 바다에서 만들어지는 해성(海成)퇴적층이다. 즉, 팬케이크바위는 바다에서 퇴적된 지층이 솟아올라서 만들어진 지형이다.

파파로아국립공원 일대는 대부분 중생대 말에서 신생대 제3기 말에 걸쳐 만들어졌는데 팬케이크바위는 신생대 제3기 에오세(5,780~3,660년 전) 후반에 주로 만들어졌다. 이 일대의 지층은 전적으로 석회암으로 이루어진 것이 아니라 탄소질 이암(泥巖)과 사암(砂巖), 석회질 실트(silt)암, 역암(礫巖) 등이 섞여 있는 지층이다. 그런데 각각의 석회암층 사이사이에 이암이 끼어 있어서 이런 독특한 모양을 하게 되었다.

수천만 년 동안 만들어진 석회암은 약 5백만 년 전부터 지각운동(서던알프스가 만들어진 융기활동)에 의해 솟아오르기 시작하였다. 마지막 간빙기였던 약 125,000년 전에 마침내 밀물 때만 물에 잠기는 정도까지 솟아올랐다. 이후로도 계속 솟아오르면서 침식을 받아 지금과 같은 독특한 모양을 하게 되었다.

솟아오르는 과정에서 받은 충격으로 여기저기 쪼개진 틈(절리)이 만들어졌고 그 틈이 집중적으로 침식을 당했다. 또한 암석 표면에 풍화에 강한 지층이 분포하여 마치 우산처럼 침식을 방어하기 때문에 기둥 모양을 하게 되었다.

암석이 만들어진 연대가 짧은 것도 팬케이크가 만들어진 원인이다. 즉, 오랜 세월 강한 압력을 받으면 성격이 다른 지층도 압착이 되어 하나의 지층과 같이 변하게 되므로 모양은 여러 층을 유지하지만 풍화에 견디는 능력의 차이는 없어진다. 예를 들면 대리석은 다른 층이 무늬로만 남아 있는 석회암 계열의 암석이다.

팬케이크바위는 이질적인 층이 본래 성격을 각각 유지하고 있어서 풍화에 견디는 정도가 서로 다르다. 즉, 석회암층에 비해 이암층이 풍화에 약하여 먼저 침식을 당하였으므로 층이 뚜렷하게 구별되는 팬케이크와 같은 모양을 하게 되었다.

그런데 안타깝게도 팬케이크바위의 형성 원인을 설명하기 위한 가장 중요한 과정은 아직까지 명확하게 밝혀지지 않았다. 어떤 이유로 석회암층 사이에 이암이 끼어들게 되었는지는 설명할 수 없는 것이다. 한두 개의 지층이 교대로 분포하는 것이 아니라 수십 개의 지층이 약속이나 한 것처럼 '석회암-이암-석회암…' 형태로 쌓이게 된 것은 정말 미스터리다.

↑ 해저에서 솟아올라서 만들어진 땅임을 알 수 있는 단구면의 역암층
↓ 수면과 닿는 부분이 용식됨으로써 무너져 내려 만들어진 함몰지

형이 발달한 곳이다. 이곳의 카르스트지형 중에서도 가장 유명한 것이 팬케이크바위(Pan cake rock)로 알려진 해안 지형이다.

팬케이크바위는 이름에서 알 수 있듯이 얇은 바위가 여러 겹으로 쌓여 있는 독특한 모양을 하고 있다.

뉴질랜드 지질
New Zealand Geology Web Map

### 인구 1만 명의 중심지 그레이마우스에 대형 마트가 있다

그레이마우스는 웨스트코스트(West Coast)주의 중심 도시로서 서해안 일대의 중심지 역할을 하고 있다. 1846년 석탄이 발견되면서 본격적으로 개발되기 시작했으며 금광도 유럽인을 끌어들이는 중요한 역할을 하였다.

그러나 골드러시가 끝난 이후로는 임업과 수산업이 주요 산업이 되었고 지금은 옥(Pounamu) 가공업, 맥주 제조 등도 발달하고 있다. 팬케이크바위나 빙하 등 주변 관광지로 접근하기 위한 통로 역할을 하고 있으며 뉴질랜드에서 가장 유명한 철도인 트랜스알파인(Trans Alpine)철도의 종점이기도 하다. 그레이마우스에서는 만년설로 덮인 서던알프스와 아오라키마운트쿡이 보인다.

인구가 웨스트코스트주 인구의 40% 정도를 차지하는 큰 중심지이지만 인구는 13,550명(2018년)이며 시가지 인구는 9700명에 불과하다. 그럼에도 불구하고 이곳에는 창고형 대형 마트(the Warehouse)가 있다. 우리나라로 치면 면 단위 지역에 불과한데도 이런 대형마트가 유지되는 이유는 무엇일까?

전체적으로 인구 밀도가 낮기 때문에 그레이마우스의 대형마트는 서해안 일대를 모두 포괄하는 상권을 가지고 있다. 우리나라에 비해 상권의 공간 범위가 훨씬 크다고 볼 수 있다. 대부분의 마을에는 슈퍼마켓이 있어서 식료품 등 일상생활용품들을 구입할 수 있다. 하지만 자주 쓰지 않는 생활용품, 예를 들면 가구, 의류, 가전제품, 공구 같은 것들은 마을 슈퍼에서 구할 수 없다. 이런 물건들을 파는 곳이 '더웨어하우스'다.

남섬의 마지막 저녁 식사

여행 내내 이런 대형마트를 보지 못했기 때문에 구경삼아 들어가 봤다. 큼지막한 쇼핑카트를 밀고 한동안 돌아다니다가 그냥 나왔다. 우리가 필요로 하는 간단한 식료품들을 구입하기는 슈퍼마켓이 훨씬 낫다는 것을 금세 알 수 있었다. 바로 옆에 슈퍼마켓(Count Down)이 붙어 있어서 그곳에서 저녁거리를 샀다. 스테이크용 양고기, 자주색 양파, 소금에 절인 올리브, 샐러드용 채소와 소스, 그리고 콜라. 남섬의 마지막 밤은 콜라와 아껴 둔 소주 칵테일이다.

### 여행 경비로 정리하는 하루

| | 교통비 | 숙박비 | 음식 | 액티비티, 입장료 | 기타 | 합계(원) |
|---|---|---|---|---|---|---|
| 비용(원) | 47,056 | 104,005 | | 92,400 | 20,359 | 263,820 |
| 세부 내역 (NZD) | 기름 (하리하리) 56.02 | 아첸 플레이스 모텔 121 | | 내셔널키위 센터 44 샨티타운 66 | 슈퍼마켓 23.85 | |

NEW ZEALAND

열 사흘째 날

# 서던알프스를 넘어 캔터베리 평원으로

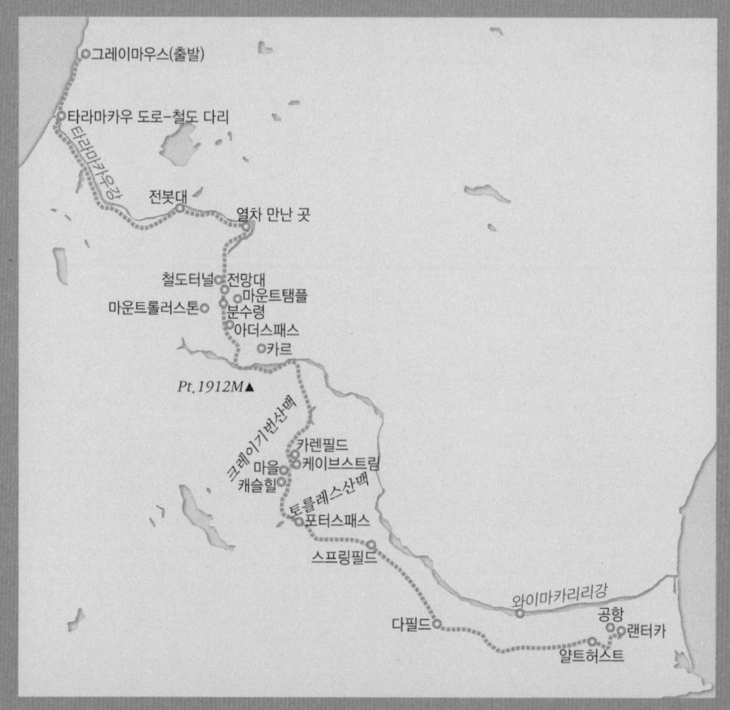

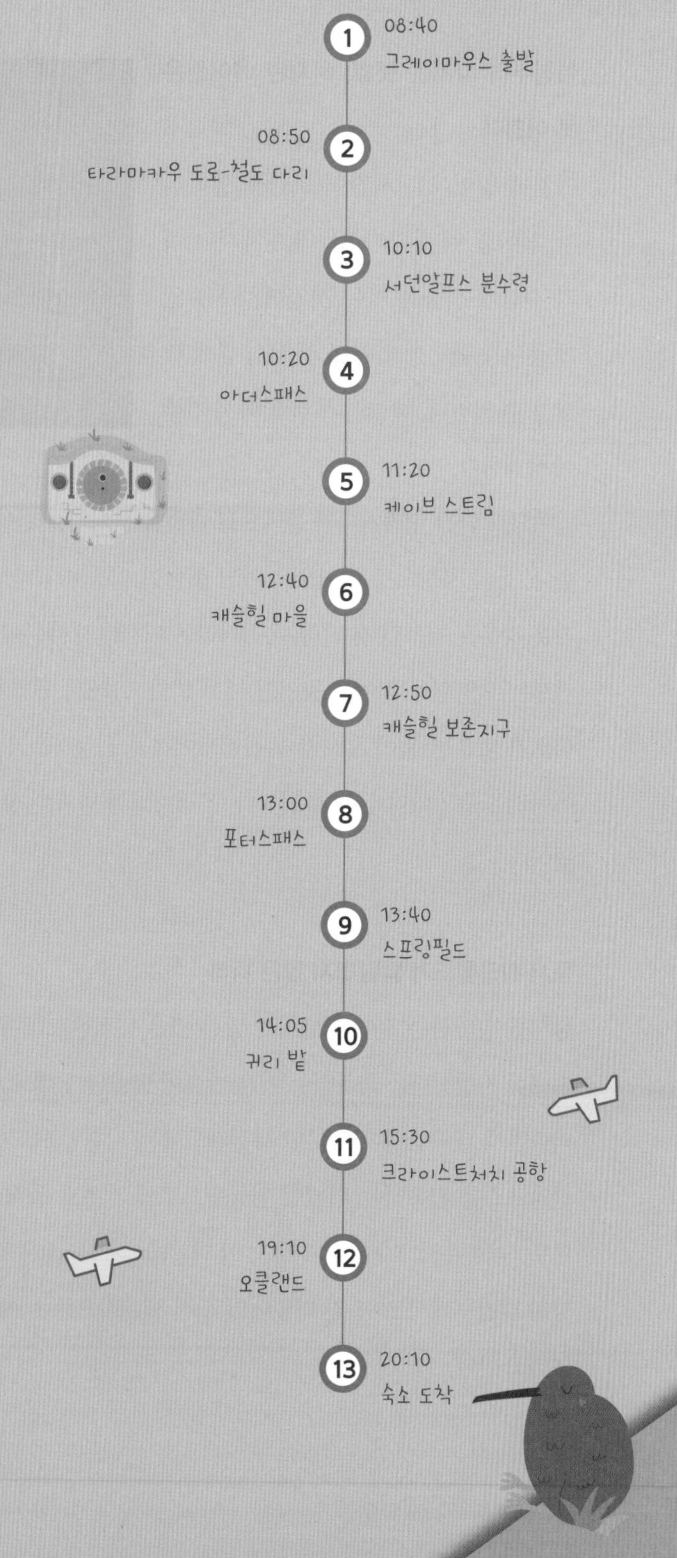
1
08:40
그레이마우스 출발
2
08:50
타라마카우 도로-철도 다리
3
10:10
서던알프스 분수령
4
10:20
아더스패스
5
11:20
케이브 스트림
6
12:40
캐슬힐 마을
7
12:50
캐슬힐 보존지구
8
13:00
포터스패스
9
13:40
스프링필드
10
14:05
귀리 밭
11
15:30
크라이스트처치 공항
12
19:10
오클랜드
13
20:10
숙소 도착

## 아침부터 따가운 햇볕, 하지만 에어컨은 못 이긴다

아침에 일어나는 시간이 조금씩 빨라진다. 돌아갈 때가 다가오는데 이제서야 여기 시간에 적응해 가는 것일까? 여유 있게 준비를 했는데도 여덟 시 사십 분에 출발할 수 있었다. 하늘이 무척 맑아서 기분이 상쾌하다.

그레이마우스의 아침 햇살이 매우 따갑다.

남쪽으로 약간 내려가다가 동쪽으로 방향을 틀어서 서던알프스를 다시 넘어야 한다. 동쪽 차창으로 들어오는 아침 햇살이 엄청 따갑다. 아침부터 이렇게 따가운 경우는 처음인 것 같다. 우리나라는 미세먼지 때문에 온통 난리지만 뉴질랜드는 오염원이 적어서 공기가 매우 맑다. 그래서 햇볕이 아주 강하다. 선글라스가 없으면 눈이 부셔서 뉴질랜드에서는 선글라스가 필수품이다. 그런데 에어컨을 틀었더니 금세 추워진다. 우리나라 햇볕과는 상당히 차이가 나는 햇볕이다.

## 동서 횡단철도가 발달하지 않은 나라

동서를 횡단하는 길이 발달하지 않는 것은 뉴질랜드나 우리나라나 비슷하다. 거대한 지형장벽을 극복하는 것은 기술이 발달한다 해도 쉽지 않은 일이다. 우리나라에 태백산맥이 있다면 뉴질랜드에는 서던알프스가 있다. 1923년에 서던알프스를 관통하는 터널이 완공됨으로써 최초로 동서 횡단철도(크라이스트처치–그레이마우스)가 완성되었다. 이 터널(Otira tunnel)은 길이가 8.5km로 건설 당시 남반구에서 가장 긴 터널이었고 전 세계적으로는 여섯 번째로 긴 터널이었다고 한다.

트레일러트럭 뒤따라 철도-도로다리를 건너는 중

샨티타운에서는 '고립을 극복한 역사'로 동서를 연결하는 철도가 소개되고 있었다. 지금은 철도가 옛날만큼 큰 역할을 하지는 않는 것으로 보이지만 개척 시기에는 매우 중요한 교통수단이었다. 지금은 세계적으로 손꼽히는 관광열차 노선이 되었다.

서던알프스로 향하는 트랜스알파인의 화물열차

전날 건넜던 타라마카우 도로-철도 다리를 건넜다. 유명한 트랜스알파인 노선을 일부 구간이나마 우리도 타 본 셈이다. 그것도 기차가 아닌 자동차로 타 봤으니 관광열차 타 보는 것보다 더 대단한 경험이다. 하지만 대형 트레일러트럭 뒤를 따라서 가게 되어 약간 불안했다. 트레일러트럭은 다리를 꽉 채울 정도로 크기 때문에 뒤따라가는 우리는 앞이 전혀 보이지 않는다.

철도 터널 서던알프스를 뚫다

**서해안에서 보이는 아더스패스 일대의 설산**

타라마카우다리를 건너서 조금 더 남쪽으로 내려가다가 90°로 좌회전을 한다. 서해안에서 본격적으로 서던알프스를 향해 들어가는 길이다. 멀리 설산이 보인다. 이 일대의 위도는 대략 42°30′S 정도이다. 한반도 최북단 두만강 일대와 비슷한 위도이므로 눈 덮인 산은 해발고도가 높다는 뜻이다. 그러나 아더스패

서해안(쿠마라)에서 보이는 설산

스 주변에서 가장 높은 산은 롤스턴(Rolleston, 2271m)산으로 생각보다 높지는 않다. 백두산이 42°N에 있고 해발고도가 2744m인 것과 비교하면 이 일대의 만년설은 상당히 특이한 것이다. 프란츠요셉이나 폭스 등 유명한 빙하지역과 마찬가지로 눈이 많이 내리는 기후의 영향이 크다고 볼 수 있다.

### 전봇대 후진국, 뉴질랜드

서해안에서 서던알프스를 향해 달리다 보면 숲을 지난다. 한동안 이어지는 숲을 빠져나오면 타라마카우강 옆으로 길이 나 있다. 맑은 물과 어우러진 아름다운 주변 경치를 보면서 달린다.

강 가운데 서 있는 전봇대

그런데 전봇대가 강 한가운데에 서 있다. 나무 전봇대인데 쓰러지지 말라고 밑에 돌무더기를 잔뜩 쌓아 놓았다. 우리나라라면 가당치 않은 모습이다. 여름에 가벼운 홍수 한 차례

면 돌이 다 쓸려나가고 전봇대가 쓰러지고 말 것이기 때문이다. 게다가 물에다 세워놨으니 방부 처리를 했다고 해도 얼마 못 가 썩어버릴 것 같다. 그렇다면 이곳은 우리나라처럼 폭우가 내리지 않는다는 뜻이다. 아무리 그렇다 하더라도 이건 너무한 것 같다. 전력생산은 선진국인데 전봇대는 후진국이다.

### 로드킬이 많다

날지 않는 새 웨카(Weka)

아더스패스 근처에서 길을 건너는 새를 피하느라 잠깐 차가 흔들렸다. 도로를 걸어서 건너가는 새를 보고 놀란 아들이 급하게 핸들을 꺾었기 때문이다. 키위뿐만이 아니라 뉴질랜드에는 걷는 새가 많다. 웨카(Weka), 카카포(Kakapo), 타카헤(Takahe), 푸케코(Pukeko) 등 많은 새들이 날지 않는 새들이다. 걷는 새 가운데 모아새는 덩치가 커서 먹을 만(?)했기 때문에 멸종을 당하는 신세가 되었지만 다른 걷는 새들은 멸종 위기까지는 가지 않았다.

그런데 운전하면서 보니 로드킬이 상당히 많다. 왜 이렇게 로드킬이 많은 것일까? 대부분의 길이 시속 100km가 제한 속도이니 길을 건너던 동물들이 피할 여유가 없다. 운전자 역시 피할 여유가 없다. 그런데도 뉴질랜드에는 로드킬에 대한 대책이 거의 없는 것 같다. 귀한 시설도 아닌데 생태통로도 보지 못했다. 로드킬이 많은 지역을 모니터링해서 생태터널을 설치해 줄 법도 한데 좀 의아하다.

또 한 가지 의아한 것이 있다. 우리나라에서는 로드킬의 희생양 중에 고라니가 상당히 많은데 뉴질랜드는 고라니 크기의 동물은 없다는 점이다. 얼핏 생각에 숲이 크고 연중 온화해서 덩치가 큰 야생동물들도 많을 것 같은데 대부분 희생된 녀석들은 토끼나 너구리 정도 되어 보이는 작은 녀석들이다.

### 난공사 구간에서 만난 2차선 다리

서던알프스에 접어들어 산길을 올라간다. 계곡 옆으로 난 길은 급경사면을 깎아서 만들었다. 1865년 골드러시가 한창일 때 서해안의 금광을 연결하기 위해 만들어진 도로이다. 당시 열악한 기술로 험악한 자연환경을 이기고 만든 도로로 뉴질랜드 토목 역사에서 중요한 부분을 차지하는 공사였다.

눈사태나 산사태가 도로를 막는 것을 방지하기 위해 만든 콘크리트 구조물이 있는데 이것은 이 지역의 기후 및 지형 특성과 관련이 있는 구조물이다. 1865년 건설 당시 혹독한 겨울추위로 굉장히 고생을 했다는 내용이 기념비에 적혀 있다. 특히 폭설은 지금도 겨울철에 큰 교통 장애 요소이다. 주변에는 겨울철에 동파(凍破)된 후 흘러 내려온 바위 조각들이 여기저기 부채꼴 모양으로 쌓여 있다. 이러한 퇴적물들은 작은 충격으로도 쉽게 쓸려 내려오기 때문에 매우 위험하다.

도로 위쪽 계곡에서 내려오는 물이 도로로 넘치는 것을 막기 위해 만든 구조물도 있는데 이것은 경사가 급한 지형 특성 때문에 만들어진 것이다. 우리나라라면 도로 아래로 배수로를 만들어서 물이 흘러가도록 하는데 이곳에서는 도로 위에 육교처럼 설치했다. 많은 고민의 흔적이 엿보이는 구조물이지만 잘 만들었다는 생각이 들지는 않는다.

고개 정상의 분수령 약간 못 미쳐서 전망대가 있다. 우리가 올라온 계곡이 전체적

↑ 낙석 방지용 터널과 육교형 배수로
↓ 아더스패스 아래 2차선 다리와 무너져 내리는 경사면

으로 조망이 되는 좋은 위치이다. 전망대에서 긴 다리를 볼 수 있는데 재미있는 사실은 이 다리가 2차선이라는 점이다. 뉴질랜드의 어디를 가나 대부분은 1차선 다리인데 이곳은 2차선이다. 난공사 구간이 틀림없는데도 오히려 '귀한' 2차선 다리가 있는 이유를 알다가도 모르겠다.

이곳에서 굉장한 차를 만났다. 뒤와 옆에는 'Legal', 앞에는 'Valiant'라는 로고가 붙어 있는데 무엇이 이 차의 이름인지는 모르겠다. 나중에 찾아보니 크라이슬러에서 생산한 발리언트(Valiant)라는 모델이다. 커다란 덩치에 옛날 디자인이라서 딱 봐도 수십 년은 된 차다. 노부부와 아들로 보이는 젊은이가 함께 타고 있다. 몇 년 된 차인지 물었더니 1973년산이란다. 사십 년도 넘은 차인데 얼마나 관리를 잘 했는지 겉모습이 깨끗하다. 흠집 하나 없고 번쩍번쩍 광이 나는 것을 보면 노부부가 젊었을 적에 구입해서 지금까지 타고 있지 않나 싶다. 세 식구 모두 자동차에 대한 자부심이 대단하다. 하지만 언덕길에서 기름 냄새를 폴폴 풍기면서 올라간다. 엔진이 큰데다 오래된 차라서 기름을 쏟아 붓는 것이 분명하다.

1973년산 자동차

### 볼 것이 많은 아더스패스

마침내 분수령을 넘었다. 분수령의 높이는 약 910m 정도로 대관령(832m)보다 80여m 정도 더 높다. 고갯마루의 동쪽에는 템플(Temple, 1965m),산 서쪽에는 롤스턴(Rolleston 2,271m)산이 있는데 대관령에 비해 주변 산지의 높이가 훨씬 높다. 오래된 땅인 한반도는 높낮이 차이가 작은 데 비해 신기산지인 뉴질랜드는 산마루와 계곡 간의 고도차가 크다는 것을 알 수 있다.

아더스패스 역

'아더스패스', 고개인 줄만 알았더니 고개 아래에 있는 마을 이름도 아더스패스다. 동부지역과 서부지역을 연결하는 중요한 통로라서 일찍부터 기차역이 설치되었고 마을이 발달했다. 지금은 열차보다 자동차나 비행기가 더 중요한 교통수단이 되었기 때문에 이곳의 중요성이 떨어졌지만 개척기에는 상당히 중요한 도시였다. 역을 소개하는 안내판에 있는 기록 사진을 보니 열차에서 내리는 손님을 기다리는 마차들이 역 앞을 가득 채우고 있다.

지금은 관광열차로 세계적인 명소가 되었다. 그리고 화물열차가 간간이 지나간다. 한동안 자동차 길과 평행으로 철도가 이어지는데 이 노선을 지나갔던 어제부터 오늘까지 운행 중인 열차는 딱 한 번 봤을 뿐이다. 그런데 아더스패스 역을 떠나 동쪽으로 내려오다 보니 여객열차가 아더스패스 역으로 들어간다. 좀 전에 중국인 단체 관광객들이 역사로 들어가는 것을 보고 왔는데 그 사람들은 열차 시간을 알고 갔나 보다.

아더스패스는 그냥 '패스'할 곳이라고 생각했었는데 의외로 볼 것이 많다. 트레킹 명소이기도 해서 트레킹을 안내하고 이용자들이 휴식을 취할 수 있는 안내소가 상당히 크다.

빙하기에 만들어진 카르(kar)

**현이의 Tips &**

아더스패스는 트랜스알파인 철도의 명소인 아더스패스 역과 오티라터널, 그리고 트레킹 명소로 유명하다. 다시 뉴질랜드에 온다면 아더스패스는 하루 정도 머물 만한 곳이다. 열차를 타고 여행해 보는 것도 좋을 것 같다.

분수계를 넘으면 와이마카리리(Waimakariri)강의 상류 유역에 들어간다. 와이마카리리강은 크라이스트처치 북쪽에서 태평양으로 흘러드는 강으로 캔터베리 평원의 북부 지역을 적셔 주는 젖줄이다. 아더스패스를 지나 협곡을 8km 정도 따라 내려가면 와이마카리리강 본류와 만난다. 하곡이 넓고 평지를 이루고 있지만 주변은 여전히 서던알프스 복판이다. 'Pt. 1912M'라는 이름의 봉우리는 높이가 1912m인데 이 일대에는 이런 높이의 봉우리들이 즐비하다.

이 봉우리들은 대부분 만년설은 아니지만 한여름에 가까워지고 있는 12월 초까지 잔설이 남아 있는 봉우리가 많다. 능선이 칼처럼 날이 서 있고 정상이 뾰족하며 정상 주변이 움푹 파여 있는 전형적인 빙하지형이다. 현재 진행 중인 빙하지형은 아니고 1만 년 전 마지막 빙하기에 만들어진 지형들이 일부는 유지되고 일부는 빗물이나 눈의 작용 등 후빙기의 변화된 기후 환경에 의해 변형

노출된 석회암 무더기: 카렌필드

## 카렌필드와 석회동굴

석회암이 빗물과 반응하여 녹아서 만들어진 지형을 카르스트(Karst)지형이라고 한다. 석회암을 구성하는 주요 성분인 탄산칼슘($CaCo_3$)은 이산화탄소($CO_2$)를 함유한 물($H_2O$)과 반응하는 성질을 갖고 있다. 탄산칼슘이 물과 이산화탄소를 만나면 칼슘 이온($Ca^{2+}$)과 중탄산수소 이온($2HCO_3^-$)으로 분리가 된다. 즉, 석회암이 분해(溶蝕, corrosion)되는데 이 과정에서 여러 가지 모양의 지형이 만들어진다. 지형 발달은 석회암에 함유되어 있는 탄산칼슘의 농도, 암석이 갈라진 정도(절리 밀도), 수분 조건, 기온 등 다양한 원인에 의해 달라진다.

- 카렌필드(Karren field): 석회암이 지표에 노출된 지역에서는 빗물이 흘러내리면서 약한 부분을 집중적으로 용식시킨다. 이때 용식에 견디어 남은 돌기둥, 또는 무덤 모양의 지형을 카렌이라고 한다. 묘지의 비석과 비슷하다 하여 묘석(墓石)지형이라고도 한다. 카렌이 모여 있는 지형을 카렌필드라고 하며 마치 돌탑들이 모여 있는 모양과 비슷하여 석탑원(石塔原)이라고도 한다. 지표면이 식생으로 덮여 있지 않은 건조지역에 잘 나타나며 인공적으로 삼림을 제거하여 토양층이 노출된 지역에도 잘 나타난다.
- 석회동굴(limestone cave): 지하수계에 의해 지하의 석회암이 용식되어 만들어진 동굴이다.

이 되고 있는 중이라고 볼 수 있다.

### 대머리 산의 알바위들: 카렌필드

작은 고갯마루를 하나 넘으면 나무 한 그루 없는 매끈한 산에 돌들이 툭툭 튀어나온 것이 보인다. 자세히 보면 퇴적층이 보이고 표면이 맨질맨질한 석회암이다. 산 능선과 산기슭을 따라 여기저기 노출된 석회암 바위 무더기는 정말 장관이다. 이런 석회암 무더기는 석회암이 차별적으로 용식(溶蝕)을 당해서 만들어진 카렌필드(Karren field)라는 지형이다.

이 일대 석회암은 뉴질랜드의 다른 석회암들이 만들어진 시기와 비슷한 시기인 신생대 제3기에 만들어졌는데 제3기 시작(6640만 년 전) 무렵부터 마이오세(Miocene, 2370만~530만 년 전) 초반에 걸친 시기이다. 순수하게 석회암으로만 이루어지지 않고 석회질을 많이 함유한 사암과 섞여 있으며 화산암(응회암)이나 퇴적암(이암, 실트암 등)도 섞여 있는 복잡한 지질구조가 나타난다.

뉴질랜드에서는 비교적 강수량이 적은 편(약 801~1200mm)에 속하지만 나무가 충분히 자랄 수 있다. 그러나 방목을 위해 삼림을 제거하여 토양이 노출되면서 침식이 진행되었고 그 결과로 카렌필드가 빠르게 형성되었다.

### 케이브 스트림, 땅속으로 흐르는 냇물

카렌필드를 옆에 두고 내려가다 보니 급커브 길에 전망대 표시가 있다. 얼핏 보니 전망 주제가 동굴이다. 카르스트지형 중에 흔한 지형이 석회동굴이니 카렌필드가 있다면 석회동굴이 있을 가능성이 매우 높다. 급히 핸들을 꺾어 들어갔더니 사람도 제법 있다. 이곳에 거대한 석회동굴이 있다는 안내판이 서 있고 그곳 지하로 물이 흐른다고 되어 있다. 그래서 이름이 '동굴 냇물(cave stream)'이다.

자세하게 탐방에 대해 안내해 놓았는데 안전 때문에 좀 과장이 있어 보이기는 하지만 동굴 탐방이 만만치는 않아 보인다. 동굴의 길이는 560m인데 내부에 물이 흐르기 때문에 장화가 필요하다. 캄캄한 굴속을 560m나 이동하려면 랜턴은 당연히 필요할 것이다. 보온도 신경을 써야 한다. 탐방로를 따로 설치하지 않은 자연 상태의 동굴을 가이드 없이 개별적으로 탐방할 수 있다는 것이

케이브스트림 안내판의 동굴 일대

크레이기번산맥과 브로큰강

좀 의아하다. 와이토모 동굴이나 테아나우 동굴은 가이드 없이는 들어갈 수 없는 곳이었던 것에 비춰 보면 이곳은 파격적이다. 그 정도로 안전하다는 뜻인가? '위험을 충분히 고지했으므로 선택은 탐험하는 사람들의 몫'이라는 뜻으로 읽힌다. 이런 기회는 우리나라에서든 다른 나라에서든 만나기 어렵다.

하류 쪽에서 상류로 올라가는 것이 쉽고 안전하다는 안내가 있어서 일단 입구(하류)쪽으로 내려가 봤다. 가는 길만으로도 예술이다. 브로큰(Broken)강이 구불구불 협곡을 이루며 흘러 내려오고 그 발원지인 크레이기번(Craigieburn)산맥과 정상 능선에 쌓인 흰 눈이 아스라하게 보인다. 계곡의 한쪽면은 계단상의 언덕[단구(段丘, river terrace)]을 이루고 노란 코화이가 악센트처럼 찍혀 있다.

브로큰강가를 걸어서 입구에 도착해 보니 엄청난 크기의 동굴이 둥그렇게 입을 벌리고 있다. 적어도 내가 본 석회동굴 중에 이렇게 큰 입구를 가진 것은 없었다. 석회동굴들은 대개 입구가 작고 안으로 들어가면 더 넓어지는 것이 많은데 이곳은 입구가 굉장히 크다. 동굴 속에서 냇물이 콸콸 쏟아져 나오고 있다. 조심조심 냇물 옆 물이 없는 곳을 골라 안으로 들어가 봤다. 겨우 10m 정도 들어갈 수 있고 더 깊이 들어가려면 맨발로 가거나 신발을 적셔야 한다. 물이 너무 차가워서 긴 시간 맨발로 다니기는 쉽지 않겠다.

현이의 Tips &

이런 곳을 탐방할 기회는 아마 앞으로도 흔하지 않을 것이다. 다시 또 이곳에 가게 된다면 탐방할 준비를 하고 가겠다.

그런데 이곳이 입구, 즉 하류인데 상류 출구는 어디란 말인가? 위에서 지도를 보고 왔는데도 도통 그림이 그려지질 않는다. 돌아가는 길은 내려온 방향과는 다른 쪽으로 올라가기로 했다. 그러면 동굴 탐방을 못한 아쉬움을 조금이라도 달랠 수 있을까? 그러려면 동굴에서 흘러나온 물을 건너가야 한다. 신발과 양

말을 벗고 바지를 걷어 붙이고 물을 건넜다. 유리처럼 맑은 물은 한겨울 유리만큼 차갑다.

물이 흘러나오는 방향으로 가야만 상류, 즉 입구가 나올 텐데 우린 물이 흘러 내려가는 방향, 즉 하류 쪽으로 가고 있다. 가면서 계속 머릿속으로 그림을 그려 보았지만 그려지질 않는다.

하곡이 내려다보이는 전망대에 올라서서야 겨우 구조를 꿸 수 있다. 알고 보니 이곳은 두 하천이 합류하는 곳이다. 북서쪽에서 흘러 내려오는 케이브천과 서쪽에서 흘러

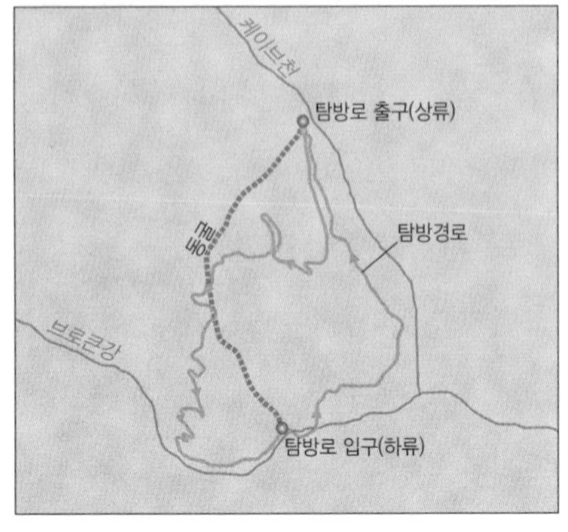


↑ 케이브스트림 출구 ↓ 동굴의 구조와 위치

내려오는 브로큰강이 이 풍경지구(Cave Stream Scenic Reserve)의 남동쪽 끝에서 합류하여 동쪽으로 흘러 나간다[브로큰강은 와이마카리리(Waimakariri)강의 지류이다]. 그런데 석회동굴은 케이브천에서 시작되어 브로큰강에서 끝이 난다. 동굴이라는 점을 무시하고 보면 케이브천은 둘로 갈라져서 각각 다른 곳에서 브로큰강과 합류하는 형태이다. 만약 먼 훗날 동굴이 무너져 노출된 하천이 된다면 이 풍경지구는 섬처럼 변할 것이다.

### 농촌 마을의 전형 캐슬힐

브로큰강을 건너 작은 언덕을 올라가면 캐슬힐(Castle hill)이라는 마을이 나온다. 점심때가 되었으므로 밥을 먹을 곳을 찾을 겸 들어갔다. 아름다운 숲속에

자리 잡은 한적한 전원 마을이다. 개성 있게 지은 집들이 적당한 거리를 두고 여유 있게 자리를 잡았다. 집도 예쁘고, 거리도 예쁘고, 주변 풍경도 예쁜 3박자를 갖춘 마을이다. 그런데….

너무 적막하다. 지나가는 사람이 거의 없는 것은 작은 마을이라서 그렇다 치고, 간단히 식사를 할 만한 곳이 없다. 마을 전체를 천천히 돌았고 마을 안의 오솔길도 한 번 들어갔다 나왔지만 음식점을 찾을 수가 없다. 대신 팔려고 내 놓은 빈집들을 볼 수 있다. 3박자를 갖췄지만 중요한 한 박자가 빠져 있는 마을이다. 고령화되면서 자연스럽게 농촌 인구가 줄어들고 있다. 우리나라와 비슷한 양상이기도 하다. 젊은이들은 농촌에 들어오려고 하지 않기 때문이다. 애쉬버튼에서 봤던 풍경이 떠오른다. 애쉬버튼은 이곳에 비하면 매우 큰 도시인데도 고령화가 나타나고 있으니 이런 작은 시골마을은 오죽할까? 뉴질랜드의 농목업은 세계적 수준을 자랑하므로 경제적 소득 수준이 낮아서 농촌을 떠나는 것은 아니다. 학업 등으로 고향을 떠난 젊은이들이 돌아오지 않기 때문일 것이다.

캐슬힐 마을

## 카렌이 성벽을 이루는 곳

캐슬힐 마을을 지나면 바로 엄청난 카렌필드가 펼쳐진다. 이번 여행의 멘토였던 성원기 선생님이 라피에가 잘 나타난다고 하면서 강력 추천했던 곳이다. 케이브스트림과는 직선거리로 3km밖에 떨어져 있지 않은 곳으로 같은 지질구조를 바탕으로 독특한 경관이 만들어졌다. 워낙 경관이 특이하고 규모가 커서 이 일대는 보존구역(Kura Tawhiti/Castle Hill Conservation Area)으로 설정되어 있다.

양떼가 뛰노는 방목지 뒤에 펼쳐진 석회암 성벽은 멀리 크레이기번산맥의 눈덮인 능선을 배경으로 멋진 원근법을 구사한 한 폭의 그림이다. 카메라를 세워놓고 발로 셔터를 눌러도 작품 하나쯤은 건지겠다. 2주일이 되면서 이젠 좀 무뎌졌지만 뉴질랜드 여행 초반에 이런 풍경을 봤다면 아마도 넋을 잃고 한동안 발걸음을 떼지 못했을 것이다.

백 년 전쯤 이곳은 어떤 모습을 하고 있었을까? 백인들이 도착하기 전 이곳은 숲이었을 것이다. 방목지 주변에 자라고 있는 무성한 나무들이 이를 증명한다. 하지만 방목지를 만들기 위해 숲이 제거되었다. 반면에 방목지의 경계나 집 주

캐슬힐

변은 경관상의 필요성과 경계로서의 의미 등으로 숲이 유지되거나 새롭게 조성되었다. 사람의 필요에 의해 숲이 제거되기도 하고 남겨지기도 한 것이다. 지금은 원래 있었던 것처럼 자연스러운, 심지어는 '아름답다'고 감탄하는 모습이 되었지만 푸른 초원도 성벽 같은 석회암 기둥들도 사실은 사람이 자연에 간섭하면서 만들어진 풍경이다.

현이의 Tips &

결과적으로 시간에 쫓기지 않아도 되었다. 하지만 처음 가는 길이라서 크라이스트처치 공항에 도착할 시간을 정확히 예측할 수 없어서 서두를 수밖에 없었다. 아더스패스, 케이브스트림, 캐슬힐 등을 좀 더 자세히 둘러볼 수 있었는데 아쉽다.

**포터스패스에 지천으로 핀 코화이**

톨레스산맥(Torlesse Range)을 넘으면 서던알프스를 벗어난다. 톨레스산맥을 넘는 고개는 포터스패스(Porters Pass)라는 고개인데 높이가 942m나 된다. 서던알프스의 끝이라고 방심하면 안 되는 높이다. 주변의 산지들은 1500~2000m 정도로 만년설이 쌓여 있지는 않지만 연중 기온이 낮은 편이다.

포터스패스 주변에는 노란 코화이가 지천으로 피었다. 2주일 가까이 넘나들었

포터스패스와 코화이

던 서던알프스를 마침내 벗어나는 마지막 길을 환송해 주는 것 같다.

### 스프링필드의 점심

스프링필드의 점심

서던알프스를 벗어나서 캔터베리 평원으로 들어서면 맨 먼저 만나는 마을이 스프링필드다. 포터스패스에서는 약 40여 분을 달려야 한다. 캐슬힐에서 음식점을 못 찾아서 점심을 먹지 못했기 때문에 스프링필드에서 늦은 점심을 먹었다. 길옆에 커다랗게 'PIE'라고 쓰여 있는 간판을 보고 무작정 들어갔다. 작은 편의점과 카페를 겸하는 곳이다. 무슨 파이콘테스트에서 수상을 했다고 자랑을 해 놓았다. 파이와 샌드위치, 그리고 버거를 주문하고 커피와 음료를 곁들여서 주린 배를 채웠다. 항상 점심은 이런 식으로 간단한 패스트푸드를 먹게 된다. 우리 여행의 마지막 점심인 스프링필드에서도 그렇게 먹고 말았다.

**현이의 Tips &**

이동하는 도중에 점심식사를 위해 들른 식당은 모두 계획에 없던 곳이었다. 대부분 샌드위치나 베이컨, 파니니 등 패스트푸드와 커피를 파는 카페 식당(?)이었다. 이동경로에서 식당을 미리 찾아본다면 점심마다 빵만 먹지 않고 원하는 음식을 먹을 수도 있을 것이다.

오늘 여행 경로에는 지명이 영국식인 곳이 많다. 그레이마우스, 아더스패스, 캐슬힐, 스프링필드, 다필드(Dafield), 얄드허스트(Yaldhurst)…. 영국인들이 새롭게 건설한 식민도시인 크라이스트처치에서 서부로 가는 간선도로를 따라 나타나는 도시들이다. 원주민들이 삶의 터전으로 삼기에 적당한 지역이기 보다는 교통이라는 근대적 의미의 입지 조건이 작용한 까닭일 것이다.

### 반갑다 귀리 밭

크라이스트처치에 거의 다 갔을 무렵에 넓은 곡물 밭을 만났다. 방목지는 흔하기 때문에 농사짓는 곳을 만나면 반갑다. 가끔 농사짓는 땅을 보기는 했지만 이렇게 넓은 곡물 밭은 처음 만났다. 대부분은 양이나 소가 풀을 뜯고 있는 초지지만 때때로 한 가지 작물을 심어 놓은 대규모 경지가 눈에 띈다. 아직 열매가 나오지는 않았지만 줄기가 통통한 것이 귀리다.

애로우타운 롱런치에서 만났던 목양업자에게 농작물을 주로 재배하는 곳이 어딘지 물었었다. 그가 말하기를 캔터베리 평원 일대에 곡물을 키우는 곳이 많다고 했었는데 맞는 말인 것 같다. 경지 규모가 워낙 커서 우리나라 논밭과 비교하기가 힘들다.

### 모직물은 시원하다

뉴질랜드의 상징 가운데 하나가 양모이다. 여행 중에 양 방목지를 여러 차례 만나기는 했지만 '굉장히 많다'는 느낌은 사실 들지 않았었다. 오히려 '이 정도 규모로 먹고 살 수는 있는 걸까?' 하는 의구심이 드는 곳도 많았다. 소에 비해 양의 덩치가 작아서 그런지도 모른다. 양모가 생산되는 과정을 잘 이해하지 못하기 때문에 수지를 맞출 수 있는 목축 규모를 잘 모를 수밖에 없다.

귀리 밭

크라이스트처치에 도착해서 양모 담요를 파는 곳을 발견했다. 시내 외곽에 있는 창고형 매장이다. 선전 문구가 눈길을 끈다.

'Wool is Cool'

모직물을 광고하려면 당연히 '따뜻하다'를 강조해야 한다. 그런데 시원하다니? '깔끔하다', 또는 '구질구질하지 않다'는 의미로 '쿨하다'라는 말을 우리나라에서는 곧잘 쓴다. 하지만 '쿨하다'는 거의 토착화된 콩글리쉬다. 혹시 뉴질랜드에서도 비슷한 뜻으로 쓰이는 것일까?

한편으로는 이해되는 측면이 조금은 있다. 양모로 만들어진 자동차 핸들커버를 오랫동안 사용했었다. 겨울 아침에 차에 오르면 손이 시렵기 때문에 장만한 것이다. 그런데 어쩌다 보니 여름이 다 지나도록 커버를 벗기지 않았다. 신기하게도 여름에는 시원했다. 정확히 말하면 햇볕에 달구어지지 않아서 뜨겁지 않다. 아내는 양모 방석도 애용하는데 사계절용으로 지금도 잘 쓰고 있다. 춥지도 덥지도 않다고 한다. 그러니까 양모는 '추위를 막는' 기능보다 '온도를 유지하는' 기능을 하는 모양이다. 여름이 깊어 가는 뉴질랜드의 12월, 'Wool is Cool'을 부각시키는 것도 좋은 전략인 것 같다.

Wool is Cool

### 열흘간 2,437km

오후 두 시 오십일 분 무사히 렌터카 사무실에 도착했다. 약간 흥분이 되면서 안도감이 밀려온다. 총 주행거리는 216,242km다. 213,805km에 출발했으니 열흘 동안 2,437km를 달렸다. 하루 평균 247km, 이 정도 거리면 서울-강릉, 또는 서울-전주 정도 거리가 될 것이다. 열흘을 매일같이 그 정도 달렸다고 생각하니 만만치 않은 거리다.

잘 다니면서도 때때로 불안감이 있었다. 차가 고장이라도 나면 어쩌나, 펑크라도 나면? 사고라도 나면? 게다가 대부분 제한 속도가 100km/h인데 초보 아들이 잘 할까? 그 여러 가지 걱정들이 렌터카 사무실에 도착하자마자 한꺼번에 풀리면서 흥분 상태가 같이 오는 것이다. 오늘은 하루 종일 아들 혼자서 운전을 했다. 이 정도면 초보 딱지는 확실히 뗀 셈이다.

반납 절차는 연료를 채웠느냐고 묻는 것이 전부다. 나가서 연료 게이지 확인도 안 한다. 그다음에 뭐라고 하는데 못 알아듣고 '사고(Accident)?'라고 물었더니 공항까지 드롭오프를 이용할거냐고 묻는 거였다. 이런 동문서답은 기본적으로 말을 못 알아들었기 때문이지만 문화적 차이도 작용한 것이다. 우린 렌터카를 반납하려면 당연히 사고가 났는지를 먼저 따진다.

오클랜드에서 처음 차를 빌릴 때 느꼈던 점을 상기하게 된다. 차를 렌트할 때는 보험료를 함께 부담한다. 만약 차량에 이상이 생겼다면 보험으로 해결하면 될 일이지 운전자에게 책임을 물을 일이 아니지 않는가? 또 하나 차량을 렌트하는 사람들의 양심적 판단을 믿는다는 것이다. 정말 부럽다. 뉴질랜드는 적어도 '양심을 지키며 산다'는 말이 '바보스럽게 산다'와 비슷한 말은 아닌 것 같다.

### 크라이스트처치에서 다시 오클랜드로

크라이스트처치 공항에 일찌감치 도착했다. 혹시나 싶어서 서둘러 와 놓고는 노친네가 다 되었다는 자괴감은 또 어디서 나오는가? 그래도 아들은 와이파이가 빵빵하니까 웹서핑 하면서 놀면 된다고 위로를 해 준다. 여섯 시 비행기지만 네 시가 못되어 티켓팅하고 짐 부치고 게이트 앞에서 와이파이를 하면서 놀기로 했다. 와이파이는 정말 빵빵하다. 비번을 넣거나 돈을 내야하는 국제공항도 많은데 크라이스트처치 공항 참 좋다.

마지막 밤을 보낼 호텔도 이비스버짓호텔이다. 이제 공항에서 호텔까지 가는 길이 익숙해서 캐리어를 끌고 걸어서 호텔에 도착했다. 그런데 호텔에 와서 보니 공항에 있는 캐리어를 싣고 다니는 카트 거치대가 주차장에 있다. 공항에서부터 거기에 가방을 싣고 밀고 오는 사람들이 꽤 된다는 뜻이다. 우리도 내일 아침에 걸어간다면 그렇게 가야겠다.

가깝다고 해도 캐리어를 끌고 15분 정도 걸었더니 힘이 좀 든다. 열흘 만에 다시 오니 마치 집에라도 온 것 같은데 지난 번과 다른 점은 와이파이가 제공된다는 점이다. 지난번에는 로비에서만 됐었는데 그 사이에 호텔 운영방침이 바뀌었나? 어쨌든 노트북용으로 한 장 더 요청을 해서 1Gb 이용권 세 장을 받았다. 하지만 부족한 점도 많다. 호텔이니 조리기구가 없는 것은 이해하겠는데 심지어는 냉장고도 없다. 드라이어, 샴푸 등도 갖추어져 있지 않은데 머리빗 같은 곰살궂은 배려는 꿈도 꾸면 안 된다. 싱글 두 개가 배치되어 있어서 마지막 밤은 아들과 이별을 해야 했다.

### 종류가 많은 치즈와 비싼 담배

카운트다운에 가서 치즈를 다양하게 구입했다. 아내가 치즈나 이것저것 사오라고 주문을 했기 때문이다. 아들이 친구들에게 줄 선물을 고민하기에 치즈를 추천했다. 둘이서 겹치지 않게 고루고루 샀더니 대략 열 종류는 된다. 하지만 진열대에 있는 다양한 종류의 치즈와 비교하면 새 발의 피다. 목축의 나라답게 치즈가 다양해서 여행 내내 맛나게 먹었다.

나오는 길에 담배를 살까 하고 값을 물었더니 싼 담배가 보통 20달러(NZD) 정도 한단다. 아들 친구들 중에 애연가가 있어서 선물로 살까 하고 물어본 것이다. 우리나라도 5천 원으로 올라서 엄청나게 올랐다고 했는데 뉴질랜드는 우리와는 비교도 안 된다. 흡연율을 낮추기 위해 선진국에서는 오래전부터 담배

값을 비싸게 하는 정책을 시행하고 있다는 얘기는 들어서 알고 있었지만 이 정도까지인 줄은 몰랐다. 뉴질랜드에서 담배를 피우려면 건강과 돈이 함께 갖춰져야 하겠다.

### 뉴질랜드 마지막 만찬은

호텔에 딸려 있는 음식점에서 마지막 만찬을 할 생각이었다. 그런데 아홉 시에 문을 닫는다고 한다. 여덟 시 오십 분인데… 매니저에게 부탁하면 해 줄 수도 있다는 친절한 안내가 있었지만 그래도 마감 시간에 쫓기면서 음식을 먹고 싶지는 않다. 호텔 옆에 스시집도 하나 있는데 역시 문을 닫았다. 어쩌나… 방에 들어가면 컵라면밖에는 먹을 것이 없다. 두리번거려 보니 멀리 '칼스주니어(Carl's Jr)'라는 집이 불을 밝혀 놓고 있다. 버거 전문점인데 여기도 곧 문을 닫을 태세다. 행여 마지막 밤을 주린 배를 움켜쥐고 지새울세라 얼른 주문을 했다. 나는 베이컨 버거를 아들은 소고기 버거를 주문했다. 아들 말에 따르면 유명 브랜드보다 약간 비싼 편이라고 한다. 나는 언제나 대충 주문하는데 아들은 나름 기호와 음식점의 특징을 따져 주문하는 것 같다.

마지막 만찬으로는 영 시원찮은 것 같아 미안한데 아들은 의외로 상당히 좋아한다. 어렸을 적부터 이런 음식을 내 스스로 사 먹여 본 적이 없기 때문에 지금은 가끔 먹는지 물었더니 가끔 먹는단다. 특히 한잔 하다 출출할 때 먹으면 딱 좋단다. 어쨌든 아들이 좋아하니 참 다행이다.

돌아오는 길에 와인 한 병 사가자고 눈을 찡긋해 봤더니 이번엔 반대를 안 한다. 아까 치즈를 살 때는 극구 반대를 했었는데. 아버지가 끈질기게 한잔을 도모하니까 그냥 져 주는 것이다. 오늘은 달달한 오스트레일리아산 메를레(Merlet)를 한 병 샀다. 단 하루 빼놓고는 매일 술타령이다. '타령'이라는 말은 좀 뻥이긴 하다. 항상 와인 한 병을 넘기진 않았으니까.

조금 부담스럽긴 한 시간이다. 짐을 미리 싸 놓고 술판을 시작하려니 벌써 열한 시 삼십 분, 너무 늦으면 내일 아침에 일찍 일어나기가 어렵다. 하지만 이미 열차는 떠났다. 우리 둘 다 무리라는 것을 알면서도 그냥 말 수 없다는 것도 잘 안다. 아내에게 전화를 걸었다. 우리 술 마시고 못 일어날 수도 있으니 새벽에 (한국시간 1시에) 전화해달라고. 아내는 감기 걸린 목소리로 감기 기운이 있다는 소식과 함께 A형 독감이 유행한다는 소식도 전한다.

그러다가 후딱 자정이 넘었다. 아무래도 걱정이 돼서 반 병 만 마시자고 했더니 아들은 안 된단다. 가지고 갈수도 없을 텐데 버리느니 마시자는 아들의 패기! 좋다 그럼~ 나쁜 짓도 같이하면 힘이 난다.

뉴질랜드 마지막 만찬

### 여행 경비로 정리하는 하루

| | 교통비 | 숙박비 | 음식 | 액티비티, 입장료 | 기타 | 합계 (원) |
|---|---|---|---|---|---|---|
| 비용 (원) | 49,207 | 111,061 | 51,064 | | 70,728 | 282,060 |
| 세부 내역 (NZD) | 기름(스프링필드) 30.08<br>기름(얄드허스트) 28.5 | 이비스버짓 호텔 129 | 점심(스프링필드) 23.4<br>저녁(칼스주니어) 27 | | 선물용 치즈 (카운트다운) 84.2<br>와인 10.39 | |

Epilogue

# '아름답다'만으로는…

**먼 나라, 볼거리가 많은 나라, 뉴질랜드**

돌아오는 비행기가 필리핀 상공에 들어서면서 갑자기 비행기 항로를 보여 주는 화면에 이상이 생겼다. 비행기가 오클랜드에 있는 것으로 화면이 나온다.

"만약 순간 이동으로 우리가 오클랜드로 되돌아간다면 어떨까?"

아들에게 실없는 질문을 던져 봤다.

"다시 이어서 이만큼 비행을 계속하느니 오클랜드에 살래요"

우문현답이다. 나도 그렇다. 뉴질랜드가 좋아서라기보다는 이 정도 거리를 다시 날아와야 한다면….

뉴질랜드, 먼 나라다. 오고 가는 시간으로 꼬박 이틀을 투자해야 하는 나라다. 이번 여행에서는 홍콩 공항의 GPS 장비에 이상이 생겨서 마닐라에 비상 기착을 하는 바람에 한 나절이 더 걸렸다. 그때는 힘들었지만 시간이 지나고 보니 다시 가 보고 싶다는 생각이 든다. 여행을 정리하다 보니 아쉬운 점이 많아서 더욱 그렇다. 그만큼 볼거리가 많은 나라가 뉴질랜드다. 만약 살 곳이 못 된다고 느꼈다면 아들은 '이 정도 거리는 얼마든지 감수할 수 있다'고 대답했을 것이다.

### 아들과 가기를 참 잘했다

부자간에 함께 여행을 한 것은 멋진 경험이었다. 뉴질랜드에서 만났던 사람들마다 우리를 부러워했는데 다만 인사치레는 아니라는 느낌이었다. 부자간의 여행이 흔치 않기 때문에 더 주목을 받았던 것 같지만 부러움을 사는 것 이상으로 좋은 점이 많았다. 운전뿐만이 아니라 어려운 일은 함께하고 잘 할 수 있는 역할은 서로 분담을 함으로써 더욱 여행을 즐겁게 할 수 있었다. 전체적인 여행 설계는 아버지의 몫이었지만 세부적인 일들, 예를 들면 숙소 예약이나 맛집 검색 같은 역할은 아들이 전담했다. 멋진 곳에서 감동을 함께할 수 있다는 점도 정말 좋은 점이었다. 세대 차이와 전공의 차이에도 불구하고 뉴질랜드는 많은 공감의 요소를 가지고 있었다. 언어장벽도 둘이 함께함으로써 많이 낮출 수 있었다.

### 멋진 나라다

덥지 않고 비가 자주 오는 서안해양성기후의 특징을 볼 수 있다. 특히 북섬과 남섬의 서쪽에는 이런 특징이 잘 나타난다. 하지만 남섬의 동부지역은 상당 지역이 지중해성기후에 가깝다는 사실을 알게 되었다. 바람의지 쪽에 속하기 때문에 강수량이 적어서 경관이 반건조 지역과 유사한 곳이 많다. 그래서 거대한 스프링클러인 레이너를 설치하여 물을 뿌리는 장면을 자주 볼 수 있다.

북섬에서는 화산지형의 장관을 볼 수 있다. 거대한 칼데라호인 타우포호와 로토루아호, 로토루아호 주변에서 배출되는 유황가스와 지열 증기, 그리고 와카레와레와 마을에서는 지구가 살아있다는 사실을 실감할 수 있다.

온대림이 가장 빨리 자란다는 주장이 신빙성이 있음을 확인할 수 있다. 레드우드의 나무들은 말 그대로 하늘을 찌를 듯하다. 나무가 크게 자라는 데는 강수량이 가장 중요한 역할을 한다는 사실도 알 수 있다. 서던알프스 서쪽 지역도 마찬가지다. 위도가 상당히 높은 지역임에도 강수량이 풍부하기 때문에 엄청난 숲이 발달한다.

남섬의 빙하지형은 이번 여행에서 가장 큰 감동이었다. 밀퍼드사운드는 수많은 설산들을 하찮게 보이도록 만들었다. 100달러(NZD)가 넘는 유람선 삯이 전혀 아깝지 않은 곳이다. 거대한 곡빙하의 흔적, 수천 길 낭떠러지로 떨어지는 현곡의 폭포, 그림 속에서나 나오는 비현실적 풍경 앞에서 그저 입이 벌어질 뿐이다. 마운트쿡, 프란츠요셉, 폭스 빙하는 안데스나 히말라야 빙하와는 또 다른 맛을 주는 빙하다. 빙하의 침식력이 왜 그렇게 대단한지, 왜 분급이 되지 못하고 쌓이는지를 이들 빙하는 그냥 보는 것만으로도 잘 설명해 준다. 아이들에게 한 번만 보여 주면 지리수업 시간에 열나게 떠들 필요가 없겠다.

'북섬은 소, 남섬은 양'의 도식이 꼭 맞지만은 않음을 느꼈다. 분류와 유형화는 이해를 쉽게 하지만 지나치게 단순하게 현상을 요약해 버리는 함정이 있다.

노동력이 부족한 나라답게 액티비티 비용이 매우 비싸다. 공업이 발달하지 못하여 필수품인 자동차조차 전량 수입할 수밖에 없는 나라지만 자신이 가진 특성을 잘 다듬어서 환경을 지키고 경제적 수준도 유지하는 부러운 나라다.

뉴질랜드는 마오리 원주민과 영국 간에 체결된 와이탕기 조약으로 원주민과 침략자 간의 극심한 갈등을 겪지 않았다. 그래서 근대화가 빠르게 진행되었으며 지금도 마오리문화와 영국문화가 공존하고 있다. 이는 지명에 잘 나타난다. 마오리 지명이 많이 살아 있으며 최근에는 사라진 마오리 지명을 복원시키기도 하였다.

선진국은 단순히 소득수준으로 규정되는 것이 아니다. 사회 구성원 간의 신뢰를 바탕으로 합리적 판단이 널리 통용되는 사회가 선진국이다.

## '아름답다'만으로는 부족한 나라 뉴질랜드

길을 나서려면 아무리 가까운 곳이라도 준비가 필요하다. 하물며 멀리 떨어진 다른 나라라면 더 많은 준비가 필요하다. 크고 작은 준비거리들이 많지만 기왕이면 '공부할 준비'를 해 두는 것도 행복한 여행을 할 수 있는 조건 가운데 하나다. 특히 짧은 시간 동안 긴 거리를 이동하는 여행을 계획했다면 공부할 준비를 해 두는 것이 꼭 필요하다.

어느 나라보다 많은 볼거리를 가지고 있는 나라가 뉴질랜드지만 공부할 준비를 하지 않고 그냥 가면 많은 것을 놓칠 수가 있다. 뉴질랜드의 '아름다움'에 대한 정보는 너무도 많다. 인터넷에 떠돌아다니는 정보만으로도 차고 넘친다. '양 꼬리밖에 못 본다'는 물론 과장이지만 '아름답다'라는 표현만으로는 절대 부족한 많은 것들을 가지고 있는 나라가 뉴질랜드다.

어느 지역을 제대로 보느냐 그렇지 못하냐를 좌우하는 것은 물리적 시간보다는 지역을 바라보는 시각과 지식·정보가 더 중요한 조건이라고 생각된다. 여행을 준비할 때마다 생각을 하는 금과옥조 같은 사실이지만 실제로는 제대로 실행하지 못할 때가 많다. 뉴질랜드 여행도 크게 다르지 않았다. 그래서 여행을 다녀온 후 더욱 내용을 정리하고 싶었다. 다녀온 후에 정리하는 작업은 꽤 흥미로운 일이다. 기억을 되살리고 시간 순으로 경험한 것들을 시간별, 주제별로 재구성 하는 과정에서 보고 들은 것들을 체계화하고 새로운 사실들을 찾아볼 수 있었다. 혹시 다음에 뉴질랜드에 가는 사람 중에 누구에게라도 작은 도움이 될 수 있기를 기대하면서.